新版 図集
植物バイテクの基礎知識

大澤勝次 ｜ 江面 浩

農文協

広がる植物バイテクの利用場面・適用作物

安定した培養系の確立
——山ウドの大量増殖

優良山ウド系統の新葉を殺菌・置床

カルス経由で形成された不定胚

継代した不定胚からの植物体再生

不定胚から大量増殖した山ウド

胚培養（茎頂培養・RAPD法）の利用
——サンザシ種間雑種の作出

アラゲアカサンザシ
北海道に自生する野生種、アントシアニンなどの機能性成分が豊富

交雑
未熟種子
胚培養

オオミサンザシ
中国の栽培種、果実が大きく多収性

茎頂培養

茎頂培養

サンザシは、硬実種子で発芽率が低く改良しにくいので胚培養が有効

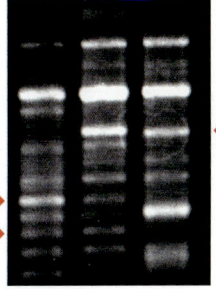
P　F₁　P

RAPD法による雑種性の確認
F₁は両親に固有のバンド（矢印の位置）をあわせもつので、雑種であることがわかる

遺伝子組換えと個体識別 ——機能性物質生産植物の開発

左：ミラクリン（機能性物質）を含むミラクルフルーツ
右：ミラクリン遺伝子の導入処理を行なった子葉切片から分化・再生した組換えレタス
（→p.226）

組換えレタス　ミラクルフルーツ

kDa
97
66
45
31
21.5

← ミラクリン

組換えレタスがミラクリンを生産しているかどうかの解析

植物バイテクの総合的な活用 —メロン育種の例

偽受精胚珠培養による半数体作出

軟X線照射

除雄交配

交配3週間後の果実の胚珠を摘出，無菌播種

倍加半数体から得られた均一な果実

1個体ずつ試験管に移植

種皮が割れて発芽した幼植物

ソマクロナール変異選抜による優良系統作出

変異が発生しやすい不定胚（上）と不定芽（下）から植物体再生

再生植物体のハウス栽培

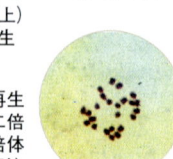
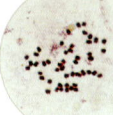
染色体観察による再生植物体の識別（左：二倍体，右：四倍体，二倍体のものを選抜して自殖）

自殖種子に選抜圧（低温）をかけて何世代か個体選抜（右が選抜系統）

選抜された優良系統の果実（低温肥大メロン，右）

まえがき

「図集 植物バイテクの基礎知識」が出版されてから10年余が経過した。幸いにも植物バイテクに関心を寄せる多くの人びとに支持され，好評のうちに版を重ねることができた。この書で著者が意図したのは，植物バイテクの本当の姿や実力を正確に示すこと，植物バイテクの原理と実施に必要な知識・技術を初心者にもわかりやすく伝えること，技術の適用・応用の視点を提示することなどであった。そして，植物バイテクが自然の摂理に反するものではなく，むしろ自然の摂理に従った生きものに学ぶ技術であることを，一人でも多くの人に理解してもらいたい，ということであった。こうした基本的な考えは，10年を経た今も変わっていない。

とはいえ，植物バイテクの分野は文字どおり日進月歩（秒進分歩）であり，数年前から改訂の必要性を感じていた。改訂を行なう以上は，急速に進歩し変化している分野に光を当てなければならないし，同時に，実力ある技術となり着実に成果をあげている分野（いわゆるオールドバイテク）にも光を当てたいと思っていた。さらには，植物バイテクの集大成的成果でもある遺伝子組換え植物について，いまだに厳しい論争が続いている状況があり，それに対して明確な科学的知識を提示することの必要性を感じていた。

それにしても，この間に蓄積された研究情報は膨大なものがあり，それを的確に把握し紹介することは，もはや著者一人の手に余り，植物バイテクの最前線でエネルギッシュに研究を展開している若い研究者の力が不可欠であると痛感していた。そんな折，幸いにも，最先端の植物バイテクはもとよりオールドバイテクにも精通し，世界的にも活躍されている江面 浩氏（筑波大学大学院生命環境科学研究科・遺伝子実験センター）の全面的な協力が得られることになり，改訂が現実のものとなったのである。本書の内容の斬新さ，わくわくするような植物バイテクのもつ新たな魅力，将来展望などは，ほとんど彼の力によるものである。

すなわち，本書は，前著で意図した基本的な考えは継承しつつ，急速に進歩し変化している遺伝子組換え技術やDNAによる個体識別技術などにしっかりと光を当てるとともに，胚培養や大量増殖技術などの着実に成果をあげているオールドバイテクにも改めて光を当てて，それぞれの技術の原理と方法，その実力と応用の視点などを平易かつ実践的にまとめたものである。とくに，本書では，植物の増殖・保存・育種に活用できるほとんどすべての技術を取りあげ，それら技術の相互のつながりや従来の育種・増殖技術とのつながりも明らかにして，植物バイテクの個々の技術を総合的に活用していくための視点や方法も示した。そうした意味で本書は，近年，他に類をみない植物バイテクのテキストといえるのではないかと思う。

　また，それぞれのテクノロジーを固定的にとらえるのではなく，関連する興味深い生命現象や著者ら自身がバイテク研究の中で植物の応答に学んだ経験知などを「コラム」として豊富に紹介し，植物バイテクの世界がさらに広がりその魅力が実感できるようにした。この点も本書の大きな特徴となっているのではないかと思う。

　新版となった本書が，前著同様に植物バイテクに関心を寄せる多くの人びとに支持され，植物バイテクの意義や原理・技術についての理解が深まるとともに，生きものに学ぶ植物バイテクの若い仲間が増加し，わが国の植物バイテクと地域農業の発展に少しでも貢献できれば著者らのこの上ない喜びである。

　本書をまとめるにあたっては，新しく多くの研究者の成果を紹介させていただくとともに，貴重な写真を使用させていただいた。快くご了解いただいた皆様に深甚なる謝意を表する次第である。最後に，本書は前著同様，農文協編集部和田正則氏の粘り強い激励がなければ，とうてい完成しなかった。記して深く御礼申し上げる。

　　　　　　　　　2005年3月　著者を代表して　大澤　勝次

目　　次

まえがき　1

第1章　植物バイテクの体系と原理

1　植物バイテクの体系……………………………………………………………13
　1．バイテクの樹　14
　2．植物バイテクの幹　15
　3．幹の基盤となる組織・細胞培養技術　17

2　植物バイテクの基本原理………………………………………………………19
　1．植物がもつ分化全能性—たった1個の細胞からの植物体再生—　19
　2．生きている細胞に学ぶ植物バイテク　20
　　（1）変化に富む生きている細胞　20
　　（2）遺伝子は生きた細胞の中でのみ働く　21
　　（3）植物細胞のたくみさと生体反応の見事さ　22

第2章　植物バイテクの基礎

1　植物の分化・再生と培養技術…………………………………………………25
　1．植物体再生の4つの経路　25
　2．茎頂伸長と培養技術　26
　3．胚発育と培養技術　28
　4．器官形成と培養技術　29
　5．不定胚形成と培養技術　29
　6．安定した培養技術（培養系）確立の意義と方法　31

2　植物の受精・胚発育と雑種獲得………………………………………………33
　1．植物の受精現象　33
　2．胚の発育経過と種子の形成　35
　3．不和合性とその打破　36
　4．雑種獲得の手段　38

3 植物ホルモンとその種類・作用……………………………………40
　1. 植物ホルモンの種類と働き　40
　　　オーキシン　41／サイトカイニン　43／ジベレリン　43／
　　　アブシジン酸　44／エチレン　44／ブラシノステロイド　45／
　　　ジャスモン酸　45
　2. 植物ホルモンの作用機作　45
　　　発達時期・部位特異的なホルモン感受性制御　46／
　　　内生ホルモンによる制御　46／植物ホルモンの相互作用　46
4 変異の発生とその制御・活用……………………………………48
　1. 増殖技術と変異発生の程度　48
　2. 培養変異の解析　50
　　　細胞遺伝学的手法　50／分子生物学的手法　51
　3. 変異の発生原因　52
　4. 変異の拡大法と回避法　53
　　　変異の拡大法　53／変異の回避法　53

第3章　植物バイテクの基本技術

1 設備と機器・器具類……………………………………………………55
　1. 実験室の配置と機器　55
　　　前室　55／培養準備室　55／無菌室　57／培養室　58／
　　　調査室　58／遺伝子組換え実験を行なう施設　58
　2. 実験に用いる器具類　60
　　　培養容器　60／ピペット類　61／ろ過滅菌器　61／分注器　61／
　　　メス　61／ピンセット　62
　3. 器具類の洗浄と滅菌　62
2 培地の組成と作成………………………………………………………63
　1. 培地組成　63
　　　水　63／無機栄養素　63／有機栄養素　64／植物ホルモン　64／
　　　天然物質　64／培地支持体　65／pH（水素イオン濃度）　65

2．培地作成のポイント　68
　　（1）貯蔵液の作成　68
　　（2）植物ホルモンの溶かし方　69
　　（3）培地の調合と分注・滅菌（1lの培地をつくる場合）　70
3　無菌操作と培養……………………………………………73
　1．無菌操作　73
　　（1）作業の準備（クリーンベンチ外の作業）　73
　　（2）材料の殺菌（クリーンベンチ内の作業①）　74
　　（3）茎頂の摘出・置床（クリーンベンチ内の作業②）　74
　2．培養と培養環境　76
　　　温度　76／湿度　76／光（照明）　76／ガス環境　77
4　順化・育苗……………………………………………………78
　1．順化のポイント　78
　2．順化の難易度　79
　3．順化の方法—簡易順化法—　80
　4．育苗段階の留意点　81
5　実験計画と調査・観察………………………………83
　1．実験計画の立案　83
　2．調査，観察のポイント　85

第4章　植物増殖技術

1　ウイルスフリー苗作出技術………………………………89
　1．小史—技術の出発点—　89
　　　植物ウイルスとウイルス病　89／
　　　最初のウイルスフリー苗の作出　90／
　　　わが国での技術開発　90
　2．ウイルスフリー苗作出の方法—茎頂培養—　91
　　　茎頂の構造と茎頂培養のポイント　91／
　　　ウイルス除去とそのしくみ　92／再感染とその防止　92／
　　　ウイルス検定　94／ウイルスフリー苗の生育特性　95

3．ウイルスフリー苗作出技術の実力　97
　　　(1) 着実に地域農業に根づいた技術　97
　　　(2) 実用化の広がりと苗生産のシステム化　97
　　4．今後の方向―技術の適用・応用の視点―　99
2　**大量増殖技術**……………………………………………101
　　1．小史―技術の出発点―　101
　　　(1) 茎頂を出発点にした大量増殖法　101
　　　　PLB 誘導　101／多芽体誘導　101／苗条原基誘導　101
　　　(2) 不定芽，不定胚を活用した大量増殖法　102
　　　　不定芽誘導　102／不定胚誘導　103
　　2．大量増殖の方法　104
　　　　茎頂を出発点にする方法　104／不定芽や不定胚を利用する方法　105／
　　　　不定胚誘導のメカニズム　105
　　3．大量増殖技術の実力　107
　　　(1) 花きを中心に急速に進む実用化　107
　　　(2) 変異の発生・制御についての情報の増加　109
　　　(3) 植物ホルモンを用いない誘導法の開発　109
　　4．今後の方向―技術の適用・応用の視点―　110
3　**セル苗生産技術**……………………………………………113
　　1．小史―技術の出発点―　113
　　2．セル苗生産の方法　114
　　3．セル苗生産技術の実力　116
　　　(1) 急増するセル苗生産と種苗事業の発展　116
　　　(2) 高まる培養苗利用の可能性　117
　　4．今後の方向―技術の適用・応用の視点―　117

第5章　植物保存技術

1　試験管内保存（培養物の中期保存）……………………………………119
　1．小史―技術の出発点―　119
　2．試験管内保存の方法　120
　　　苗条原基の保存例　120／幼植物の保存例　120
　3．試験管内保存技術の実力　122
　　（1）冷蔵貯蔵の長期化―アスパラガス―　122
　　（2）ハードニングの効果―サトイモ―　122
　　（3）ミネラルオイル重層法の効果―ヤマイモ―　122
　4．今後の方向―技術の適用・応用の視点―　123

2　凍結保存（培養物の長期保存）…………………………………………124
　1．小史―技術の出発点―　124
　2．凍結保存の方法　124
　3．凍結保存技術の実力　126
　　（1）茎頂以外の凍結保存の進展　126
　　（2）ガラス化法および簡易法の成功　126
　　（3）ビーズ乾燥法の成功　127
　4．今後の方向―技術の適用・応用の視点―　127

3　人工種子作成技術…………………………………………………………129
　1．小史―技術の出発点―　129
　2．人工種子作成の方法　129
　　（1）芽になる培養物の誘導技術　130
　　（2）カプセル化技術　131
　3．人工種子作成技術の実力　131
　　（1）発芽力が徐々に高まる　132
　　（2）普通の土でも発芽する人工種子に向かう　132
　　（3）保存期間が伸びつつある　132
　4．今後の方向―技術の適用・応用の視点―　133

第6章　植物育種技術

1　胚培養，胚珠培養，子房培養……………………………………………135
  1. 小史―技術の出発点―　135
    最初の胚培養　135／わが国での取組み　136
  2. 胚培養・胚珠培養・子房培養の方法　138
    胚発育のプロセスと胚の摘出　138／胚の発育促進　139／
    倍加処理　140／雌親の選択　140／胚培養のポイント　141
  3. 胚培養植物の実力　141
    (1)「後半のばらつき」を克服できなかったハクラン　141
    (2)「ばらつく前の収穫」で成功した千宝菜　143
    (3) ユリ類・カンキツなどを中心に輩出される実用品種　143
  4. 今後の方向―技術の適用・応用の視点―　145

2　葯培養，花粉培養，偽受精胚珠培養……………………………………148
  1. 小史―技術の出発点―　148
    最初の葯培養　148／世界各国での追試　148／技術の確立　149／
    わが国での取組み　150／偽受精胚珠培養の開発　150
  2. 葯培養・花粉培養・偽受精胚珠培養の方法　152
    (1) 葯培養の方法　152
    (2) 花粉培養の方法　154
    (3) 偽受精胚珠培養の方法　157
  3. 葯培養植物・花粉培養植物・偽受精胚珠培養植物の実力　159
    (1) 実用化が進むタバコ・イネ・アブラナ科作物・ウリ科作物　159
    タバコ　159／イネ　159／アブラナ科作物　159／ウリ科作物　160
    (2) 注目を集めるソマクローナル変異の利用　160
  4. 今後の方向―技術の適用・応用の視点―　161

3　プロトプラスト培養……………………………………………………………164
  1. 小史―技術の出発点―　164
  2. プロトプラスト培養の方法　166
    (1) 無菌植物を用いる方法（メロンの子葉と胚軸の場合）　166

（2）培養細胞を用いる方法（イネの培養細胞の場合）　168
　3. プロトプラスト再生植物の実力　169
　　　（1）新品種ができているジャガイモ，イネ　169
　　　　ジャガイモのプロトクローン　169／イネのプロトクローン　171
　　　（2）変異の利用が期待できるキク，メロン　172
　　　　キクのプロトクローン　172／メロンのプロトクローン　173
　4. 今後の方向—技術の適用・応用の視点—　174

4 細胞選抜，ソマクローナル変異選抜 ……………………………179
　1. 小史—技術の出発点—　179
　2. 優良変異の選抜法　181
　　　（1）細胞選抜法　181
　　　（2）ソマクローナル変異選抜法　184
　3. 選抜された変異植物の実力　187
　　　（1）実用品種に向けて改良が続く低温肥大性メロン　187
　　　（2）主力品種に躍り出たフキ　187
　　　（3）収穫期間が伸びた食用ギク　188
　4. 今後の方向—技術の適用・応用の視点—　189

5 細胞融合技術 ……………………………………………………193
　1. 小史—技術の出発点—　193
　2. 細胞融合の方法　195
　　　融合処理法　195／選抜法　195
　3. 細胞融合植物の実力　200
　　　（1）実用化の難しさを示すポマト，トマピーノ　200
　　　（2）雑種致死してしまったヒネ，メロチャ　200
　　　（3）新しい育種素材として期待されるオレタチ　201
　　　（4）実用化されたナス体細胞雑種，青菜の体細胞雑種　201
　4. 今後の方向—技術の適用・応用の視点—　202

6 遺伝子組換え技術 ………………………………………………206
　1. 小史—技術の出発点—　206

2. 植物遺伝子組換えの方法　207
　　（1）有用遺伝子の単離　207
　　（2）遺伝子の導入と植物体の育成　209
　　　間接法　211／直接法　214
　　（3）遺伝子組換え植物の評価　215
　　　遺伝子組換え植物の形質の評価　215／安全性の評価　216
　　（4）組換え DNA 実験実施の手順　219
　　　組換え DNA 実験安全委員会の設置　219
3. 遺伝子組換え植物の実力　220
　　（1）商品化第 1 号となった「日持ちのよいトマト」　220
　　（2）遺伝子組換え作物の栽培が世界的な広がりをみせている　221
　　（3）わが国でも花き分野で進む商品化　222
　　（4）遺伝子組換え作物の普及にともなう環境への影響懸念　223
4. 今後の方向—技術の適用・応用の視点—　224

第 7 章　個体識別技術

1　形態・染色体による個体識別 …………………………………………229
1. 小史—技術の出発点—　229
2. 酵素解離法による染色体観察　230
　　材料採取と前処理　230／酵素処理　230／解離処理　230／
　　染色と観察　232
3. 染色体観察法の今後　232

2　アイソザイムによる個体識別 …………………………………………233
1. 小史—技術の出発点—　233
2. アイソザイムによる個体識別法　233
3. アイソザイムによる個体識別の今後　234

3　DNA による個体識別 ……………………………………………………239
1. 小史—技術の出発点—　239
2. DNA による個体識別法　242
　　① RFLP 法　242／② PCR 法　243

③RAPD 法　244／④その他の個体識別法　246
　3. DNA による個体識別の今後　248

参考文献・引用文献一覧　250

◎コラム
　植物バイテクの成果をどうとらえるか―オールドバイテクはオールドか―　18
　植物細胞はたった1個で生きていけるか　24
　組織・細胞培養で再生した植物はクローン植物か　32
　「メロチャ」は存在したか　39
　花成ホルモンは存在するのだろうか　47
　眠っている DNA 上に蓄積された変異とその発現　54
　コンタミの原因はつきとめられるか　77
　ビトリフィケーションは防止できるか　82
　組織培養成功のカギは日々の観察！　88
　ウイルスは邪魔者か？　100
　「応用研究」を熱く語るイギリスの「基礎研究者」！　112
　セル苗とバイテク苗のドッキングは可能か　118
　ダメだと思った葯から不定胚が！　134
　バイテク野菜第1号「ハクラン」育成者―西貞夫博士と著者　147
　失敗から生まれた学位論文―葯培養でウイルスフリー苗ができるか―　163
　新たな変異原として注目される重イオンビーム　192
　甘くなかった試験管内受精技術　205
　ゲノム研究によって明らかになりつつある変異発生の本質　232
　琥珀に封じ込められた DNA から恐竜はよみがえるか　249

◎やさしいバイテク実験
　メロンの無菌播種・無菌的挿し芽　72
　メロンのプロトプラストの観察　178
　簡便で安価な植物体からの DNA 抽出　237

写真提供者ならびに協力者 (敬称略，所属はおもに研究当時のもの)

秋田　　求（近畿大学）
浅野　義人（千葉大学）
雨ヶ谷　洋（茨城県生物工学研究所）
有山　昌宏（トキタ種苗）
石川　雅也（農業生物資源研究所）
伊須　保志（村田種苗店）
今村　孝彦（山梨県総合農業試験場）
岩本　　嗣（大阪府立食とみどりの総合技術センター）
大川　安信（近畿中国四国農業研究センター）
大越　一雄（千葉県原種農場）
大槻　義昭（農業生物資源研究所）
大橋　裕子（農業生物資源研究所）
大山　勝夫（農林水産技術情報協会）
岡村　正愛（キリンビール）
折館　寿朗（横浜植木）
小山田智彰（盛岡農業高等学校）
鏡　　勇吉（キリンビール）
霞　　正一（茨城県生物工学研究所）
鎌田　　博（筑波大学）
川本　　勲（協和発酵）
菊田　　功（茨城県生物工学研究所）
釘貫　靖久（野菜茶業研究所）
楠瀬　　健（第一園芸）
葛谷　真輝（農業生物資源研究所）
小林　省藏（果樹研究所）
古在　豊樹（千葉大学）
阪本　　均（サカタのタネ）
佐々木和生（茨城県生物工学研究所）
佐藤　　洋（ロッテ）
佐野　　浩（植物工学研究所）
澤田　宏之（農業環境技術研究所）
重岡　美友（ピーエスピー）
島本　　功（奈良先端科学技術大学院大学）
杉浦　豊作（ベルディ）
杉本　和宏（岐阜県農業技術研究所）
鈴木　誠一（宮城県農業・園芸総合研究所）
鈴木　　卓（北海道大学）
高津　康正（茨城県生物工学研究所）
田口　拓郎（タキイ種苗）

多田　邦雄（ミヨシ）
田中　道男（香川大学）
谷口　研至（広島大学）
田村　賢治（地域社会計画センター）
津田　新哉（茨城県生物工学研究所）
豊田　秀吉（近畿大学）
中田　和男（東京農業大学）
長田　敏行（東京大学）
永野　浩司（トキタ種苗）
永冨　成紀（農業生物資源研究所）
西　　貞夫（施設園芸協会）
西尾　　剛（農業生物資源研究所）
西平　隆彦（カネコ種苗）
西宮　　聡（茨城県生物工学研究所）
庭田　英子（青森県畑作園芸試験場）
根本　　修（ダイヤトピー）
野村　幸雄（福井県農業試験場）
林　万喜子（キリンビール）
平井　智美（茨城県生物工学研究所）
平岡　達也（協和種苗）
湊　　莞爾（タキイ種苗）
村田　義一（タカヤマシード）
本吉　総男（岡山大学）
山川　祥秀（山梨大学）
山口　淳子（サカタのタネ）
山根富士夫（広島県経済連）
横田　国夫（茨城県生物工学研究所）
吉岡　啓子（茨城県生物工学研究所）
吉田　雅夫（神戸大学）
若狭　　暁（中央農業総合研究センター）
赤塚植物園
茨城県農業総合センター
サカタのタネ
サントリー
筑波大学遺伝子実験センター
農業生物資源研究所
毎日新聞社
野菜茶業研究所
山形県園芸試験場

第1章
植物バイテクの体系と原理

ここでは本書の導入部として，まず植物バイテクの体系と基本原理に触れ，生きている細胞に学ぶ植物バイテクの魅力と可能性を紹介する。

1 植物バイテクの体系

バイオテクノロジー（バイテク）という言葉が目につくようになって4半世紀余りになる。いうまでもなく，バイオテクノロジーとは，バイオ（bio，生物，生命）とテクノロジー（technology，技術，工学）との合成語で，生物のもつ能力や機能，生体反応などを活用する技術ということができる。こうした技術は，古くから動植物や微生物を利用してきた農業や醸造業などの分野では，バイテクという言葉が生まれる以前から存在していたともいえるが，1970年代頃からは細胞や遺伝子レベルでの技術開発が進み，細胞融合による「ポマト」作出（1978），高等植物での遺伝子組換え（1983），つくば科学博での巨大トマトの登場（1985）などが相次ぎ（図1.1.1），「バイテクをうまく使えば夢の農作物がつくれる」といった報道も盛んに行なわれ，植物バイテクへの期待は大きくふくらんだ。

それから20年余りが経過した現在，バイテクは必ずしも当時の期待にこたえうるほどの成果をあげているとはいえない面もあるが，失敗や中断のやむなきにいたった取組みも含めて，この間に蓄積された生物や生命現象についての知見・情報は膨大なものがあり，じつにさまざまな技術が開発・工夫されてきた。最近では，それらをベースにし

図 1.1.1 細胞融合植物「ポマト」(左) と巨大水耕トマト (右)
(左：長田原図，右：毎日新聞社提供)
〔注〕「ポマト」(ポテト＝ジャガイモとトマトの雑種植物) は「夢の農作物」として期待された。巨大水耕トマトは1本に 12,000 個の実をつけた。

て医・食・農・環境などの分野での新たな研究や技術開発が進められると同時に，組織・細胞培養などの技術も見直されている。そこでまず，現在のバイテクおよび植物バイテクの体系を概観してみよう。

1. バイテクの樹

バイテクは多様な，じつに幅広い領域から成り立っている。従来の学問体系としての生物学，化学，物理学，医学，薬学，農学，工学などのすべてに関係があるだけでなく，その境界領域に成立した分野である。むしろ，そこから総合科学として分子生物学や生化学などをはじめとするバイオサイエンス（生命科学）が新しく生まれ，それを基礎としてバイテクが発展し，またバイテクの発展によってバイオサイエンスもより進展したと考えた方が正しいだろう。その全体像をここでは「バイテクの樹」として表現してみた（図 1.1.2）。

この分類についてはいろいろな考え方があるだろうが，著者は対象とする生物の違いを重視して3つの幹に分けて考えている。1つは動

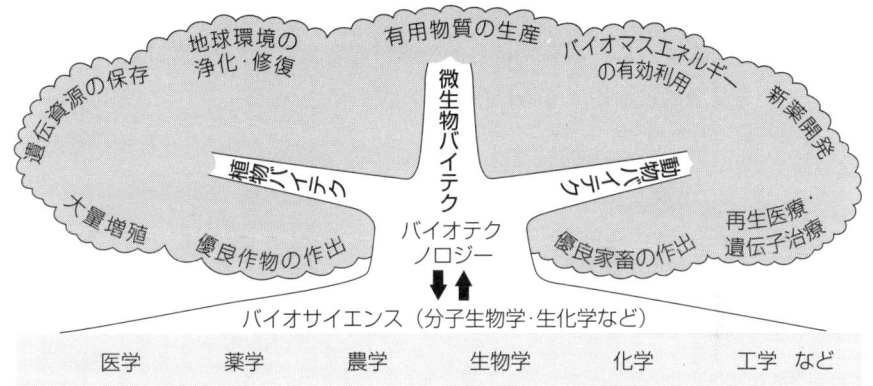

図 1.1.2　バイテクの樹

物バイテクの幹であり，難病克服のための新薬開発や再生医療・遺伝子治療，優良家畜の作出などが出口となっているものである。2つ目は微生物バイテクの幹であり，有用物質の生産や地球環境の浄化・修復，バイオマスエネルギーの有効利用などを出口とするものである。そして3つ目が，本書で詳しく取りあげる植物バイテクの幹であり，優良作物の作出，大量増殖，遺伝資源の保存，環境修復などが出口となっているものである。もちろん，それぞれの幹が相互にからみ合っている領域も多い。いずれの分野においても，近年急速に進んでいるさまざまな生物のゲノム（1つの生物がもつすべての遺伝子＜DNA＞のセット）の解読・解析をもとにした新たな技術開発も期待されている。

2. 植物バイテクの幹

このような全体像を頭に入れたうえで，さらに植物バイテクの幹に焦点を合わせてながめてみると，この幹は3つの大きな枝に分かれている。それは植物増殖技術の枝と，植物保存技術の枝と，もっとも太い植物育種技術の枝である（図1.1.3）。さらに，それぞれの枝からはいくつもの個別技術が枝分かれしている。

それぞれの個別技術については，第4〜7章で詳しく紹介しているので，ここでは植物バイテクの全体像を示すにとどめるが，図1.1.4に

おもな技術の出発点と実用化の時期を整理してみた。この図からも明らかなように，現在では目的や素材に合わせて，各種の植物バイテクを総合的に活用できる段階に入っているといえる。

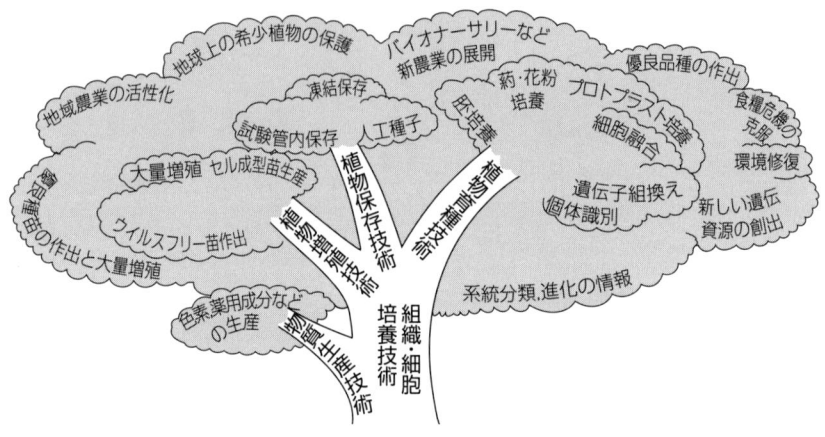

図1.1.3　植物バイテクの幹

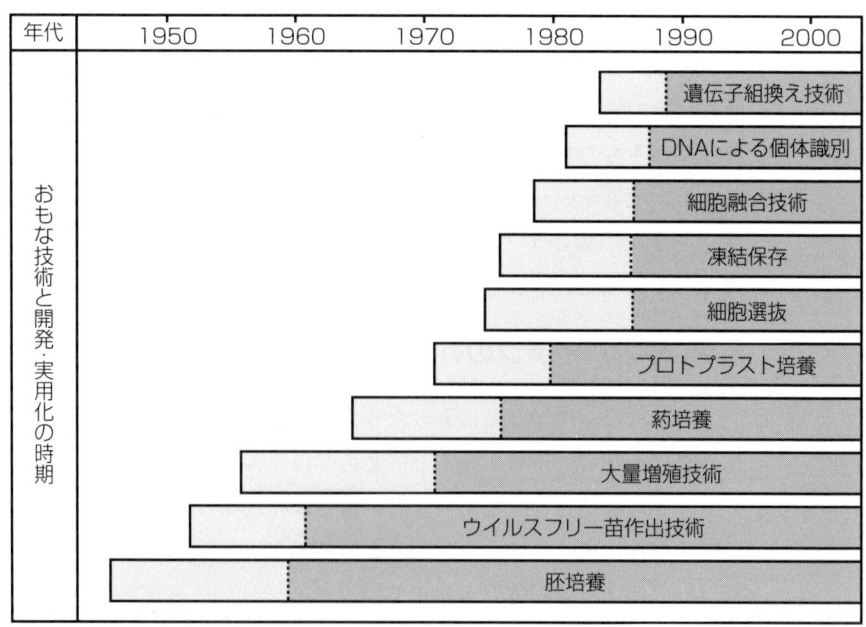

図1.1.4　植物バイテクのおもな技術の出発点と実用化の時期
破線は実用化の時期を示す。

なお，植物バイテクには，植物の細胞から色素や薬用成分などの有用物質の生産を行なう物質生産技術もあるが，本書では取りあげない。この技術は化粧品に使用されるシコニンの生成など，すでに成果をあげているが，植物の細胞をそのまま用いる技術であり，本書で取りあげる植物体再生技術を主体とするバイテクとは区別されるからである。

3. 幹の基盤となる組織・細胞培養技術

植物バイテクの幹の中心に位置する組織・細胞培養技術の重要性については，ここで明確に触れておきたい。それは，この技術がそれに連なる技術のすべての基盤だからである（図1.1.5）。この植物の組織や細胞から植物体を再生させる技術は，古くは園芸家の取り木や挿し木にその源流をもつものであるが，単細胞の培養による分化全能性の証明（→p.19）の以前から胚培養や成長点培養（茎頂培養）などにみられるようにその歴史は古く（これらはオールドバイテクとも呼ばれる），そのバックグラウンドの情報は膨大なものがある。

さらに，細胞融合技術や遺伝子組換え技術（これらはニューバイテクとも呼ばれる）の出現によって，一段とこの幹の部分の重要性は大きくなっている。というのは，これらの技術によって貴重な細胞が作出されたのち，その細胞から植物体を再生させたり，その形質の有効

図1.1.5　組織・細胞培養技術による植物体再生（左：プロトプラスト培養で再生したイネ，右：葯培養で再生したイチゴ）　　　　　　　　（大澤原図）

性を明らかにしたりするには組織・細胞培養技術のいっそうの前進が欠かせないからである。

> コラム

植物バイテクの成果をどうとらえるか
―オールドバイテクはオールドか―

　細胞融合と遺伝子組換えがニューバイテクとして脚光を浴びはじめた1980年以降,それまでの胚培養,葯培養,細胞選抜などの組織・細胞培養技術がオールドバイテクとして一括されるようになった。そして,ニューバイテクこそが21世紀のテクノロジーともてはやされるようになったのである。

　ニューバイテクの分野は,ここ20年余りに渡る多くの研究者や研究費の投入によって,研究の進展はめざましいものがあったが,当初の期待に応えるにはまだまだ時間のかかることもわかってきた。相次いで参入してきた企業の研究グループの中には,縮小や撤退に追い込まれたところも少なくない。工業製品や医薬品と違って植物バイテクによる産物は,なかなか目にみえる形で利潤を生み出さなかったようで,「植物バイテクはもうからない」というわけである。

　その一方でオールドバイテクからは,新品種や優良種苗などが途切れることなく生み出されている。とくに近年,都道府県の試験場や研究所のバイテク部門では,遺伝子組換え以外の技術開発に重点を移しているところが少なくない。自治体の厳しい財政状況にあって,消費者の評価の定まっていない組換え作物の開発に力を注ぐことは休止し,ウイルスフリー化技術や胚培養など評価の定まった技術を駆使して植物バイテクの成果を着実に生み出そうという動きである。

　すなわち,オールドバイテクは決して古いバイテクを意味する言葉ではなく,今を生きている定着したバイテクである。目的を明確にして,その目的に合った素材の吟味を怠らなければ,オールドバイテクは現在はもちろん,将来的にもいっそう輝きを放つ技術だと著者らは確信している。オールドバイテクも含め,このテクノロジーが何を生み出し,何を生み出せなかったのかを正しく把握することによって今後の方向もみえてくるはずである。

2 植物バイテクの基本原理

これまでみたような体系をもつ植物バイテクを貫いている特別の基本原理は何であろうか。同時に，その技術に共通する特徴は何であろうか。

1. 植物がもつ分化全能性
—たった1個の細胞からの植物体再生—

「バラバラに分離したニンジンの胚軸の細胞から完全な植物体を再生した」アメリカのスチュワートらの実験（1958）は，今から考えれば，たった1個の植物細胞にすべての遺伝情報が備わっており，その遺伝情報がつねに活動しうる状態にあることを示すものであった。同時期にはドイツのライナート（1958）によっても同様の実験結果が発表された。しかし，当時の状況はこの実験結果を受け入れるどころか，「そんなはずはない」との厳しい批判にさらされたといわれている。

たしかに，その後2～3年は同様の実験結果が得られなかったが，数年後にレタスやパセリで相次いで同様の結果が得られ，今では100を超える植物種で単細胞（体細胞）からの胚発生・植物体再生が認められている。この植物細胞に備わっている，1個の細胞が完全な個体を再生する能力は，分化全能性（トティポテンシー，totipotency）と呼ばれる。この分化全能性こそが，植物バイテクの基本原理である。

植物の細胞や組織を培養して，自分の目で細胞集塊（カルス，callus）や不定芽，不定胚，不定根などが生ずるありさまを観察すると，この植物細胞に備わっている分化全能性を実感することができる（図1.2.1）。そして，もう少し詳しくながめてみると，この能力が植物の細胞や組織の発育ステージごとに必要とされる植物ホルモンの微妙な濃度バランスによって制御されているらしいこともわかるのである（→ p.40）。

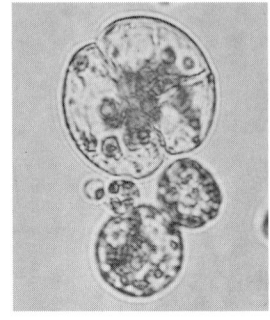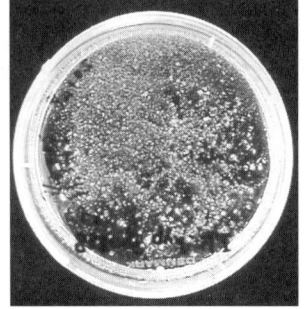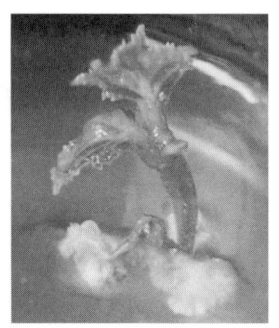

図 1.2.1　植物の分化全能性（左から単細胞の分裂，コロニーの形成，カルスからの植物体再生）
（大澤原図）

2. 生きている細胞に学ぶ植物バイテク

　植物も動物も微生物もすべての生物は細胞から構成されており，生きている最小の単位が細胞であることはよく知られている。実際に1つひとつの細胞を顕微鏡でながめてみると，その美しさとけなげさに心打たれる。その細胞の1つひとつが，すべての遺伝情報をもち，見事に統制のとれた酵素反応を的確にこなしながらタンパク質を合成し，生命活動に必要なすべてのエネルギーを自己増殖しているのである。

(1) 変化に富む生きている細胞

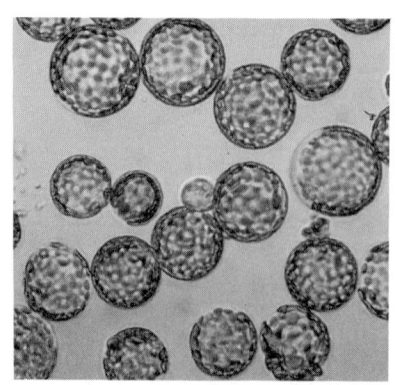

図 1.2.2　メロンのプロトプラスト
（大澤原図）

　分化全能性の証明以後，植物細胞の1つひとつをバラバラにし，単細胞を培養して多細胞にする技術が急速に進んできた。著者がメロンの子葉の細胞を観察したときのことである。細胞と細胞をつないでいるペクチン質をペクトリアーゼという酵素で溶かし，さらに細胞壁を構成しているセルロースをセルラーゼという酵素で溶かすと，細胞壁のない1つひとつの裸の丸い細胞（プロトプラスト，protoplast）ができる（図 1.2.2）。

顕微鏡下でキラキラと輝く緑色の丸い細胞のつややかな美しさは，それだけで息をのむほど感動的であった。よく観察すると生きている細胞はつやがあり，形は丸々としていて細胞膜がピンと張りつめて，境界がはっきりしている。細胞の内部では原形質を構成する顆粒（葉緑体など）がいつもかすかに振動している。一方，操作の過程で傷ついて死んだ細胞はつやがなく，形がいびつで，原形質の動きが皆無であった。

このように死んだ細胞がおしなべて均一なのに比べ，生きている細胞は色，形，つや，原形質の振動の程度などに，同じものは1つもないといえるほど変化に富んでいるのである。植物バイテクは，こうした変化に富んだ生きている細胞を生きたままで扱うテクノロジーなのである。

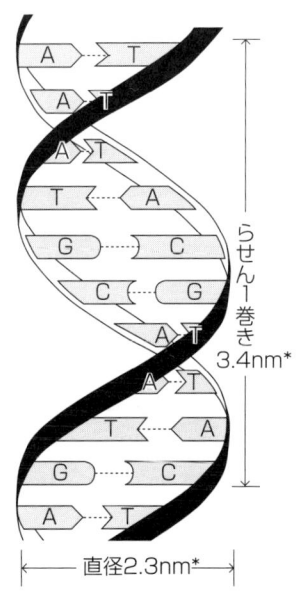

図1.2.3　DNA二重らせん構造

＊nm（ナノメートル）は10^{-9}m

(2) 遺伝子は生きた細胞の中でのみ働く

「遺伝子が生命現象を支配している」といったり，「遺伝子を組換える」といったりする表現から考えて，遺伝子は「生きているもの」として錯覚されやすい。しかし，遺伝子は生きものではなく，単なる高分子化合物なのである。再度念を押すが生きている最小の単位は細胞であり，細胞が破壊された時点で，その中にある染色体や細胞質に存在する遺伝子の働きもすべてストップするのである。

教科書的に書くと，遺伝子は4種の塩基（A：アデニン，T：チミン，G：グアニン，C：シトシン）が，らせん状にイオン結合したDNA（デオキシリボ核酸，deoxyribonucleic acid）である（図1.2.3）。したがって，今ではDNA合成装置を用いて，化学的にA，T，G，Cの順番をかえた塩基配列のDNA鎖を合成することができる。

しかし，勝手につくった合成DNAが遺伝子と

しての働きをもつわけではない。自然界に存在する塩基配列のDNA のみが生きた細胞という，総合化された生命システムの中ではじめて，遺伝子としての機能を示すのである。したがって，「役に立つ遺伝子をみつけること」や「細胞の中で新しい遺伝子の形質を発現させること」はいずれも，生きた細胞の操作をいかに的確にできるかがそのカギなのである。

(3) 植物細胞のたくみさと生体反応の見事さ

植物細胞（図 1.2.4）が注目されるには，もう1つ大きな理由がある。それは細胞のもつエネルギー生産工場としての役割である。植物の光

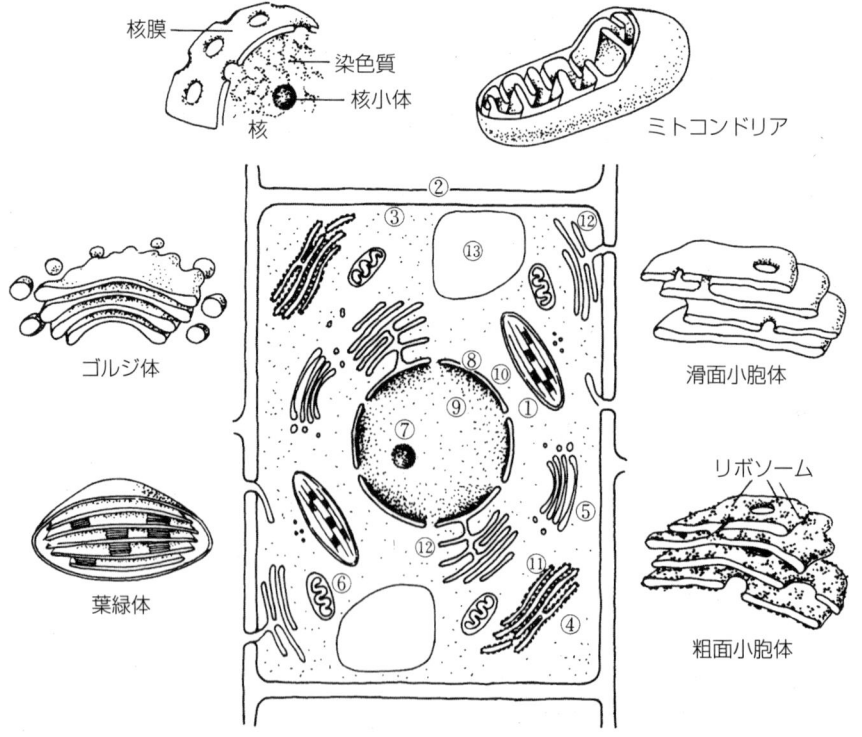

図 1.2.4 植物細胞の基本的な構造（模式図）
①葉緑体，②細胞壁，③細胞膜，④粗面小胞体，⑤ゴルジ体，⑥ミトコンドリア，⑦核小体(仁)，⑧核膜，⑨染色質，⑩核，⑪リボソーム，⑫滑面小胞体，⑬液胞

表 1.2.1 植物細胞とハイテク工場の特徴の比較

	植 物 細 胞	ハ イ テ ク 工 場
用いる材料 （エネルギー）	太陽の光・水・空気	化石エネルギー（石炭，石油） または原子力エネルギー
生 産 物	酸素・デンプン・ATP	プラスチックなど，化学製品， 電気製品，自動車など
用 い る 反 応	酵素反応	触媒反応
問 題 点	生きている細胞（植物）であること	投入エネルギーが莫大，限りが ある，産業廃棄物処理

合成が地球上のあらゆる生物のエネルギーの根源であることはよく知られたことであるが，その場所は植物細胞の1つひとつがもつ葉緑体である。そこで空気中の二酸化炭素と水を材料に，太陽の光エネルギーを利用してデンプンと糖をつくり，それがATP（アデノシン三リン酸）として生命活動に必要なエネルギーを生み出しているのである。この働きを調節しているのが，植物細胞の核の中にあるゲノムDNAと，細胞質の中にあるリボソームRNAなのだということもはっきりしてきた。

科学技術の粋を集めたハイテク工場でさえ，莫大なエネルギーの投入と廃棄物処理に苦悩しており，この植物細胞が簡単にやってのけている反応の足元にもおよばないのである（表1.2.1）。そしてこの生体反応は，「生きている細胞」であるがゆえの見事さなのだということを再度強調しておきたい。ここにも生きた細胞を生きたままで扱う植物バイテクのもつ可能性の広がりをみることができる。

> **コラム**

植物細胞はたった1個で生きていけるか

　プロトプラストを培養し，細胞分裂を起こさせて多細胞にする場合，一定以上の密度の細胞数が必要なことがわかってきた。細胞密度の調整は，培養の成否を左右しているといわれているほどである。

　著者らのメロンの場合は，1ml の培養液中に100,000個の細胞（プロトプラスト）数が最適であった（図1.2.5）。だんだんその密度を下げると分裂する細胞の数も減少し，最終的には1ml 当たり1,000個の密度が限界であった。今のところ，これらの細胞培養における初期分裂の誘起には仲間の細胞の存在が不可欠である。この現象は個体としての生物の育ち方や生き方とも共通するものがあるようにみえて，興味深い実験結果であった。

　ただし，受精卵細胞は例外である。多くの動物ではすでに受精卵（胚）の培養と移植が実用化された技術になっている。植物の場合も，胚珠内で受精卵の分裂を進ませてから，0.2mm程度に発育した胚をたった1個で培養する胚培養が実用化されている。

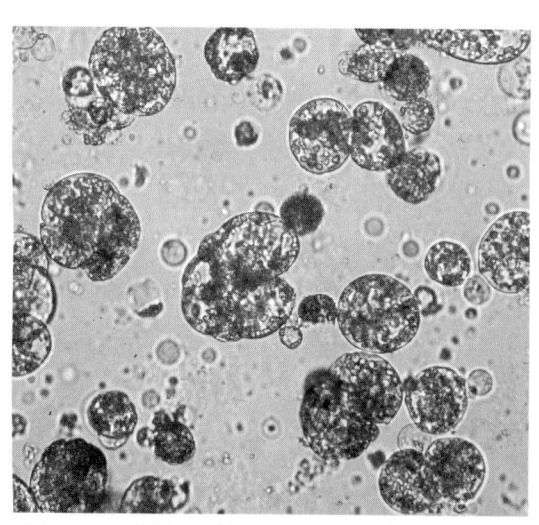

図1.2.5　分裂を開始したメロンのプロトプラスト
　　　(1ml 当たり10^5 個の密度で培養，大澤原図)

第2章 植物バイテクの基礎

この章では，植物バイテクに関連する植物の生命現象とそれを基礎とした組織・細胞培養技術のしくみと方法について紹介する。

1 植物の分化・再生と培養技術

1. 植物体再生の4つの経路

植物が本来，自らを再生しうる能力をもっている部位は茎頂（分裂組織，meristem）と胚（embryo）の2カ所である。そして組織・細胞培養によって外植体（explant，多種多様な培養部位のことで外植片ともいう）から植物体が再生する経路は4つある（図2.1.1）。

①茎頂を用い，それがそのまま伸長して個体を再生するのが茎頂伸長（meristem growth）であり，②胚を用い，それがそのまま発育し

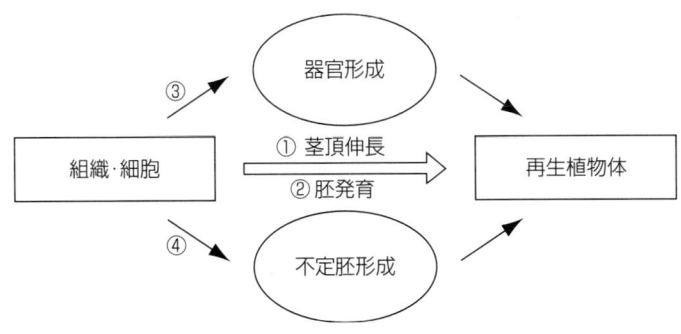

図2.1.1　植物体再生の4つの経路　　　　　　　（大澤原図）

て個体を再生するのが胚発育（embryo development）である。さらに，③培養によって人為的に茎頂（不定芽，adventitious shoot）を誘導するのが器官形成（organogenesis），④人為的に胚（不定胚，somatic embryo<体細胞不定胚>）を誘導するのが不定胚形成（embryogenesis）である。

③と④の経路はすべての外植体に共通であるが，途中にカルス（callus，分裂細胞の集塊）を経由する場合と経由しない場合とがある。葉・茎・根などの分化の進んだ器官からカルスが形成されることを脱分化（dedifferentiation）といい，そのカルスから再び器官が形成されることを再分化（regeneration）という。

以上4つの経路は，それぞれ明確に識別できるものであり，本質的にまったく異なるものである。不定芽と不定胚の識別についての考え方を表2.1.1に示した。外観的には区別の難しいことも多いが，直接的には振ってみてバラバラになる（不定胚）か，バラバラにならない（不定芽）かで区別することができる。また顕微鏡による組織学的な観察を加味すれば，維管束の有無によって明確に識別することができる。この4つの経路による植物培養技術は，図2.1.2のように整理できる。

2. 茎頂伸長と培養技術

植物の茎頂近傍は頂端分裂組織（成長点）と第1，第2葉原基から成る。茎頂伸長を利用した培養技術（茎頂培養）には，頂芽だけを伸ばし1茎頂当たり1個体の植物体を得る方法（腋芽誘導）と，第1，第2葉原基の腋芽を早急に誘導し，1茎頂当たり複数個体の植物体を得る方法とがある。後者には多芽体（早生分枝とも呼ぶ），プロトコーム様体（PLB<protocorm like body>，プロトコーム状球体ともいう。ラン類で広く誘導される球状の集塊），苗条原基（2回/分の傾斜回転培養によって誘導される金平糖状の苗条集塊），マイクロチューバ（イモ類の腋芽にできる小さいイモ），などの誘導が工夫され植物の種類によって特徴的な培養法が確立し，それぞれ比較的変異の発生も少ないので広く利用されている（図2.1.3）。

表2.1.1　不定胚と不定芽の識別

（大澤，1988より）

	不 定 芽	不 定 胚
本　　　　体	器官形成	胚形成
起源の細胞	多細胞	単細胞
形成の前段階	多細胞→維管束→頂端分裂組織	密で丸い細胞→胚的細胞
外観の識別	茎葉と根が別々に形成される。振ってもバラバラにならない	子葉，胚軸，根が同時に形成される。振ってやるとバラバラに遊離する
形　　　　態		

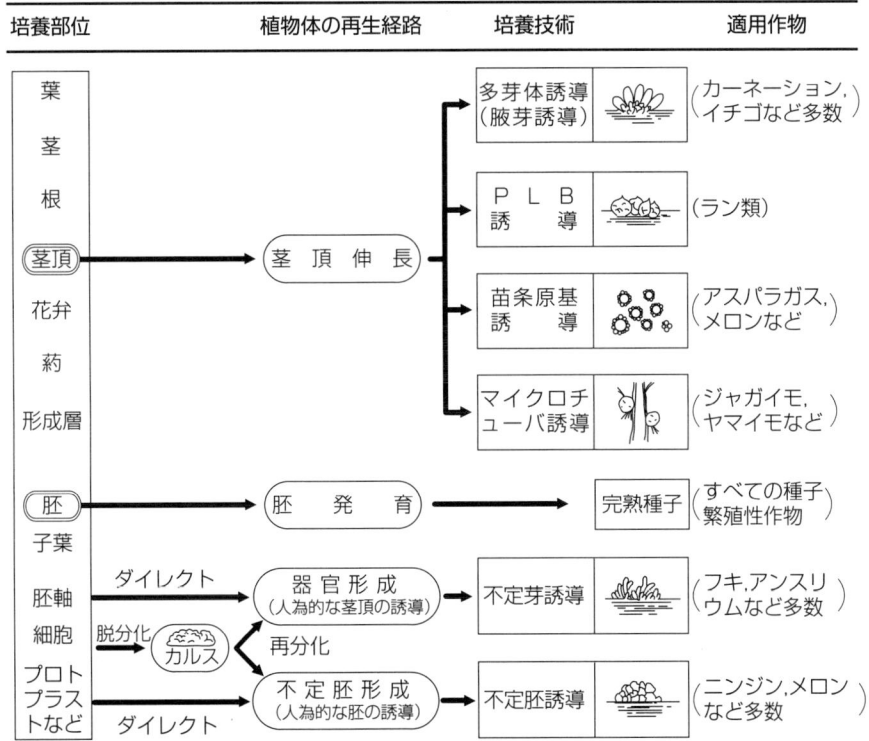

図2.1.2　植物体再生の経路と植物培養技術　　　　　　（大澤，1988を一部修正）

図2.1.3 茎頂を出発点にして1茎頂当たり複数個体の植物体を得る方法
（上左：多芽体，ブドウ〈山川原図〉，上右：PLB，シンビジウム，下左：苗条原基，メロン〈大澤原図〉，下右：マイクロチューバ，ジャガイモ〈秋田原図〉）

3. 胚発育と培養技術

　胚は植物体上でそのまま発育を全うすると種子となる。だから，この胚による植物体再生は，長い長い植物の歴史を支えてきたもっとも普遍的な再生経路であった。この胚を親植物から切り離して培地に置き，順調に発育させると，種子という期間（ステージ）を経ずにそのまま植物体となる。培養容器内の幼植物は茎頂のそれも胚のそれも区別できないほどであるが，胚を発育させて得た植物体は世代的には茎頂のそれと同じではなく，次世代の植物体であることを認識しておく必要がある。

胚は胚珠の数だけ摘出することができるが，種子以上に有利な増殖法はないので，完全な種子のできるものでは増殖技術としての胚の利用場面は少ない。したがって，胚発育を利用した培養技術（胚培養，子房培養など）は育種技術として利用されることが多い（→ p.135）。

4. 器官形成と培養技術

組織・細胞培養によって，本来なら発生するはずのない部位から芽や根を誘導させることを器官形成と呼ぶ。そのときに誘導される芽を不定芽，根を不定根と呼んで本来植物体に備わっている芽や根と区別している（図2.1.4）。この器官形成には，オーキシンとサイトカイニンなどの植物ホルモンバランスが大きな影響を与えている（→ p.40）。

きわめて多くの植物種から不定芽の誘導は可能になったとはいえ，用いる植物体の齢や育成条件，品種や生育ステージ，外植体の種類などによってそれぞれに反応は異なっている。

図2.1.4 葉片から誘導された不定芽（セントポーリア）

スクーグら（1957）の研究以来，組織・細胞培養による器官形成はカルスを経由した不定芽の誘導と，その不定芽からの不定根の誘導が中心であったが，近年では変異個体の抑制という観点から，外植体からのダイレクトな不定芽の誘導が工夫されている（→ p.109）。

5. 不定胚形成と培養技術

組織・細胞培養によって，外植体から生じたカルスや外植体そのものの細胞から，胚と類似した球状からハート型の二極性をもつ胚（不定胚）を誘導し，植物体を再生させることを不定胚形成と呼ぶ（図2.1.5）。現在では100種以上の植物でその例が報告されているが，誘導の容易な作物はそれほど多くない。著者の判断で取捨選択して，不定胚のできやすい作物，できにくい作物をまとめてみた（表2.1.2）。

この表でわかることは，難しいと思われていたイネ，コムギ，ダイ

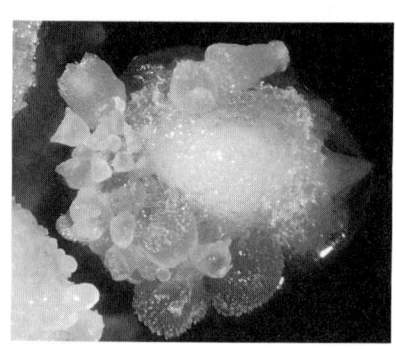

図2.1.5 種子の胚軸部から誘導された不定胚（メロン）
（大澤原図）

ズなどの重要作物で再生例が知られてきたことである．できていない作物の中ではトマトやイチゴなど，かなりの培養例があるにもかかわらず，不定胚形成の例がないものもある．また，不定胚のできやすいニンジンでは不定芽ができにくく，不定芽のできやすいタバコは不定胚ができにくい（できないというわけではない，葯培養では不定胚ができやすい）ということも興味深い点である．

不定胚形成には，2つの重要な因子が関

表2.1.2　不定胚のできやすい作物・できにくい作物

（大澤，1987；江面，2005改）

体細胞不定胚誘導の比較的容易な作物		難しいと思われていたが，最近報告のある作物		まだできていない作物
ニンジン	(Reinert, 1958 Stewardら, 1958)	イネ	(Wernickeら, 1981)	トマト
		コムギ	(Ozias-Akinsら, 1982)	イチゴ
パセリ	(Vasilら, 1966)	トウモロコシ	(Luら, 1982)	スイカ
ペチュニア	(Raoら, 1973)	オーチャードグラス		タマネギ
オレンジ	(Kochbaら, 1973)		(McDanielら, 1982)	サトイモ
セルリー	(Williamら, 1976)	ダイズ	(Christiansonら, 1983)	アズキ
タバコ	(Lorzら, 1977)	サツマイモ	(Liuら, 1984)	クワ
ブドウ	(Krulら, 1977)	ライムギ	(Zimnyら, 1985)	フキ
コーヒー	(Sondahlら, 1977)	タケ	(Raoら, 1985)	キウイフルーツ
ワタ	(Priceら, 1979)	メロン	(Oridateら, 1986)	
ナス	(Matsuokaら, 1979)	ラッカセイ	(Wotzsteinら, 1993)	
		ダイコン	(Jeongら, 1995)	
アルファルファ		ジャガイモ	(Degarciaら, 1995)	
	(Kaoら, 1981)	キュウリ	(Louら, 1995)	
ウド	(Nishihiraら, 1998)	ホウレンソウ	(Komaiら, 1996)	
		ハクサイ	(Choiら, 1998)	
		カボチャ	(Leljak-Levanicら, 2004)	

〔注〕「まだできていない作物」という分類は，明日にでもできるかもしれないし，すでにどこかでできているかもしれないが，今まで著者の研究室や周辺である程度取り組んでいてできていないものである

与していることが明らかになってきた。それは第1ステージでのオーキシンの存在であり，第2ステージでのチッ素源（グルタミンなどのアミノ酸）の存在である。このオーキシンは植物体自身が生成するインドール酢酸（IAA）では効果が弱く，合成オーキシンである2,4-Dが顕著な効果を示した。最近では，この第1ステージのオーキシンの役割は，植物にとってのストレスとしての役割であって，代わりに高濃度のショ糖や殺菌剤などでも同様の効果を示すことが知られるようになった（→ p.106）。

なお，不定胚には体細胞不定胚だけでなく，カンキツ類の珠心細胞から形成される珠心胚，花粉から形成される花粉不定胚（→ p.153）なども知られている。

6. 安定した培養技術（培養系）確立の意義と方法

これまで紹介した培養技術は，植物バイテクの基本技術である。これらの技術を駆使して，以下に紹介する種苗の大量増殖や植物の改良を行なうことになる。その場合にもっとも大切なことは，安定した培養技術（培養系）を自分が対象とする植物で確立することである。

たとえば，種苗の大量増殖に培養技術を利用する場合，増殖した苗のコストと変異を抑制することが大切である。これらができないと，実験としては成立しても，実用技術としては利用できない。また，植物の遺伝子組換えに培養技術を利用する場合，多数の組換え植物を容易につくり出せる安定した培養技術の開発が必要である。現時点の遺伝子組換え技術では，外来遺伝子を核内のねらった場所に導入することができない。したがって，役に立つ組換え植物をつくるには，多数の独立の組換え体を作成し，その中から目的の能力を発揮している組換え体を選ぶ必要があり，そのためにも安定した培養技術が必要である。

培養技術の開発には，今でも経験が大切だといえる。論文に記載されている手法に従って培養を行なっても，ある人は成功し，ある人は失敗するということはよく経験することである。安定した培養技術を確立するには，一般的に，①植物ホルモンの組合せと量，②光の量と

質（たとえば短日か長日かなど），③温度条件（たとえば一定温度か変温か）などの条件検討が必要である。これらに加えて，著者らの経験から次の3点がきわめて重要であると考えている。

1つ目は，再分化能力の高い外植体を用いることである。植物は，組織・器官によって再分化能力が大きく異なる。一般的に，分裂組織の周辺細胞は，再分化能力がきわめて高いといえる。2つ目は，できる限り若い組織・器官を外植体として使用することである。たとえば，実生の子葉を外植体として用いる場合，古い子葉を用いるほど再分化効率が大きく低下する。3つ目は，外植体を日々観察し，その表情や変化を的確にとらえ，培養ステップを進めることである。

コラム

組織・細胞培養で再生した植物はクローン植物か

植物の細胞や組織から再生させた植物は，30年ほど前にはまだ，栄養繁殖で増やしたものと同様に，同じ形質を有するもの（クローン）だと考えられていた。そのため，組織・細胞培養で再生した植物にはクローン植物かコピー植物という言葉が使われていた。

しかし，その頃考えていたクローン植物は，じつはクローンではなく，かなりの程度に「変わりもの」が発生していることが知られるようになった。そこで，変わりものをできるだけつくらないようにする方法や，逆に変わりものをできるだけ多くつくり選抜して育種に利用しようという方法がそれぞれ工夫されるようになった。

今のところ，クローン植物を得るには，茎頂を培養して伸長した苗の腋芽をカットし，新しく植え継いで増やしていく方法以外に確実な方法はない。そこで，苗の大量増殖を図っている企業では，多数のクリーンベンチを並べて腋芽の効率的な誘導とカットに取り組んでいる。

▲多数のクリーンベンチによる無菌作業

2 植物の受精・胚発育と雑種獲得

　人類は古くから，植物が受精によって子孫を残し，その子孫の中に少しずつ異なるもののあることを知っていた。だから受精への関心は高く，優良な個体の選抜に利用してきた。そして受精できる組合せは近縁で，受精できない組合せは遠縁な植物であると分類してきた。しかし，受精現象の解明と植物バイテクの進展によって，こうした遠縁な植物の間でも受精が可能となり，新しい雑種植物が作出できるようになった。このことによって一段と受精現象への関心も高まった。

1. 植物の受精現象

　花粉はめしべの柱頭に到着すると発芽孔から花粉管を出し，花粉管は胚のうに向かって伸びていく。花粉管が伸びはじめると花粉管の先端にある雄原細胞は2個の精細胞になる。そして花粉管の先端が胚のうに到達すると受精が行なわれる。被子植物では，精細胞の1個は卵細胞と受精して受精卵（2n）となり，他の1個は極核と受精して胚乳

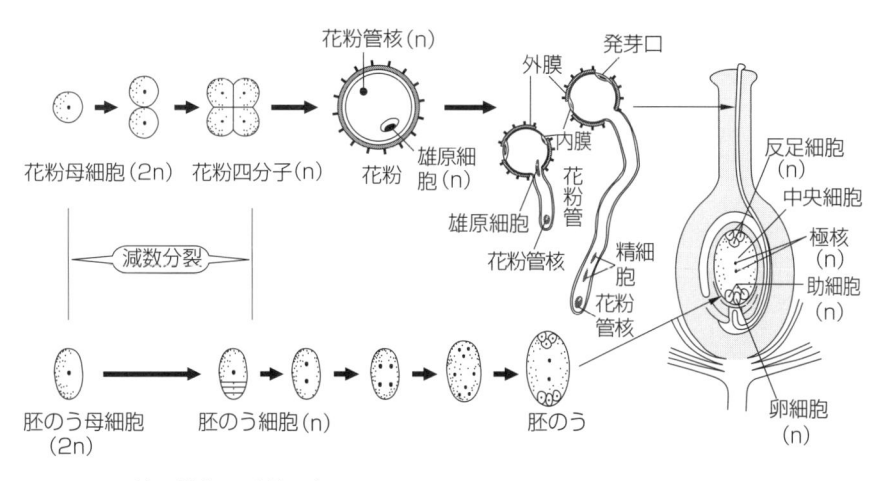

図2.2.1　被子植物の受精現象

核（3n）となる（図2.2.1）。

植物の花の中で人知れず進んでいるこの受精現象を，メロンを素材に観察すると，以下のようなドラマが展開されている（図2.2.2）。

①メロンの雌花の柱頭は3つあり，それぞれに花粉管の通路は1カ所である。柱頭先端に多数のヒダがあり，これが乳頭組織となっている。発芽した花粉管が乳頭組織を突き抜けることが第一の関門である。

②メロンの花粉は丸みをおびたおむすび形で，35～50μmの大きさ，3つの発芽孔をもっている。

③花粉は花柱の1カ所をまとまって伸び，子房の入り口に到達すると子房内の空隙（通路）にいっせいに広がって伸びる。花粉管の先端は丸みをおび，花粉管冠がきれいに光る。少し離れたところに2つの精細胞がある。

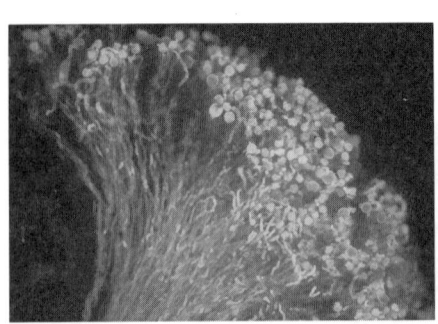

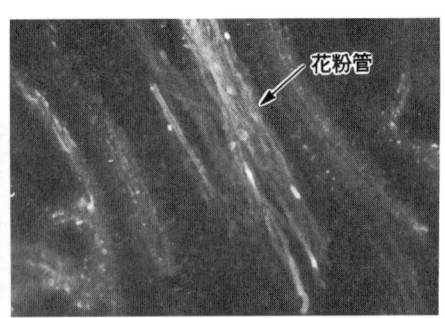

①柱頭上で発芽した花粉　　　　②花柱の中を伸びる花粉管

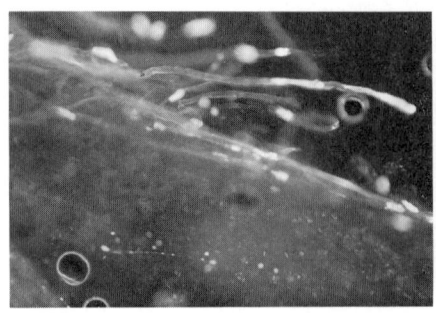

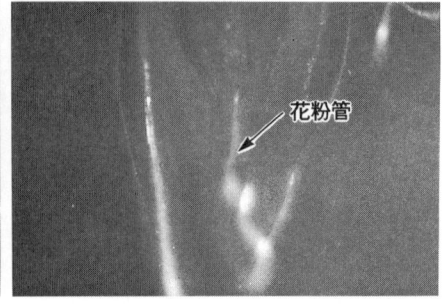

③子房内の花粉管，空隙を通過している　　　　④助細胞を通過する花粉管，受精の瞬間

図2.2.2　花粉の発芽から受精まで（メロン）　　　　　　　　（大澤原図）

④花粉管が胚珠に近づくと珠孔近くの助細胞に線型装置が現われて，胚のう壁の一部が肥大してやがて破れ，花粉管の胚のうへの侵入を誘導する（図2.2.3）。

⑤花粉管が胚珠に到達し，珠孔内部に侵入して受精するのに18～24時間を要する。

⑥1つの卵細胞に受精する花粉管は1つで，圧倒的に多くの花粉管は受精にいたらず，子房の壁面に付着して一生を終わる。しかし受精する1つの花粉管が伸びていくためには，数多くの花粉管が集団となって伸びていくことが不可欠である。したがって，受粉する花粉の数が少なすぎるとほとんどの場合受精できない。

⑦雌花の開花時期と受精の難易も関係があり，開花当日の雌花の花柱内で花粉管はもっとも活発に伸長する。

2. 胚の発育経過と種子の形成

受精が終了すると，受精卵は細胞分裂を繰り返して胚になる。胚の発育の進み方は植物種によって異なり，双子葉植物では球状（グロブラー形）胚からハート形，ラビットイヤー形となって種子となる。0.2mm程度の大きさのハート形胚に成長するまでに時間を要し，その

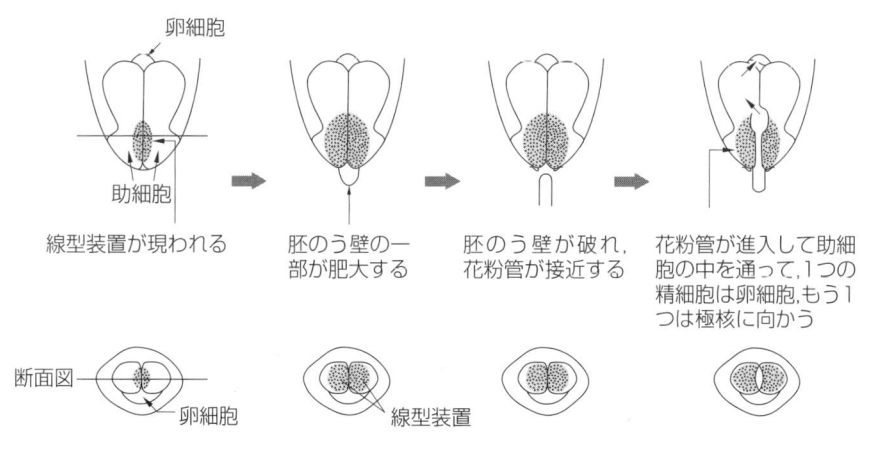

図2.2.3 助細胞線型装置の発生から精細胞の侵入まで（模式図）
（松尾孝嶺ら，「育種ハンドブック」1974により作成）

後の成長は急速である。単子葉植物では球状，卵形，シリンダー形からバナナ形となって種子になる。その成長は双子葉植物に比べると直線的である。それぞれの代表的事例として，双子葉植物ではスイカとメロンの，単子葉植物ではラッキョウの例を示した（図2.2.4）。

一方，胚乳核は分裂を繰り返して胚乳となり受精卵が成熟種子になるまでの栄養分を供給する（無胚乳種子では子葉が胚乳の栄養分を吸収して蓄える）。

受精時点の子房には子房壁と珠皮があるが，子房壁はやがて果実の果皮となり，珠皮はやがて種子の最外層を包む薄い皮膜の種皮となる。

3. 不和合性とその打破

植物にはおしべ，めしべとも完全に機能しているのに，受精の行なわれない場合があり，これを不和合性と呼び，受粉した花粉の柱頭上の不発芽，花粉管の伸長停止，胚珠内の花粉管における受精不能などの現象として認められる。この不和合性が，同一種内で起こり内婚を妨げるものを自家不和合性と呼び，異種間で起こり植物種の独自性を

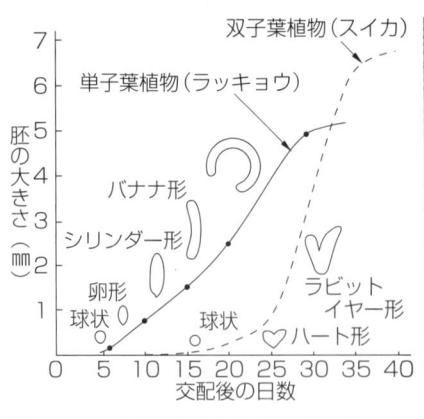

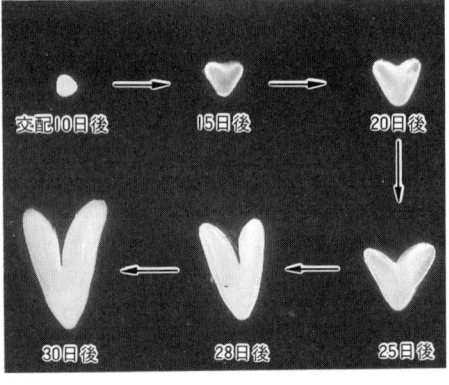

図2.2.4　双子葉植物と単子葉植物の交配後の胚の発育経過（写真はメロン胚の発育経過）
（大澤原図）

〔注〕スイカについて補足すると，子房は交配後すぐに肥大をはじめるが，胚には準備期間が必要で，10日目頃から胚が認められるようになる。また，ハート形の後半頃までの胚は白色であるが，それ以後黄味をおびるようになる

2 植物の受精・胚発育と雑種獲得

表2.2.1 不和合性打破の原理と方法
(日向, 1983より作成)

	不和合性打破の原理	不和合性打破の方法
生理的方法	(a) 認識物質生成阻害	①蕾受粉 ②遅延受粉 ③末期受粉
	(b) 認識物質・拒絶物質の破壊	①放射線処理 ②雌芯の高温処理 ③電気処理受粉 ④柱頭の損傷 ⑤接ぎ木
	(c) 認識反応・拒絶反応の抑制	①メントール受粉 ②反復受粉 ③混合受粉 ④ CO_2 処理 ⑤薬品処理
	(d) 不和合反応細胞・組織の除去	①花柱植え継ぎ ②花柱切除 ③試験管内受精
遺伝的方法	(a) 和合個体,弱不和合個体の探索	
	(b) 倍数体・異数体の作出	
	(c) 和合性への突然変異体の作出	
	(d) 細胞融合などによる和合性遺伝子の導入	

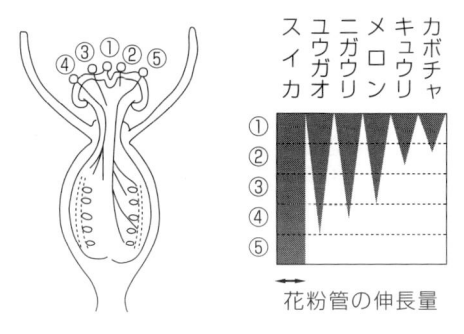

図2.2.5 スイカの雌花における他のウリ科植物の花粉の挙動
(大澤ら, 1987)

守るために自己と他の種の識別する隔離機構となっているものを交雑不和合性と呼ぶ。交雑不和合性は作物の品種間,種間,属間のレベルで広範に認められる現象である。

このような交雑不和合性を示す2種の植物から,どのようにして雑種を得たらよいのであろうか。交雑させたい2種の植物が示す不和合性の程度によるが,すでに多くの方法が試みられてきた(表2.2.1)。たとえば,ウリ科植物の交雑不和合性の関係をみると,品種間では交雑が可能であるが種間では可能なものと不可能なものが混在し,属間では不可能である。この属間の交雑不和合性の程度も種々異なっており,スイカの雌花上で他のウリ科5属(メロン,キュウリ,ユウガオ,ニガウリ,カボチャ)の花粉管の挙動を調べたところ,ユウガオとニガウリの花粉管はもっとも胚珠の近くまで侵入していることが知られた(図2.2.5)。

4. 雑種獲得の手段

こうした不和合性の程度はさらに詳細にみると受精の有無と胚の発育の程度で6つに分類することができ，それぞれに雑種獲得の手段が工夫されてきた（図2.2.6）。

①と②はすでに受精は完了しているので，受精胚を無菌的に取り出して培養する胚培養が用いられる。しかしハート形以前の幼胚では胚を発育させるのがきわめて困難で，最初に胚珠を培養して内部の胚を発育させてから胚を取り出す，胚珠—胚培養法が工夫されている。

③と④は受精を阻害している花柱や子房内物質の回避のための柱頭や花柱を切断して，子房内の上部に受粉させる花柱切断受粉法がユリなどで成果をあげ（→p.141），他の方法としては直接試験管やシャーレの中で未受精胚珠と花粉を受精させる試験管内受精法があり，ペチュニアやタバコで成果をあげている。

⑤と⑥はもっとも不和合性の程度が大きく，これらの組合せでは雑

和合性	不和合性①	②	③	④	⑤	⑥
胚が順調に発育して種子ができる	受精しても胚の発育が途中でストップする	受精しても胚がほとんど発育しない	花粉管が子房まで到達しても受精しない	花粉管が侵入しても子房まで到達	花粉が発芽しても侵入しない	花粉が発芽しない

不和合性の程度：小→大
交配／胚培養／胚珠—胚培養／試験管内受精法／花柱切断受粉法／遺伝子組換え技術／細胞融合技術

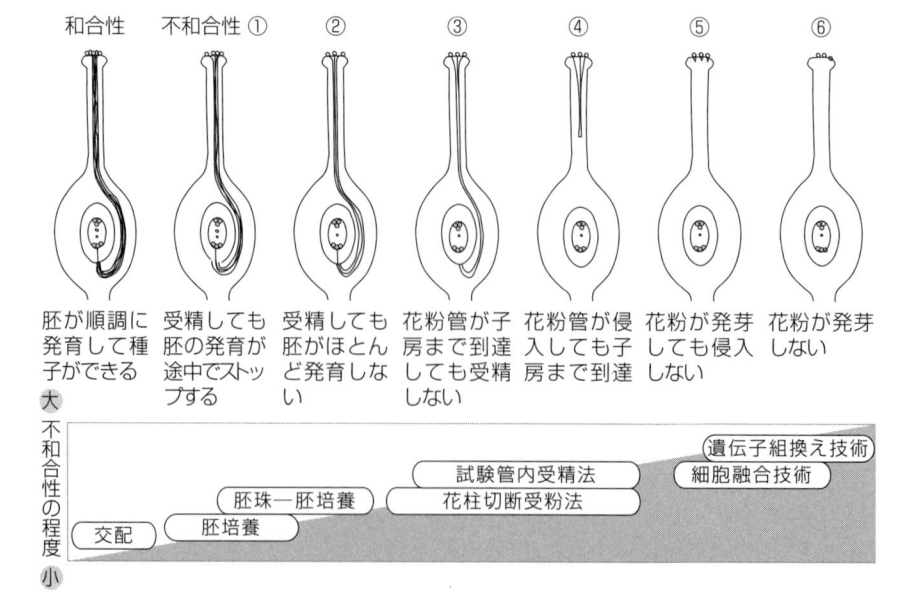

図2.2.6 不和合性の程度と雑種獲得の手段

種個体を得る手段がなかったが，細胞融合や遺伝子組換え技術によって雑種が得られるようになった．しかし，雑種個体の維持や子孫の維持に問題がある場合も少なくない（→ p.202）．

このように受精をブロックしている不和合性の程度を知ることによって，交雑できる範囲は一歩一歩広がっているのである．

近年の分子遺伝学の発展により，この不和合性の機構が遺伝子・タンパク質のレベルで明らかになりつつある．これらの研究により，交雑できる植物の範囲はいっそう広がるものと期待される．この分野は日本の研究グループが世界をリードしている．

コラム

「メロチャ」は存在したか

1989年春の育種学会における山口淳子研究員（サカタのタネ植物バイオ研究センター）の「メロンと台木カボチャの細胞融合による植物体再分化」の講演は大きな反響を呼んだ．マスコミはさっそく飛びつき，メロンとカボチャの合いの子である「メロチャ」がついに育成されたと騒ぎ立てたのである．

マスコミの扱いとは対照的に，山口さんの講演は研究者らしい地味で誠実なものだった．融合処理後に幼植物を得て，順化中にそのアイソザイムを調べたら両親に共通のバンドをもっていた．しかし，その個体をガラス室でさらに育成させて調べたところ，カボチャのバンドは消失して認められなくなったというものであった．つまり，生育の初期には合いの子の性質を示したが，普通の生育段階になった時点ではメロンそのものになっていたとの事実をきちんと示したのである．

メロンとカボチャは同じウリ科野菜ではあるが，その雑種は属の異なる属間雑種という関係である．この実験は遠縁な組合せの細胞融合では片方の染色体が欠落していくことを端的に示したものだったのである．残念なことであるが，マスコミでいう「メロチャ」は，最初からこの世の中には存在していなかったのだ．

3 植物ホルモンとその種類・作用

　植物の成長と発育のそれぞれの時期に，微量でありながらきわめて顕著な働きを示す植物ホルモンの存在が知られてから80年余りになる。植物ホルモンの利用によって組織・細胞培養技術は大きく進展し，また組織・細胞培養研究の進展によって植物ホルモン様物質の探索が大きく前進した。その結果，オーキシン，サイトカイニン，ジベレリン，アブシジン酸，エチレン，ブラシノステロイド（ブラシノライド），ジャスモン酸の7種類が植物ホルモンとして，ファイトスルフォカイン，システミンなどがペプチド植物ホルモンとして知られている。

1. 植物ホルモンの種類と働き

　ウィスコンシン大学でサイトカイニンの研究をしていたスクーグとミラーのタバコ茎切片の実験結果は，その後の植物の組織・細胞培養を大きく変えた（SkoogとMiller，1957）。彼らはオーキシンとサイトカイニンが別々にではなく，相互の濃度バランスによって器官形成を制御していることを明らかにしたからである（図2.3.1）。これを機に，

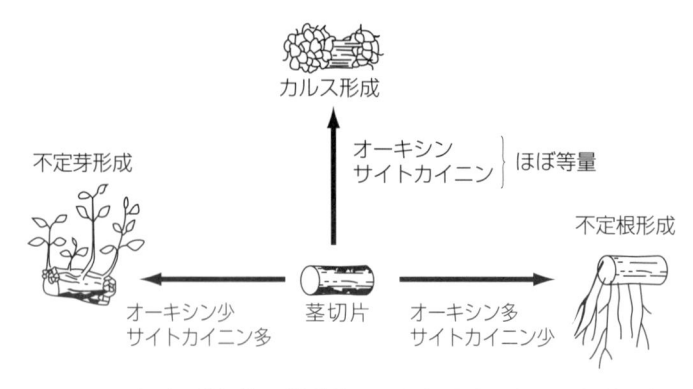

図2.3.1　タバコ茎切片の培養時にみられるオーキシンとサイトカイニンによる反応　　　　　　　（Skoogら，1957より）

表2.3.1 各種植物ホルモンの働き（○：促進，×：阻害）
（江面原図；「植物ホルモンのシグナル伝達」秀潤社より作成）

働き	オーキシン	サイトカイニン	ジベレリン	アブシジン酸	エチレン	ブラシノステロイド	ジャスモン酸
（栄養成長の調節）							
細胞分裂	○	○	○				
維管束分化	○	○				○	
葉の拡大成長		○					
茎の伸長成長	○		○	×	×	○	×
気孔の閉鎖		×		○			
側芽の成長	×	○					
茎の肥大成長		○			○		
有機物の転流			○		○		
不定根形成	○	×			○	×	
側根成長	○						
根の伸長成長	○×		○	×	×		
根の維管束分化	○	○				○	
根の細胞分裂	○	○	○				
（生殖成長，老化の調節）							
花芽誘導	○		○		○		
性の分化	○		○		○	○	
単為結実	○		○				
器官脱離	×		×	○	○		○
種子の成長	○						
果実の成長			○	○			
果実の成熟				×	○		
葉の老化	×	×	×	○	○		○
塊茎・塊根形成	×	○	×				○

植物ホルモン様物質の探索とその作用についての解明がめざましく進展した（表2.3.1，図2.3.2）。

オーキシン（auxin） 動物と同じようなホルモン様物質の存在を植物で最初に発見したのはオランダのウェントである（Went, 1928）。彼はアベナ（カラスムギ）の子葉鞘の先端部には成長を促進する物質があり，それは寒天片に移行させて取り出すことのできる物質であることを示し，これをオーキシンと名づけたのである（図2.3.3）。オーキシンとはギリシャ語で「成長する」という意味の言葉である。1930年代

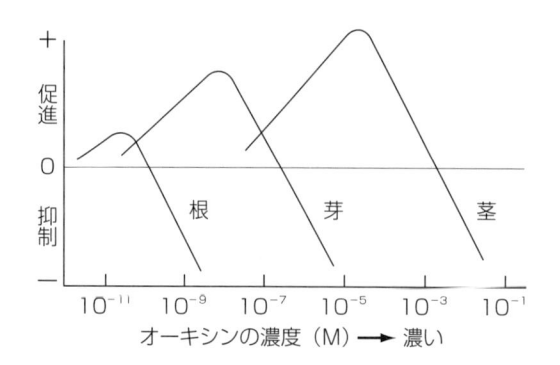

図2.3.2 オーキシンの濃度と根，芽，茎の成長反応

〔注〕植物ホルモンは，その濃度によって働き方が異なり，成長促進に最適な濃度を過ぎると，逆に成長を抑える。また，オーキシンの場合，茎を伸ばす濃度と芽や根を伸ばす濃度は異なる

にはこの物質がインドール酢酸（IAA）であることが判明し，1930年代後半はIAAを用いた実験がブームになったという。

IAAの構造決定によって，類似物質の探索が急速に進み，2,4-ジクロロフェノキシ酢酸（2,4-D），ナフタレン酢酸（NAA），インドール酪酸（IBA）などのオーキシン様の植物成長調節物質が見いだされた（図2.3.4）。これら

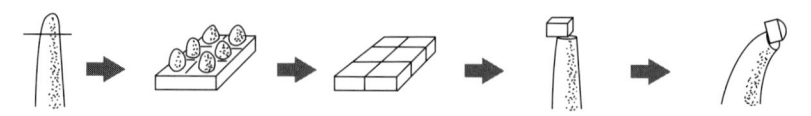

図2.3.3 アベナ葉鞘におけるオーキシンの移動（ウェントの実験）

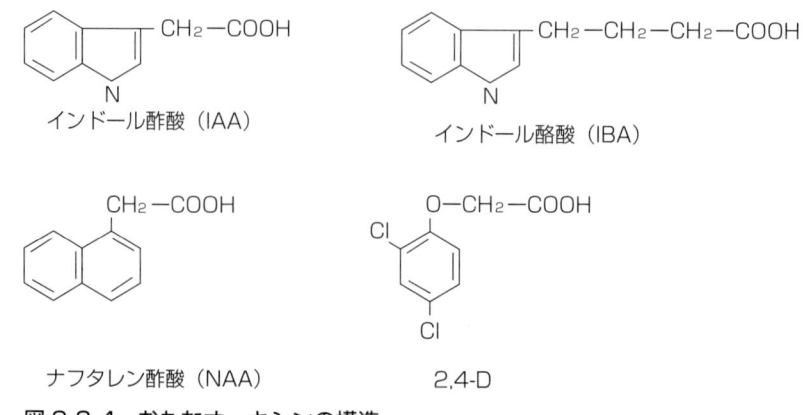

子葉鞘の先端を切り取る → 子葉鞘の先端を寒天の上に置く → 先端を取り除いて寒天を小片に切る → 寒天片の先端を切った子葉鞘の片側にのせる → 暗黒中でも寒天片をのせた片側が伸びて反対側に屈曲する

インドール酢酸（IAA）

インドール酪酸（IBA）

ナフタレン酢酸（NAA）

2,4-D

図2.3.4 おもなオーキシンの構造

図 2.3.5 サイトカイニンの添加で誘導したイチゴの多芽体

のオーキシンのうち,植物体自身が生成する植物ホルモンは IAA のみである。しかし,これらはすべて植物ホルモンと表現される場合が多いので,本書でもそのように表現する。

サイトカイニン(cytokinin) サイトカイニンは前述のスクーグらによって,タバコの組織培養中に見いだされたカイネチン(分裂を促進する物質という意味)が最初である(Skoog ら,1948)。おもに根端で合成され,オーキシンとは逆に茎の上方に移動して茎の老化防止,腋芽の形成促進(図 2.3.5),単為結果の促進,果実の成熟促進などの働きがある。

細胞レベルでは多芽体の誘導を促し,レタス,タバコの発芽促進,ブドウ,メロン,トマトの着果促進にも利用されている。植物体から抽出されるものはゼアチンとイソペンテニルアデニンであるが,類似構造物質の探索から,今ではベンジルアデニン(BA),カイネチンなどのサイトカイニン類が広く用いられている(図 2.3.6)。

ジベレリン(gibberellin, GA) ジベレリンは日本人が単独で発見した唯一の植物ホルモンである(黒沢,1926)。彼は異常に背が高くなるイネ(ばか苗と呼ばれた)を研究していて,これがばか苗病菌によって生成される毒素によってもたらされる現象であることを明らかにし

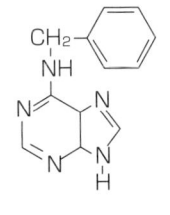

イソペンテニルアデニン　　ゼアチン　　ベンジルアデニン(BA)　　カイネチン

図 2.3.6 おもなサイトカイニンの構造

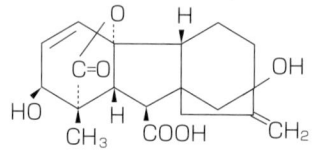

図2.3.7 ジベレリン（GA₃）の構造

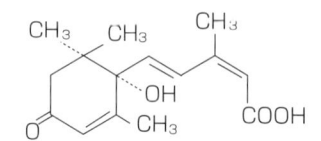

図2.3.8 アブシジン酸の構造

たのである。その後，植物自身にもジベレリンが存在することが明らかとなり，今では重要な植物ホルモンの1つとなった（図2.3.7）。

ジベレリンを根から与えると伸長が盛んになり，子房内では種子の形成を抑制する働きがある。休眠打破や果実の成長促進の効果もあり，光発芽も促進する。ブドウの花穂を開花前と開花後の2回，ジベレリン溶液に浸漬してタネなしブドウをつくっているのは有名である。

アブシジン酸（abscisic acid, ABA） アブシジン酸はオーキシン，サイトカイニン，ジベレリンとは相反する作用をもつ植物ホルモンで，ワタの落果やカエデの休眠の研究から発見された（図2.3.8）。発育阻害，離層形成，老化促進，休眠芽形成，蒸散抑制などの働きがある。冬の間，木の芽がかたくしまって寒さを防いだり，発芽の都合のよい季節がくるまで種子が眠っていたりするのもABAの働きによる。

組織・細胞培養では，不定芽の発育を正常化する目的や培養物の試験管内保存（→ p.120）などによく使われている。また，ABAはストレスホルモンとも呼ばれ，不良環境に耐える性質を植物に与えている。

エチレン（ethylene） エチレン（$H_2C = CH_2$）はガス灯（エチレンガス）のガス漏れが原因で20世紀のはじめに発見された。その後植物体自身もエチレンを生成し，果実の成熟を促進するホルモン作用のあることが証明されて，エチレンは植物ホルモンの仲間入りをした。

植物体におけるエチレンの生成はある齢に達したときに起こるが，傷つけられたり，接触刺激を受けたりしても生成されるので，組織・細胞培養にはかなり関係が深く，エチレン生合成や反応の阻害剤の添加がよい結果をもたらすことも多い。箱に入れたリンゴなどの果実が1個傷つくと，箱全体の果実の成熟を急速に早めてしまうことはよく経験することであるが，これは1個の傷んだ果実から発生されたエチレンの影響である。

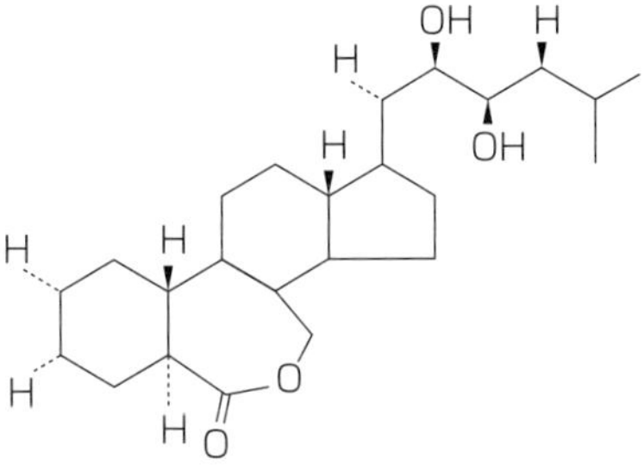

図2.3.9 ブラシノステロイドの構造

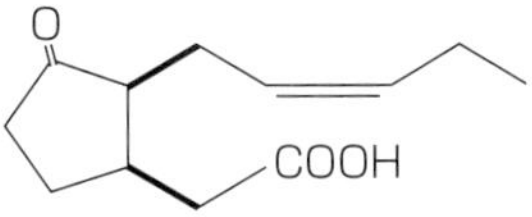

図2.3.10 ジャスモン酸の構造

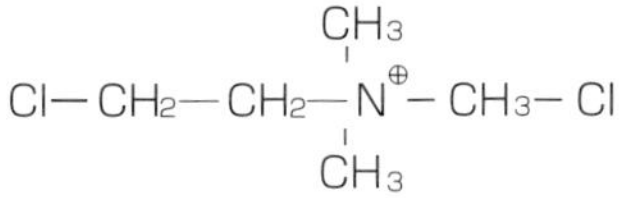

図2.3.11 クロルコリンクロリド（CCC）の構造

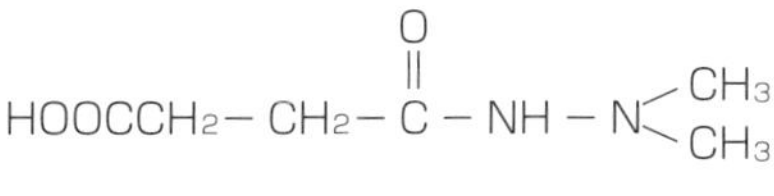

図2.3.12 ダミノジッドの構造

ブラシノステロイド(brassinosteroid)
ブラシノステロイドは1979年にアメリカのミッチェルらがナタネの花粉粒から見いだした植物ホルモンである（図2.3.9）。ほかの植物ホルモンに比べてその100分の1程度の濃度で活性を示し，増収効果や環境耐性効果が認められる。明期に処理すると効果があるが暗期では効果が現われないなど，ほかの植物ホルモンとは違った生理活性をもつので注目されている。

ジャスモン酸（jasmonates） ジャスモン酸は，ジャスミンの香り成分として1962年に発見された（図2.3.10）。その後，器官脱離，葉の老化，塊根・塊茎形成など植物発達を制御していることが明らかになり，7番目の植物ホルモンとされている。

その他，これまでに知られている植物ホルモン様物質（成長抑制剤）をまとめてみた（図2.3.11，12）。また，植物ホルモンとして古くから想定されているにもかかわらず，いまだその単離に成功していないのが花成ホルモン（フロリゲン）である（→p.47）。

2. 植物ホルモンの作用機作

植物ホルモンが微妙で，さまざまな場面で植物の生理反応に関与するのは，酵素反応を刺激して核酸の合成を促し，細胞膜の透過性を変化させることがその主因になっていると想定されているが，まだ詳しいことはわかっていない。

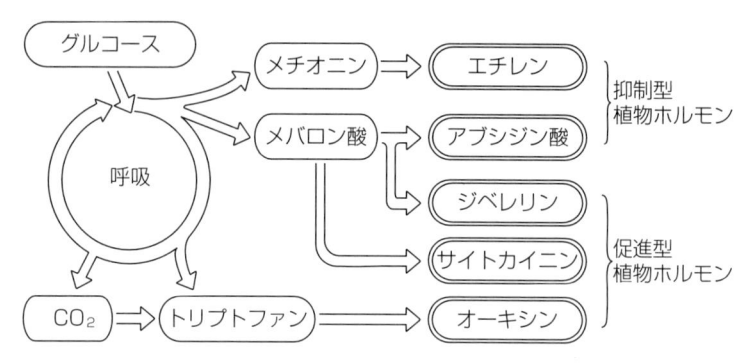

図2.3.13 植物ホルモンの植物体内における生合成経路と働き
（大田，1987より）

発達時期・部位特異的なホルモン感受性制御　トマトの果実が発達時期によりエチレンを感じる力（感受性）を変化させていることが知られている。これは，植物が生合成と感受性の双方を変化させてホルモン効果を調節していることを示している。これは，安定した培養技術を確立するうえで，外植体に用いる組織やその調整時期の選択が重要であることを示している。

内生ホルモンによる制御　植物ホルモンによる反応は，実際にはオーキシンやサイトカイニンの外部からの添加量のみでは左右されない。これは，植物体の各部位で生成される内生ホルモンによる調節が働いているからである。つまり培地条件でなく，植物組織側の条件が異なるからであり，その主因は植物の遺伝子型による場合と培養物の生理的齢，季節による場合がある。

植物ホルモンの相互作用　オーキシン（IAA）はトリプトファン，エチレンはメチオニンというアミノ酸を前駆物質として生成される。ところが成長を促進するジベレリンと，成長を抑制するアブシジン酸が同じメバロン酸から生成されるという事実は何を物語るのであろうか（図2.3.13）。サイトカイニンも別ルートではあるがメバロン酸からの生成経路をもつ。最近の研究から複数の植物ホルモンが相互作用（これをホルモンのクロストークという）し，ホルモン効果の調節をしていることが示されている。

> コラム

花成ホルモンは存在するのだろうか

　花成ホルモンは，古くからその存在が想定されていながら，いまだに「まぼろしの植物ホルモン」の域を出ない不思議なホルモンである。フランスの若い学徒，トゥールノアが1912年，植物の雌雄性に関する実験中に，ホップの開花が日長によって左右されることに気づいたのが，花成についての最初の記録であると考えられている。残念ながら彼は，第1次世界大戦に従軍して戦死してしまったのであるが。

　その後，1918年から20年にかけて，アメリカ農務省農業試験場のガーナーとアラードが，ダイズとタバコを用いて昼夜の長さと花芽分化に関する歴史的な実験を行ない，植物の光周性（フォトペリオディズム）の学理を確立したのであった。一方，ロシアでは植物を低温に置いて花芽を誘起させる春化処理（バーナリゼーション）が広く行なわれていた。この2つの流れを受けて，ロシアの植物生理学者チャイラヒアンは，光周性と春化処理によって花芽を誘起した植物の茎葉を，開花するはずのない植物に接ぎ木して開花できることを示し，1938年にこの花成誘起物質をフロリゲン（florigen）と名づけたのである。

　この花成ホルモンの全容解明は，短時間のうちに進展するものと予想された。ところが，その予想は完全にはずれたのであった。ほかの多くのホルモン類は，本文で述べたようにその機能や構造式が相次いで解明されたにもかかわらず，花成ホルモンについては遅々として進まなかったのである。そして，分析装置や機器がきわめて高度化した現在においても，花成ホルモンは相変わらず物質としてとらえられていないのである。

　わかっていることは，①花成ホルモンは接ぎ木によって移動するが，オーキシンのように寒天中には移動しない，②化学的にきわめて不安定で，抽出中に変性し失活してしまう，③花成ホルモンと花成阻害ホルモンが同居しているらしい，④ほとんどすべての生物が自ら生合成しているステロイド様物質の関連があるらしい，⑤日長やバーナリゼーションに関係なく，開花しやすい品種と開花しにくい品種はたしかにある，⑥これら品種の酵素群の解明を通して，遺伝子レベルで花芽分化をとらえる研究が進んでいる，などである。

　いずれにしろ，花成ホルモンはじつに手ごわい相手のようである。この手ごわい相手に，まったく新しい発想で挑戦しようとする若い研究者の出現に期待したい。

4 変異の発生とその制御・活用

植物バイテクが植物の生きた組織や細胞を，生きたままで取り扱う技術である以上，変異（同種の個体間にみられる形質の違い）の発生から逃れることはできない。ここではこの問題をもう一歩踏み込んで考えてみる。変異には環境の違いによって当代のみに生じる環境変異と，次代に遺伝する遺伝的変異（突然変異，mutation）とがあるが，ここで問題にするのは後者の遺伝的変異である。

1. 増殖技術と変異発生の程度

植物の細胞や組織から植物を再生させ，大量増殖に利用したり，一方では培養中に生ずる変異を育種に利用したりする研究が進展している。大量増殖と変異の発生は矛盾した現象であるが，植物バイテクはこの両面をつねに併せもっており，避けては通れない（図2.4.1）。今までの組織・細胞培養の中から生じた変異形質の一部を作物別に示した（表2.4.1）が，すでに今まではこのような表にまとめきれないほど多くなっているはずである。

植物体の増殖技術別にその増殖効率と変異の発生程度を著者の体験と現在までの知見によって整理した（表2.4.2）。一般に茎頂を出発点にした培養では変異の発生は少なく，とくに腋芽をカットして増殖する方法はほとんど変異の発生は認められない。したがって，この方法が実用的な大量増殖法として利用されている。増殖効率が低いとはいえ，労力をかけてせっせとカットすれば，1年間で100万倍程度に増殖することは容易なのである。

ほかの方法では大なり小なり変異がつきま

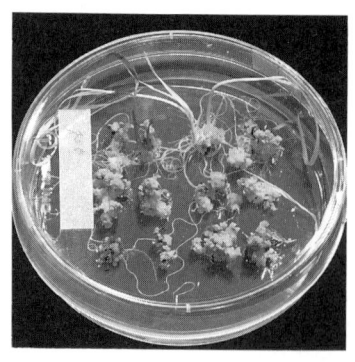

図2.4.1 プロトプラストから再生したイネに発生した変異（左：正常，右：アルビノ）（平井原図）

表2.4.1　組織培養によって変異が発生した例

（王ら，1988より抜粋）

植物	変異の種類	変異と誘発した方法
ニンニク	りん茎のサイズと形，小りん茎の数，株の高さと形，染色体数，成長勢	長期培養，カルスより分化，変異発生率の高い品種
パイナップル	果実の形，葉色とワックスの有無，葉の密度，アルビノ	変異発生の多い部位の培養
ブラシカ類	帯状合生または帯化，染色体数異常	カルス培養より分化・変異発生しやすい品種
キク類	花色，成長勢，葉形と無毛化，花異常，葉序変化	カルス培養，長期培養
ニンジン	直立茎，葉の形と厚さと色	変異誘導性培地
レタス	葉形と色，腋芽発生，成長勢	カルスより分化
イネ	稔性，株高，成熟日数，形態，葉緑体数	カルスより分化
ジャガイモ	病気抵抗性，塊茎の形と収量と色，成熟日数，光合成能力，外部形態，葉色，毛の有無	カルスより分化，プロトプラストより分化，変異の起こりやすい品種
トウモロコシ	葉序，株高，節数，染色体数，花粉稔性，胚乳変異，胚異常	カルスより分化
セルリー	染色体の形，染色体数，核型，アイソザイム変化，葉形，病気抵抗性	カルスより分化
イチゴ	葉面積，葉形，産量，成熟時期，果実	成長点培養，葯培養
トマト	株苗，葉形と大きさ，開花日数	カルスより分化
セントポーリア	花色と形，葉形	カルスより分化
ガーベラ	不開花，腋芽異常発生	高サイトカイニン
バナナ	株高，葉形，果実，フザリウム抵抗性	長期培養
カトレア	花色と形	長期培養，2,4-D使用

とう。とはいえ，この培養法の違いによる変異の発生は，扱う植物の種類や部位，培養法にも左右されており，その結果は一様ではない。したがって，そのことについてのまとまった論文もなく，それぞれが自分の扱った材料についての体験を断片的に述べるにとどまっている。そこでここでは，長年にわたって組織・細胞培養を続けてきた著者らの体験にもとづき，培養法ごとの変異の発生率を数値で示してみた（表2.4.3）。乱暴な試みであることは承知しているが，何かの参考にしていただければ幸いである。かなり幅の広い数値になっているが，私たちは生きた細胞や組織を扱っているのであり，反応にはいつも幅があり，揺れがあり，多様であることを示すものだと，考えていただければと思う。

2. 培養変異の解析

ひとくちに培養変異といっても，きわめて多種多様である。葉色や花色の変化，草丈の長短や樹高の高低，果実肥大の良否などは外観的な観察ですぐに識別できる。しかし，収量性や耐病性，栽培のしやすさ，味のよしあしなどは時間の経過によって変わる要因を多く抱えており，どこまでを変異としてまとめたらよいかについても議論の分かれるところである。今のところ，培養変異の解析には，一般的に行なわれる外観的な観察による方法に加えて，①染色体数や染色体構造の変化を解析する細胞遺伝学的手法と，② DNA 上に現われる変化を解析する分子生物学的手法とがある。

細胞遺伝学的手法　植物の染色体数の確認は，かつてはもっぱらアセトカーミン染色による押しつぶし法と決まっていたが，現在では酵素を用い，いったんバラバラにした細胞を染色して観察する酵素解離法が用いられている（→ p.230）。この方法によって，それまで名人芸だった染色体数の確認が普通の実験操作で可能になったのである。酵素解離法によるメロンの染色体像を示す（図2.4.2）。メロンではこの染色体数を確認することによって，数種の培養法により再生植物の染色体変異が発生する程度が違うことを明らかにできた（図2.4.3）。

4 変異の発生とその制御・活用 51

表2.4.2 植物の再生経路別の増殖効率と変異発生程度

培養法	茎頂培養			不定芽誘導		不定胚誘導	
	腋芽誘導	PLB誘導	苗条原基誘導	直接誘導	カルス経由	直接誘導	カルス経由
増殖効率	低	高	高	中	高	中	高
変異発生程度	きわめて低	低	低	中	高	中	高

表2.4.3 組織培養による変異の発生率

	変異発生率	確率
自然突然変異	0.003%以下	100,000のうち3つ以下
「きわめて低」	0.03〜0.003%	10,000のうち3つ以下
「低」	0.3 〜0.03 %	1,000のうち3つ以下
「中」	3 〜0.3 %	100のうち3つ以下
「高」	30 〜3 %	10のうち3つ以下

〔注〕「きわめて低」から「高」は表2.4.2の変異発生程度と対応している

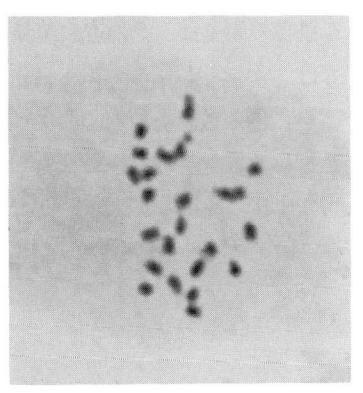

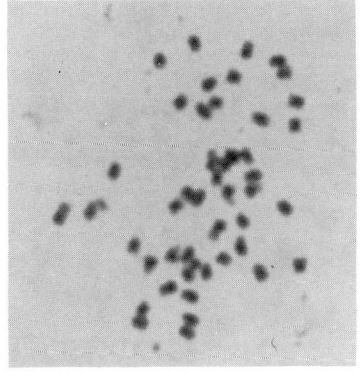

図2.4.2 不定胚から再生したメロンの染色体像（左：二倍体，右：四倍体） (江面原図)

分子生物学的手法 染色体数の違いとして現われるこのような培養変異は，生じている変異の中でも大きな変異であろう。むしろ，私たちが育種上利用したい変異は，染色体の数や構造上は違いを示さないが，

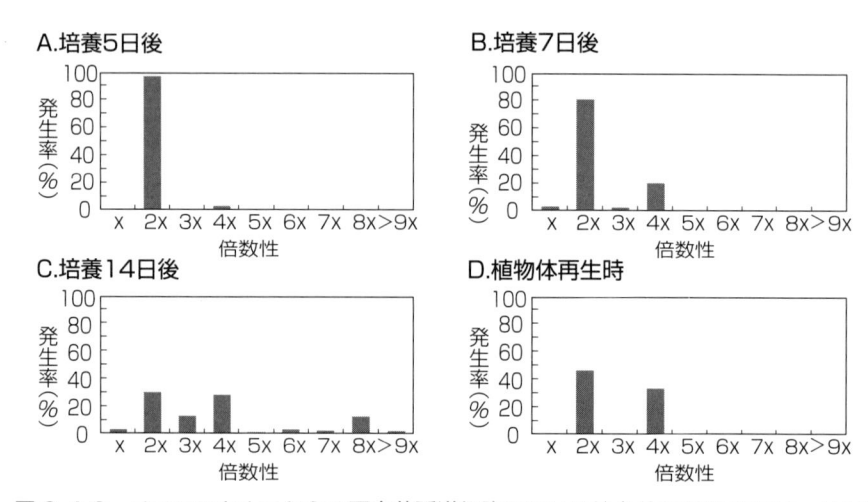

図2.4.3 メロンのカルスからの不定芽誘導細胞における染色体の変動(江面ら, 1994)

なんらかの遺伝的な違いをもつ「わずかな変異」である。このような変異をはっきりとつかむ方法はまだ見いだされていないが、そのことに結びつくであろうステップとして、アイソザイムやDNAによる解析が進んでいる（→ p.229）。今のところ、①各種のアイソザイムによる反応差のはっきりしている植物の間では、その近親関係を明らかにすることができ、②前もってはっきりとわかっている構造のDNAの断片を細胞に組み込み、そこから再生させた植物でのDNAの存否を判定することができる程度である。したがって、ここで考えているようなわずかな培養変異を早期に簡便にチェックするには、まだハードルが高いが、その周辺の研究（RFLP法, RAPD法, AFLP法など, → p.240）は急速に進展している。

3. 変異の発生原因

このような変異が生ずる原因については、まだよくわかっていない。培地に含まれる植物ホルモンの影響であるとか、カルス形成時の分裂異常が原因であるとか、植物の体細胞がもともと変異に富んでいるからである、などいろいろな事例が示されている。

著者らがメロンの不定芽誘導の過程で四倍体が生ずる細胞の変化を

調べたところ，培養の当初では，ほぼ100%二倍体だった細胞が，培養7日後には80%弱となり，14日後には32%となって，それ以外の細胞のほうが多くなった。しかし，それらの細胞からの植物体は二倍体と四倍体だけから育成されるという結果を得た（図2.4.3）。このことは，少なくともカルス細胞分裂時の分裂異常がメロンにおける変異が発生する原因の1つであることを示している。

最近ではゲノムDNAの研究から生物の進化のしくみが明らかとなり，自然界におけるDNAの複製ミスによる変異の拡大が考えられるようになった（→ p.54）。DNAレベルでの新しい興味深い事実は今後とも次々と明らかにされるであろうが，「生きている」状態を維持する以上変異発生の原因は結局いろいろありすぎて，変異はいつでも，どこでも，いくらでも起こりうるという結論にならないとも限らない。

いずれにしても細胞からの再生植物における変異の問題は，21世紀になっても植物バイテクのメインテーマの1つとして残っている。

4. 変異の拡大法と回避法

変異の拡大法　積極的に変異を拡大する方法には，①放射線（ガンマー線，重イオンビーム，→ p.192）やX線，紫外線などの照射（物理的方法），②エチルメタンスルホン酸（EMS）などの化学的な変異原（mutagen）で処理する方法（化学的方法），③培養期間を長期的に維持して異常細胞の密度を高める方法（生物的方法）がある。このほかにも，細胞分裂時の紡錘糸形成阻害による染色体数の異常を生じさせるコルヒチン処理や，染色体の減数化を図るフルオロフェニルアラニン処理もある。

変異の回避法　変異の発生をできるだけ少なくするには，体験的ではあるが次のような点に配慮することが有効であるといえる。

①遺伝的に安定している品種，材料を用いる。
②茎頂や胚など再生能力の高い培養部位を用いる。
③植物ホルモンの高濃度の使用を避ける。
④カルスを経由しないダイレクトな再分化に心がける。

⑤できるだけ早く植物体の再生を図る。

これらを総合すると，これまでに知られている培養法の中では，腋芽誘導（多芽体誘導）と苗条原基誘導が変異発生のもっとも少ない培養法といえるであろう。

コラム

眠っているDNA上に蓄積された変異とその発現

地球上の多くの生物は，20〜40億個というDNAの塩基数をもっており，それが見事に複製されて世代が進んできた。DNAの複製は精密であるが，塩基数が莫大であるために，ほんのわずかな間違いが生じる可能性をつねにもっており，そのことによって，地球上の生物の変異が拡大していった。現在では，このDNAの複製ミスは10億個の複製時に1回程度生じるとされ，このような普通に生じる間違いのほかに，紫外線や放射線などの影響，気候の激変なども，変異の拡大に関係したと考えられている。

ところで，真核細胞生物のDNAには，眠っている（タンパク質の合成に直接かかわらない）領域（イントロン）が圧倒的に多く，イネやメロン・ダイズなどの植物では95％程度，ヒトでは90〜95％程度が眠っていると考えられている（大腸菌などの原核細胞生物のDNAは，ほとんど100％が活用されている）。

活発に働いている領域（エクソン）のDNA上に生じた変異は，その生物の生死にかかわることになり，種の消滅へつながりかねない。しかし，眠っているDNA上に生じた変異であれば，命取りにはならず，DNA上にその変異を蓄積することができる。そして，眠っているDNAに蓄積された情報が，環境の変化に適応して発現し，そのことによって進化を繰り返して，多種多様な生物が生み出されてきたのだと考えられるようになっている。

第3章
植物バイテクの基本技術

この章では植物バイテク，とくにその基盤となる組織・細胞培養に必要な設備や機器，培地組成や無菌操作などについて述べる。

1 設備と機器・器具類

　植物の組織・細胞培養は目的とする植物の切片を好適な条件下で無菌的に培養することが，その技術の中心となる。だからそれに必要な設備や機器にとって大切なことは，①無菌環境が確保でき，②無菌操作しやすく，③使い勝手がよい，の3つの条件を満たすことである。

1. 実験室の配置と機器

　一般的な植物バイテクの実験室（図3.1.1）と簡易実験室（図3.1.2）を示す。本書を機に植物バイテクをはじめられる方は，図3.1.2を参考にしていただきたいと思う。植物バイテクは大げさな設備や機器がなくても，工夫次第でかなりのところまで実施できるからである。

前室　実験室内に外部の埃や塵がはいらぬように前室を設け，そこを白衣やスリッパに着替える場にするのが普通である。しかし，そのスペースをとれないところでは，入り口のドアにカーテンを下げておくだけでも効果がある。

培養準備室　培地の作成，滅菌，器具の洗浄，材料の調整などを行なうのが準備室である。機密性の高いサッシ窓と埃のたちにくい床面が望ましい。実験台や薬品棚などの大きさは部屋全体のスペースに規定

56　第3章　植物バイテクの基本技術

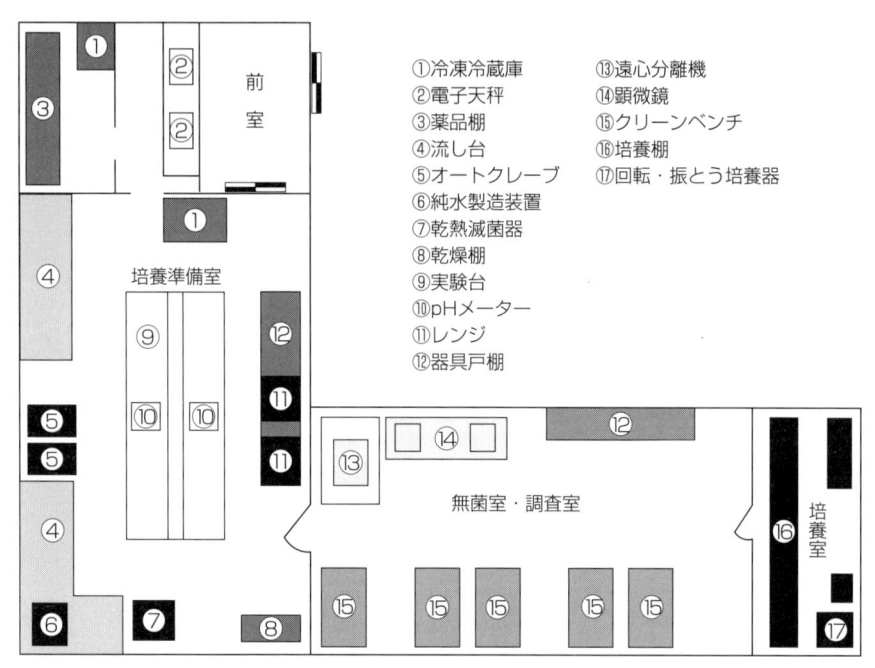

①冷凍冷蔵庫　⑬遠心分離機
②電子天秤　⑭顕微鏡
③薬品棚　⑮クリーンベンチ
④流し台　⑯培養棚
⑤オートクレーブ　⑰回転・振とう培養器
⑥純水製造装置
⑦乾熱滅菌器
⑧乾燥棚
⑨実験台
⑩pHメーター
⑪レンジ
⑫器具戸棚

図3.1.1　一般的な植物バイテク実験室　　　　　　　　　　　（佐野，1990）

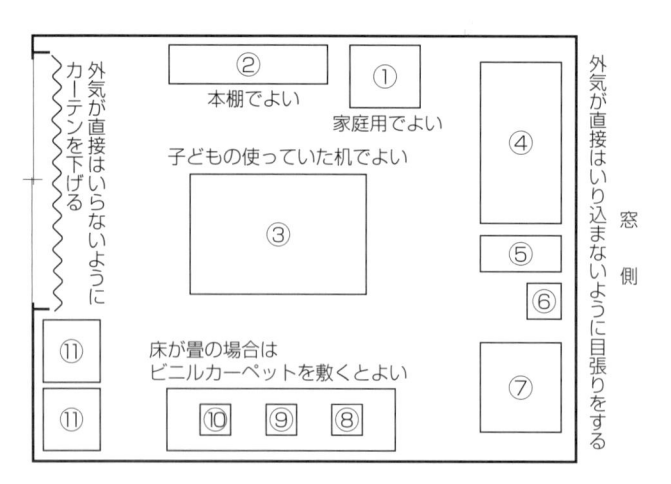

図3.1.2　簡易な植物バイテク実験室
①冷凍冷蔵庫　②薬品・器具戸棚　③机（実験台）　④流し台・コンロ
⑤乾燥棚　⑥オートクレーブ　⑦小型クリーンベンチ　⑧実体顕微鏡
⑨電子天秤　⑩pHメーター　⑪培養器（インキュベーター）

図3.1.3 オートクレーブ

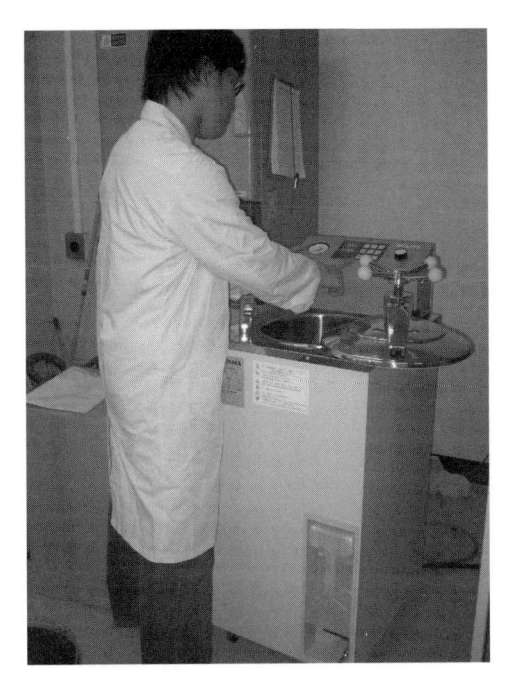

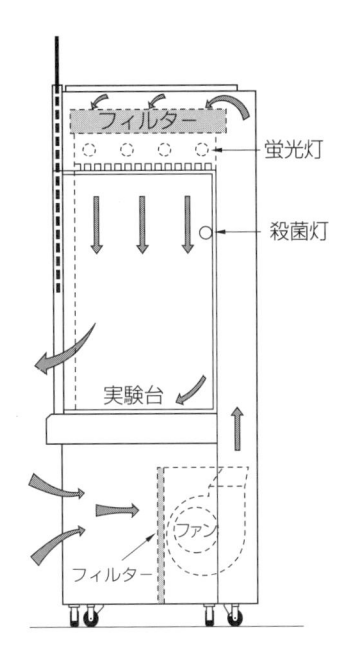

図3.1.4 クリーンベンチの構造（気流垂直型）

されるが，流し台はできるだけ大きく，窓側を向いているのがよい．器具の洗浄をはじめ，流し台を使う作業は多いからである．オールシーズンの施設であるので，部屋の空調や換気にも配慮し，年中快適に保てる状態が好ましい．また，オートクレーブやpHメーターなどの電気器具も多いので，電気容量とコンセント口は多めに確保する必要がある．

　オートクレーブ（高圧蒸気滅菌器，通常121℃，$1.2 kg/cm^2$の高温高圧で滅菌する，図3.1.3）には大型から小型まであり，小型オートクレーブは価格も手ごろなので1台は用意するとよい．

無菌室　無菌操作（植物切片の摘出と置床，移植など）を行なう実験室の心臓部である．部屋全体を無菌状態にする無菌室と，操作するスペースだけを無菌状態にするクリーンベンチ（無菌作業台，図3.1.4）とがある．著者も30年前までは殺菌灯と昇こう水消毒による無菌室を使って実験をしていたが，現在ではクリーンベンチの性能もよくなり，

58　第3章　植物バイテクの基本技術

図3.1.5　培養室

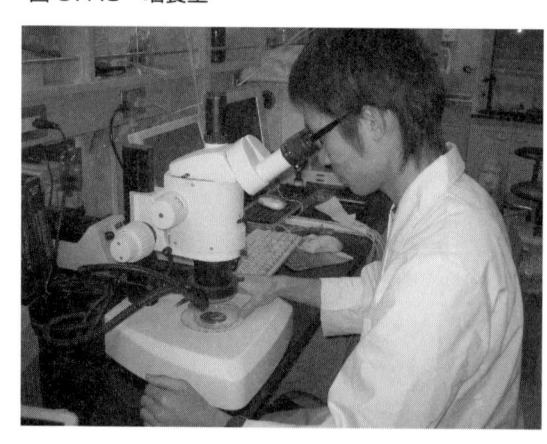

図3.1.6　実体顕微鏡による培養物の観察

価格も手ごろになったので，ほとんどのところでクリーンベンチが使われている。簡便法としては無菌箱を利用することもできる。

培養室　温度と光をコントロールした部屋で（図3.1.5），一定期間この部屋に置いて植物切片を培養し，その変化や生育を観察・調査する。用いる植物の種類や培養方法によって条件は異なるが，普通，温度20～28℃，照度2,000～6,000lx（15cmの距離から40Wの蛍光灯1本を点灯したとき，約2,000lx）である。明期（照明オン）と暗期（照明オフ）の時間も材料や培養方法によって異なるが，12～16時間の明期で利用されている場合が多い。蛍光灯のコンデンサー部分は発熱するので，それを室外に出せる分離型ユニットを用いるとよい。

調査室　培養室内での観察・調査も経時的に行なわれるが，培養室外に持ち出して顕微鏡観察する必要も多い（図3.1.6）。また細胞融合装置（→ p.197）などの特殊な機器はこの部屋に配置し，ここで実験が行なわれる。簡易実験室の場合は，培養準備室がそのスペースになる。

遺伝子組換え実験を行なう施設　植物の遺伝子組換え実験は，さまざまなところで行なわれるようになっている。この実験は，以前は「組換えDNA実験指針」のもとで行なわれていたが，2004年2月から

1 設備と機器・器具類 59

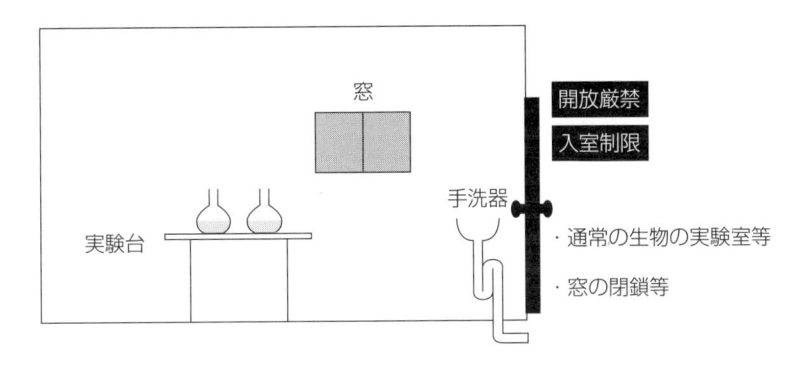

図 3.1.7　P1 レベルの実験室の例

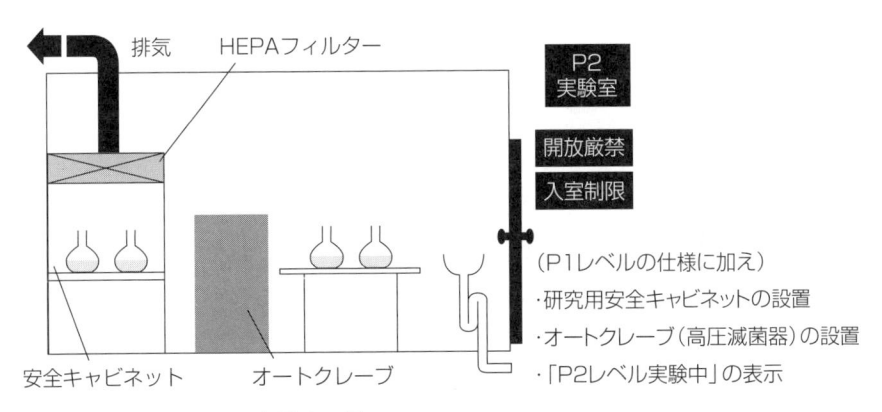

図中ラベル：窓、開放厳禁、入室制限、手洗器、実験台、・通常の生物の実験室等、・窓の閉鎖等

図 3.1.8　P2 レベルの実験室の例

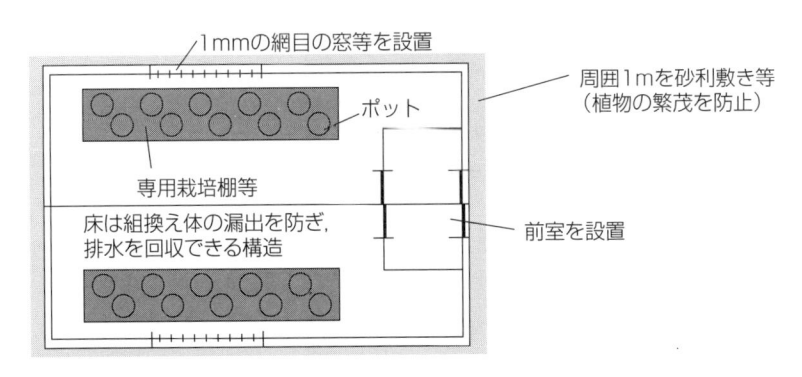

図中ラベル：排気、HEPA フィルター、P2 実験室、開放厳禁、入室制限、安全キャビネット、オートクレーブ、（P1 レベルの仕様に加え）、・研究用安全キャビネットの設置、・オートクレーブ（高圧滅菌器）の設置、・「P2 レベル実験中」の表示

図 3.1.9　特定網室の例
（文部科学省ライフサイエンス課「遺伝子組換え実験の規則に関する説明会資料」2004 より作成）

図中ラベル：1mm の網目の窓等を設置、ポット、周囲 1m を砂利敷き等（植物の繁茂を防止）、専用栽培棚等、床は組換え体の漏出を防ぎ，排水を回収できる構造、前室を設置

「遺伝子組換え生物等の使用等の規制による生物の多様性の確保に関する法律」に従って実施されることになっている。この法律では，実験のリスク程度により使用する施設がP1からP4レベルまで規定されている。導入する遺伝子と植物の組合せにもよるが，植物バイテクではP1（図3.1.7）およびP2（図3.1.8）レベルの実験室でほとんどの実験が可能である。また，作出した植物を温室で栽培するには，所定の構造をもった特定網室（図3.1.9）が必要になる。

以上の実験を実施するには，各組織で設置した組換えDNA実験安全委員会の事前承認を得ることが必要になる。はじめて組換えDNA実験を計画される方は，地域の大学などすでに多くの組換えDNA実験を実施している機関に相談することをすすめたい。

2. 実験に用いる器具類

培養容器 培地を入れ，植物切片を培養する容器で，ガラス製の三角フラスコ，試験管，棒びん，シャーレ，各種の空きびんなども利用されている（図3.1.10）。最近では取り扱いやすい滅菌済みプラスチックシャーレ（電子線滅菌してあるもの）も利用されるようになってきた（図3.1.10, 手前左）。ポリエステルやポリプロピレン製のものはオートクレーブ滅菌も可能で，軽くて使いやすい（図3.1.10, 奥の中3つ）。

培養容器のふたはアルミ箔（アルミフォイル）がよく用いられる。シリコンゴム製やステンレス製の栓など，再利用可能なものもある。最近では，光の透過性のよい透明フィルム（ダイヤフィルム）や通気性フィルム（ミリポアフィルム）も開発され利用が進んでいる。

図3.1.10　いろいろな培養容器とそのふた

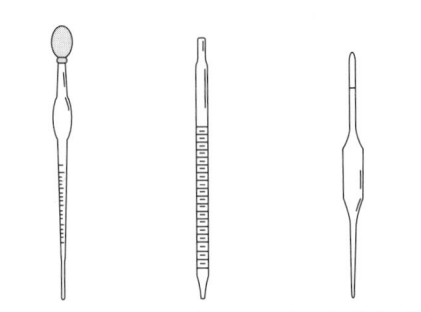

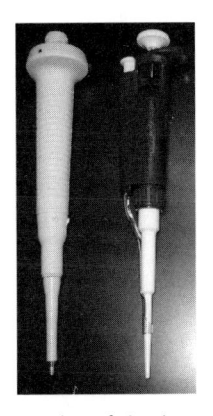

駒込ピペット　メスピペット　ホールピペット　　マイクロピペッター

図3.1.11　ピペット類

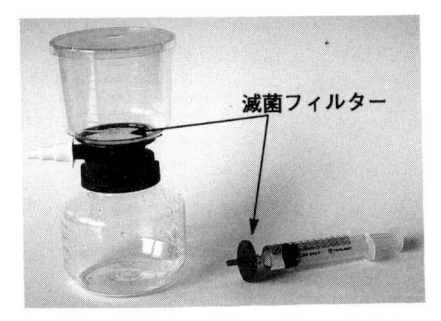

図3.1.12　ろ過滅菌器（左：吸引型，右：注射器型）

ピペット類　液量を測る器具で，培地作成の必需品である。駒込ピペット，メスピペット，ホールピペット（図3.1.11）などがある。使用後は乾燥させないように洗浄液に入れておいてから，水道水でよくすすぐ。最近では，ピペッター（図3.1.11）がよく使われている。

ろ過滅菌器　天然の植物ホルモンや天然抽出物（→p.64）など，オートクレーブでは変質・分解してしまう溶液の滅菌に用いる。吸引型と注射器型があり，いずれも孔径の小さいフィルターを通すことによって除菌する（図3.1.12）。操作はクリーンベンチ内で行なう。孔径サイズは0.22，0.40 μm がよく使われる。

　容器は滅菌フィルターをセットした状態で，アルミフォイルに包んでオートクレーブで滅菌する。滅菌済みのろ過システムも市販されている。

分注器　調整の終わった培地を培養容器に一定量分注する器具。駒込ピペットも利用されるが，大量の場合はテーハー式連続分注器（図3.1.13）が用いられる。寒天などを加えた固形培地は固まる前に分注しなければならない。使用後は熱湯でよくすすいで洗浄する。

メス　いろいろなものがあり，滅菌済みメスも市販されている。鉄製の両刃カミソリの刃を割って（ステンレス製のものは割れない）メス

図3.1.13 テーハー式連続分注器

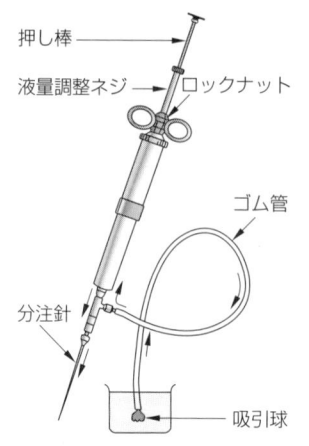

図3.1.14 両刃カミソリの刃を割り箸に固定したメスによる茎頂の摘出

ホルダーにはさんだり，割り箸にしっかりと固定したりして使うこともできる（図3.1.14）。

ピンセット 先の鋭く尖ったもの，少し丸みをおびたもの，途中に曲線のはいったルーチェピンセットなどいろいろある。それぞれに大，中，小の大きさのものがあり，目的に応じて使い分けられている。

3. 器具類の洗浄と滅菌

使用済みの培養容器などは中身を除去したのち簡単にすすいで，中性洗剤入りのバケツに浸漬し，数時間後に洗浄する。ブラシやスポンジなどでよく洗ってから水道水でよくすすぎ最後に蒸留水ですすいで乾燥棚で風乾（自然乾燥）する。乾燥後はアルミフォイルなどを口にかぶせて収納する。

なお，アグロバクテリウム法による遺伝子導入や微生物の培養に使用した器具は，洗浄前に必ずオートクレーブをして微生物を不活化する必要がある。

新しい器具類も同様の方法で軽く洗浄してから用いるとよい。器具類の滅菌は，アルミフォイルに包んでオートクレーブする。

2 培地の組成と作成

　植物の組織・細胞培養にとって，培地はもっとも重要なものの1つであり，その歴史は培地の開発・改良の歴史でもあった。培養を左右する要因のうち，無菌条件，温度・光条件以外のほとんどの要因は培地組成にあり，培養の成否のカギを握っている。

1. 培地組成

　培地を構成する要素は①水，②無機栄養素，③有機栄養素，④植物ホルモン，⑤天然物質，⑥培地支持体，⑦pH（水素イオン濃度）に分けて考えることができる。

水　水道水にはカルシウム，塩素，鉄などのほか，有機物も含まれている可能性があり，水道水を用いる場合は一度煮沸して，冷ましてから用いるとよい。普通は，イオン交換樹脂に微量な金属イオンを吸着させたイオン交換水か，蒸留装置をつけて揮発成分を除去した蒸留水が用いられる。その両者を組み合わせた純水製造装置（図3.2.1）が市販され，そこでつくられた水は純水と呼ばれ広く利用されている。

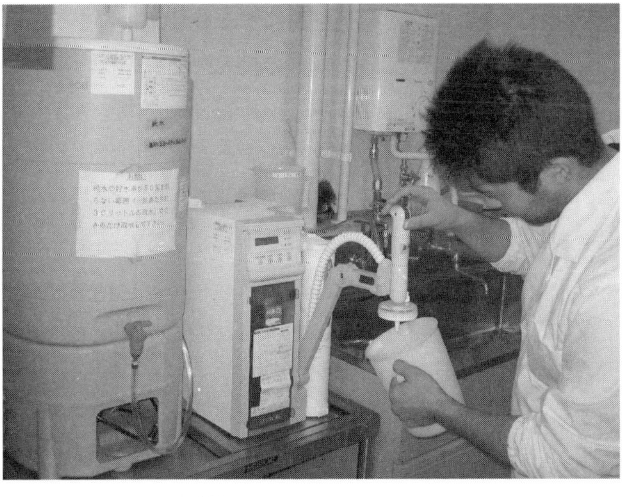

無機栄養素　肥料の3要素であるチッ素，リン酸，カリウムはもちろん，カルシウム，マグネシウムが培地の主要無機栄養

図 3.2.1　純水製造装置

素となっている。このほかに鉄，ホウ素，亜鉛，マンガン，ヨウ素，モリブデン，銅，コバルトなどの微量要素の供給が培地組成の特徴である。これらの要素は土壌中には必ず含まれているので，普通は肥料としては供給する必要のないものばかりであるが，それらが植物に不可欠な微量要素であることは，組織・細胞培養の進展とともに明らかになったのである（→ p.66 表 3.2.1）。

有機栄養素　培地に用いられる有機栄養素は，ビタミン・アミノ酸類および糖類である。

　ビタミン・アミノ酸類：微生物や動物の組織培養の経験から植物にも用いられるようになったものである。必須か否かは定かではないが，加えることで植物細胞の増殖が向上する。広く汎用性のある培地には数種のビタミンとアミノ酸が使われている。

　糖類：エネルギー源の炭水化物として糖（ほとんどの場合，ショ糖<スクロース>）が用いられる。普通の植物は光合成によって自分自身で糖をつくり出し，それを活用して成長しているが，培養物は十分な光合成能力をもたないので糖類の補給は不可欠である。20～50 g/l のショ糖が使われることが多い。ブドウ糖（グルコース）や果糖（フラクトース）が効果的である植物もある。

植物ホルモン　植物は自分自身で成長を調節する微量な物質をつくっており，植物ホルモンと呼ばれている。その代表的なものにはオーキシンやサイトカイニンなどがある。しかし，植物自身でつくる天然の植物ホルモンは熱や光に不安定で分解されやすい。培養中に広く使われるのは，この植物ホルモン様物質（植物成長調節物質）であり，これらはオートクレーブでも変性することがなく，安定した効果を発揮するので実験の再現性も高い。

天然物質　上記の栄養素や植物ホルモンを組成とする培地でよい結果が得られないときには，ココナツミルク（若いヤシの実の胚乳液）やバナナ，トマト，キュウリ，ジャガイモなどのエキス（搾汁）を加えることがある。これらの抽出物は成分的に未知のものが多く，実験の再現性という点では問題が残るが，効果を発揮することがある。これ

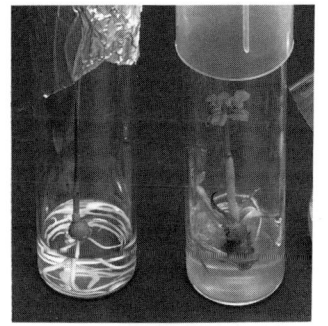

図 3.2.2 固形化剤を用いた培地（左：ゲランガム，右：寒天）

図 3.2.3 ロックウールを用いた培地の例　（田中）

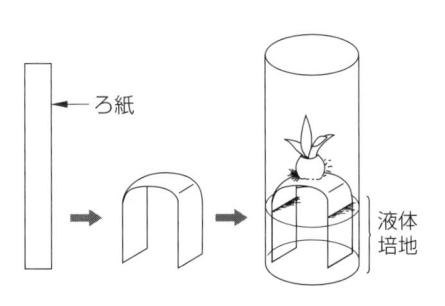

図 3.2.4 ろ紙を用いた培地（ペーパーウィック法）

らはオートクレーブ滅菌では変性してしまうので，ろ過滅菌器を用いて滅菌しなければならない。

また栄養素ではないが，活性炭（吸着性の強い炭，冷蔵庫の臭い消しなどにも使われている）を培地に入れると効果を発揮することもある。これは培養組織片から出るフェノール性化合物やなんらかの有害物質が活性炭に吸着されるからだと考えられる。ただし吸着には選択性がないので，必要な物質が吸着される恐れもある。

培地支持体　液体培地の場合はそのままでよいが，固形培地の場合は培養容器内で培養物を安定させるものとして，液体をゲル状にする寒天やゲランガム（ジェランガム）などの固形化剤を用いる。ゲランガムは微生物（グラム陽性細菌，*Pseudomonas elodea*）がつくる高分子多糖類であるが，培地が透明となり，発根状態などの調査に大変便利なので利用が広がっている（図 3.2.2）。

液体培地をそのまま用いる場合の支持体としては，ロックウール（図 3.2.3）や不織布，ろ紙（ペーパーウィック法，図 3.2.4）などが利用されている。

pH（水素イオン濃度）　植物は体内の pH を自分に好適に保つことによって生理活動を行なっている。とくに細胞や組織での膜を通過する物質の出入りに関しては pH が大きな影響を与えているので，扱う植物によっては培

表 3.2.1　各種培地の組成

成分 \ 培地[略記]	Knop (1865)	Murashige と Skoog[MS] (1962)	White[W] (1963)	Knudson C (1964)
NH_4NO_3(硝酸アンモニウム)	-	1,650	-	-
KNO_3(硝酸カリウム)	250	1,900	80	-
$(NH_4)_2SO_4$(硫酸アンモニウム)	-	-	-	500
Na_2SO_4(硫酸ナトリウム)	-	-	200	-
KCl(塩酸カリウム)	-	-	65	-
K_2SO_4(硫酸カリウム)	-	-	-	-
$CaCl_2 \cdot 2H_2O$(塩化カルシウム)	-	440	-	-
$Ca(NO_3)_2 \cdot 4H_2O$(硝酸カルシウム)	1,000	-	300	1,000
$MgSO_4 \cdot 7H_2O$(硫酸マグネシウム)	250	370	720	250
$NaH_2PO_4 \cdot H_2O$(リン酸水素ナトリウム)	-	-	16.5	-
$NaH_2PO_4 \cdot 2H_2O$(リン酸二水素ナトリウム)	-	-	-	-
KH_2PO_4(リン酸二水素カリウム)	250	170	-	250
$FeSO_4 \cdot 7H_2O$(硫酸鉄(II))	-	27.8	-	25
Na_2-EDTA(エチレンジアミン四酢酸ナトリウム)	-	37.3	-	-
Fe-EDTA(エチレンジアミン四酢酸鉄)	-	-	-	-
$Fe_2(SO_4)_3$(硫酸鉄)	-	-	2.5	-
$MnSO_4 \cdot 4H_2O$(硫酸マンガン)	-	22.3	7	7.5
$MnSO_4 \cdot H_2O$　(〃)	-	-	-	-
$ZnSO_4 \cdot 7H_2O$(硫酸亜鉛)	-	8.6	3	-
$ZnSO_4 \cdot 4H_2O$　(〃)	-	-	-	-
$CuSO_4 \cdot 5H_2O$(硫酸銅)	-	0.025	-	-
$CuSO_4$　(〃)	-	-	-	-
$Na_2MoO_4 \cdot 2H_2O$(モリブデン酸ナトリウム)	-	0.25	-	-
$CoCl_2 \cdot 6H_2O$(塩化コバルト)	-	0.025	-	-
$CoCl_2$　(〃)	-	-	-	-
KI(ヨウ化カリウム)	-	0.83	0.75	-
H_3BO_3(ホウ酸)	-	6.2	1.5	-
ニコチン酸	-	0.5	0.5	-
チアミン塩酸	-	0.1	0.1	-
ピリドキシン塩酸	-	0.5	0.1	-
システイン塩酸	-	-	1	-
葉酸	-	-	-	-
ビオチン	-	-	-	-
グリシン	-	2	3	-
L-グルタミン	-	-	-	-
クエン酸	-	-	-	-
ミオイノシトール	-	100	-	-
パントテン酸カルシウム	-	-	1	-
ショ糖	-	30,000	20,000	20,000
カザミノ酸	-	-	-	-
(pH)	-	(5.7～5.8)	(5.5)	(5.0～5.2)

[注]Knop 培地は，水耕栽培の培養液として考案されたもっとも古い培地で，再分化した植物体の生育用培地などに用いられる。Murashige と Skoog 培地（MS 培地）のチアミン塩酸を 0.4mg/l とし，グリシン・ピリドキシン塩酸・ニコチン酸を除くと，Linsmaier と Skoog 培地（LS 培地，RT-1965 培地）である。White 培地は無機塩類濃度が低い特徴があり，おもに胚や茎頂などの培養に用いられてきた。Knudson 培地は，ラン類用に開発された培地で，ラン類の茎頂培養などに用いられる。

(mg/*l*)

ReinertとMohr[RM] (1967)	B5 (1968)	NitschとNitsch (1969)	R2 (1973)	BTM (1974)	STA培地 (1977)	Kikutaらの培地 (1984)
-	-	720	-	165	-	0
-	2,500	950	4,040	190	19.0	950
400	134	-	330	240	-	-
-	-	-	-	-	-	-
500	-	-	-	-	-	-
-	-	-	-	860	-	-
-	150	166	110	44	44	880
1,000	-	-	-	640	-	-
400	250	185	245	370	37	185
-	150	-	-	-	-	-
-	-	-	312	-	-	-
250	-	68	-	170	17	85
-	-	27.8	-	27.8	2.8	25
22.4	-	37.3	-	37.3	3.7	35
-	28	-	19	-	-	-
10.67	-	-	-	-	-	-
7.5	-	25	-	-	-	10
-	10	-	1.6	22.3	-	-
0.03	2	-	2.2	8.6	0.9	4.6
-	-	10	-	-	-	-
0.001	-	0.025	0.2	0.25	0.003	-
-	0.025	-	-	-	-	-
-	0.25	0.25	0.13	0.25	0.03	0.1
-	0.025	-	-	0.02	-	-
-	-	-	-	-	-	0.1
-	0.75	-	-	-	0.08	0.4
0.03	3	10	2.8	0.15	0.6	3.1
0.5	1	5	-	6.2	0.5	2.5
0.1	10	0.5	1	0.5	0.05	0.25
0.5	1	0.5	-	1	0.05	0.25
-	-	-	-	-	-	-
-	-	5	-	0.5	0.05	0.25
-	-	0.05	-	-	0.005	0.01
2	-	2	-	2	0.2	1
-	-	-	-	2	-	-
150.1	-	-	-	-	-	-
-	100	100	-	100	10	50 (イノシトール)
-	-	-	-	-	-	-
-	20,000	20,000	20,000	-	0.35 mol	500
-	-	-	-	-	-	250
-	(5.5)	(5.5)	(6.0)	-	-	-

ReinertとMohr培地（RM培地）は，ラン類（カトレアなど）の培養に用いられる。B5培地はMS培地と並ぶ基本培地として多くの植物・培養で広く使われている。NitschとNitsch培地は，葯・花粉の培養や花芽の培養や花芽分化の実験によく用いられる（組成の異なるNitschとNitsch, 1967もある）。R2培地は，B5培地を基本にしてイネの懸濁培養細胞用に開発された培地である。BMT培地は，広葉樹の培養によく用いられる。STA培地，Kikutaらの培地は，プロトプラスト培養用に開発された培地である。

養の成否を左右するほどに重要となる。一般的に培地のpHを5.0〜6.0に調整するが，これは普通の植物体内のpH値に近いからである。pHはオートクレーブ前に水酸化ナトリウム（NaOH）と塩酸（HCl）で調整する。普通のMS培地では，オートクレーブ後にpHが0.3〜0.5程度低下するので，そのことを前もって考慮して調整するとよい。pHの調査にはリトマス紙もあるが，pHメーター（図3.2.6参照）はぜひ1台必要である。

2. 培地作成のポイント

ここでは現在，植物の組織・細胞培養でもっとも広く使われているMS培地（表3.2.2参照）の作成法について述べる。この培地はカリフォルニア大学のムラシゲ博士とスクーグ博士が，1962年にタバコの培養で開発した培地で，2人のイニシャルをとってMS培地と呼ばれている。

(1) 貯蔵液の作成

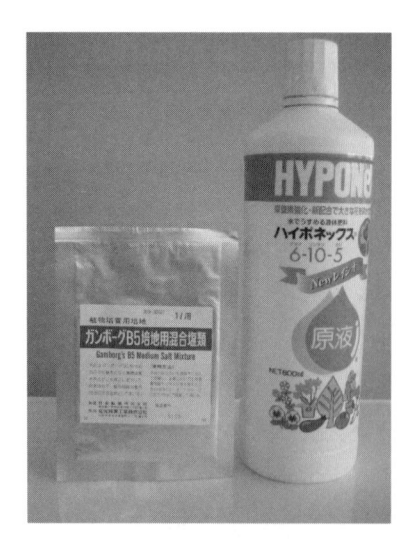

図3.2.5 B5粉末培地（左）とハイポネックス（右）

表3.2.1にみるようにMS培地は数多くの要素から成り，その調整は煩雑な作業となる。そこで前もって10倍から100倍の貯蔵液（ストック）をつくっておくことが多い。貯蔵液の作成法にはいろいろな方法があるが，著者のところでは4液法でつくり（表3.2.2），冷蔵庫に保存している。大切なことは作成中や保存中に沈澱を生じないようにすることである。たとえば，Ca^{2+}とSO_4^{2-}，Mg_2^+とPO_4^{3-}は完全に溶解する前に混合すると，それぞれ硫酸カルシウム，リン酸マグネシウムの結晶ができて沈澱を生ずる。したがって，混合は1つの試薬が完全に溶けてから次の試薬を入れるようにする。

2 培地の組成と作成　69

表 3.2.2　MS 培地の貯蔵液とその調合法（4 液法）

貯蔵液		組成・調合法	
多量無機栄養素	貯蔵液 1 （10 倍液）	① NH_4NO_3 ② KNO_3 ③ $CaCl_2 \cdot 2H_2O$ ④ $MgSO_4 \cdot 7H_2O$ ⑤ KH_2PO_4 （約 1,500 ml 純水に溶かし， 最後に 2,000 ml とする）	33.0 g 38.0 g 8.8 g 7.4 g 3.4 g
微量無機栄養素	貯蔵液 2 （100 倍液）	⑥ $FeSO_4 \cdot 7H_2O$ ⑦ Na_2-EDTA （純水 1,000 ml に溶かす）	2.78 g 3.73 g
	貯蔵液 3 （100 倍液）	⑧ $MnSO_4 \cdot 4H_2O$ ⑨ $ZnSO_4 \cdot 7H_2O$ ⑩ $CuSO_4 \cdot 5H_2O$ ⑪ $Na_2MoO_4 \cdot 2H_2O$ ⑫ $CoCl_2 \cdot 6H_2O$ ⑬ KI ⑭ H_3BO_3 （純水 1,000 ml に溶かす）	2,230 mg 860 mg 2.5 mg 25 mg 2.5 mg 83 mg 620 mg
有機栄養素	貯蔵液 4 （100 倍液）	⑮ ニコチン酸 ⑯ チアミン塩酸 ⑰ ピリドキシン塩酸 ⑱ グリシン ⑲ ミオイノシトール （純水 1,000 ml に溶かす）	50 mg 10 mg 50 mg 200 mg 10 g

〔注〕⑩⑫は少量のため正確に計り取るのが難しいので，25 mg を純水 100 ml に溶かし，その溶液を 10 ml 加えるとよい

最近は試薬メーカーから粉末状態の培地が販売されており（図 3.2.5），使用の状況によっては自作するより簡便で，かえって経済的であることもある。

なお，簡便な培地の調整法としては，園芸用肥料のハイポネックス（図 3.2.5）を必要量溶かして MS 培地の代わりに用いている例もあり，ラン類などの培養ではこの方法も定着している。

植物ホルモン（植物成長調節物質）は，それぞれ別個に高濃度の貯蔵腋をつくって利用する。有機栄養素（ビタミン・アミノ酸類など）の貯蔵液 4 は多量につくらず，古い液は使わないようにする。

(2) 植物ホルモンの溶かし方

植物ホルモンは純水には溶けないものも多い。それぞれの溶かし方と貯蔵法をまとめて示す（表 3.2.3）。カイネチンや BA などを溶かすときは，最少量（数滴から十数滴）の 1 規定（N）の NaOH で溶かすと

表 3.2.3　おもな植物ホルモンの貯蔵液の作成とその貯蔵法

分類	名称	分子量	試薬の管理	溶解法*	貯蔵液の貯蔵法	オートクレーブ**
オーキシン	IAA	175.19	冷凍庫	特級エタノールで溶かす	小分けにして遮光冷凍	○〜△
	IBA	203.23	冷蔵庫	〃	〃	○〜△
	NAA	186.21	室温で可	〃	冷蔵	○
	2,4-D	221.04	室温で可	〃	冷蔵	○
サイトカイニン	カイネチン	215.21	冷凍庫	1N の NaOH で溶かす	冷蔵	○
	ゼアチン	219.20	冷凍庫	〃	遮光冷凍	×
	BA	225.25	室温で可	〃	冷蔵	○
その他	GA_3	346.38	室温で可	特級エタノールで溶かす	冷蔵	×〜△
	ABA	264.32	冷凍庫	1N の NaOH で溶かす	遮光冷凍	○〜△

〔注〕＊特級エタノールで溶かす：99％の特級エタノールで溶解して，その後純水を加える
　　　1N の NaOH で溶かす：1N の NaOH の最少量で溶解し，その後純水を加えてメスアップする
　　＊＊○：オートクレーブ可，△：オートクレーブによる若干の変性あり，×：オートクレーブ不可（ろ過滅菌する）

よい。一度溶けたものはその後純水でゆっくりとメスアップしても析出してくることはない。

(3) 培地の調合と分注・滅菌（1*l* の培地をつくる場合）

① 1*l* のビーカーに純水 500m*l* を入れ，貯蔵液 1（100m*l*），貯蔵液 2（10m*l*），貯蔵液 3（10m*l*），貯蔵液 4（10m*l*）をよく撹拌しながら順次入れる。

② 植物ホルモン，ショ糖を必要量入れて，最後に純水を加えて 1*l* にする。

③ 寒天かゲランガムを必要量（通常，寒天 7〜8g，ゲランガム 2〜5g）入れて，加熱して完全に溶かす。

④ pH メーター（図 3.2.6）を用いて pH を調整する。

⑤ 分注器か駒込ピペットで培養容器に分注する。

図3.2.6　pHメーター

図3.2.7　斜面培地のつくり方

⑥アルミフォイルなどでふたをしたのち、カゴに入れて、オートクレーブで滅菌する（オートクレーブは121℃、15分を基本にする。滅菌時間が長すぎると培地が固まらないことがあるので注意する）。

⑦減圧して温度が下がったら、カゴごと取り出して、清潔な場所で凝固させる。斜面培地はカゴごと傾けて置くことで容易につくることができる（図3.2.7）。

なお、オートクレーブでの滅菌ができない植物ホルモンや天然物質などを添加する場合は、オートクレーブで滅菌済みの培地をクリーンベンチ内で開栓して、必要な物質を必要量ろ過滅菌器で加えてから、それぞれの培養容器に分注する。

[やさしいバイテク実験]

メロンの無菌播種・無菌的挿し芽

　植物バイテクの第一歩として，無菌播種を行なって無菌植物を増やしてみる。
　メロンの完熟種子（市販の種子，または食用にしたあとの種子）を殺菌後，MS培地または1/2MS培地（ホルモン無添加）に播種し，生育した無菌植物を無菌的挿し芽によって増殖させる。
　増殖した無菌播種は，順化ののち，通常のメロンと同様に栽培すると，果実が収穫できる。この方法はほかのウリ科植物にも適用できる。
　また，各種の組織・細胞培養を行なう場合，無菌播種で得られた幼植物を材料とすると，コンタミネーション（→ p.77）の発生を抑えることができる。

殺菌

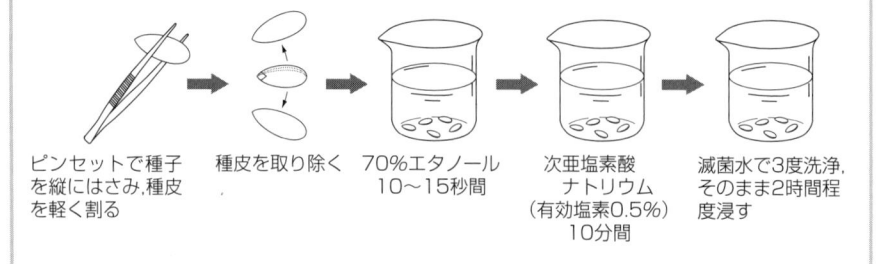

ピンセットで種子を縦にはさみ,種皮を軽く割る → 種皮を取り除く → 70％エタノール 10〜15秒間 → 次亜塩素酸ナトリウム（有効塩素0.5％） 10分間 → 滅菌水で3度洗浄,そのまま2時間程度浸す

培養

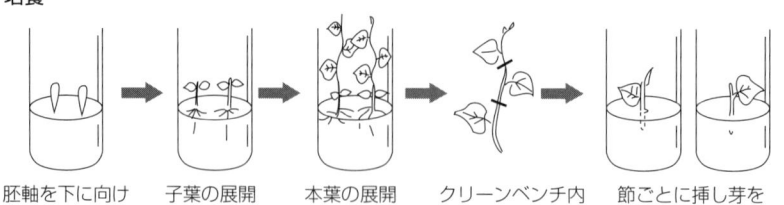

胚軸を下に向けて培地に挿す → 子葉の展開（約1週間後） → 本葉の展開（約3週間後） → クリーンベンチ内で節ごとに切る → 節ごとに挿し芽を行なって増殖する

3 無菌操作と培養

　組織・細胞培養の基本は無菌操作であり，培養の成否と能率は材料の殺菌から培養終了までの全期間をいかに無菌的に維持するかに左右される。ここでは，サツマイモの茎頂培養の事例（図3.3.1）を通して，無菌操作と培養環境について簡潔に述べる。

1. 無菌操作

(1) 作業の準備（クリーンベンチ外の作業）

　①材料の粗調整：できるだけ清浄に保たれた若い茎を採取し，展開葉を切り落として適当な大きさに粗調整する。

　②クリーンベンチ（または無菌箱）の準備：使用20分前からファン

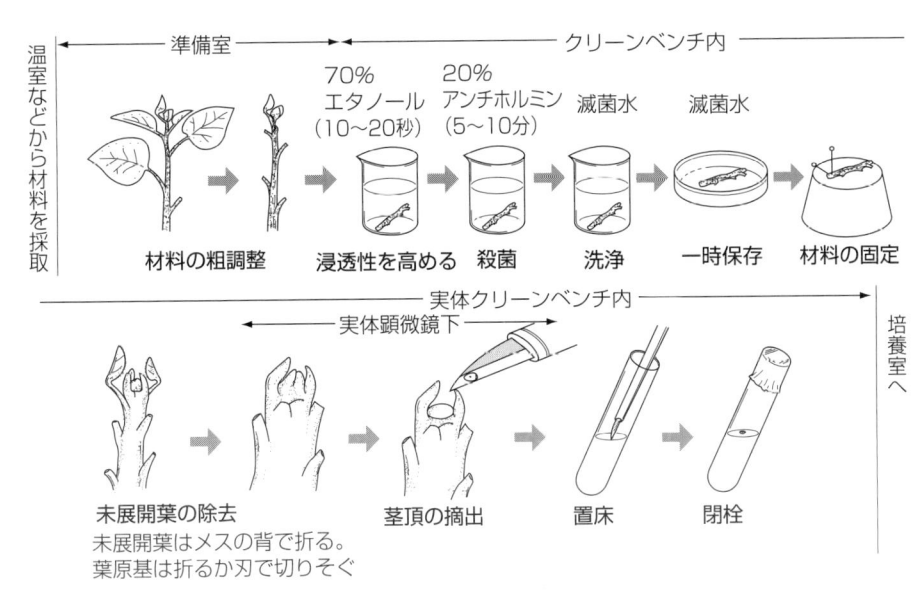

図3.3.1　サツマイモの茎頂培養の流れ　　　　　　　　　　　（横田原図）

を始動させる。器具の配置は作業能率がよくなるように工夫し、すべてが揃っていることを確かめる。

③殺菌液などの準備：70%エタノールを準備する。20%アンチホルミン溶液（有効塩素1.0%，冷蔵保存する，図3.3.2），滅菌水をつくる。アンチホルミンの代わりにピューラックスも使われる。滅菌水は純水をオートクレーブすることでつくる。

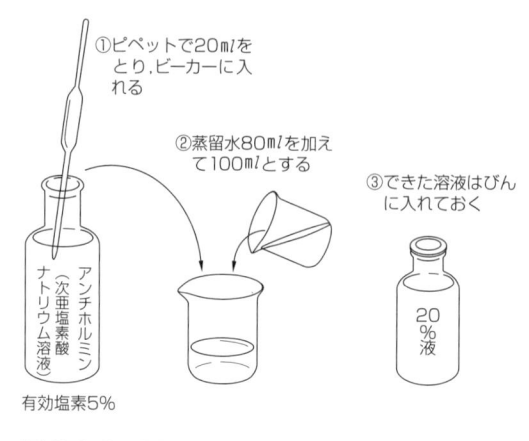

図3.3.2　20%アンチホルミン溶液のつくり方

④手，指の消毒：材料の粗調整が終了したら，クリーンベンチ内の作業にはいる前に肘から先を石鹸でよく洗う。

(2) 材料の殺菌（クリーンベンチ内の作業①）

⑤材料の殺菌：70%エタノールに10～20秒浸漬したのち，20%アンチホルミン溶液に5～10分浸漬する。なお，殺菌後にツイン20（0.1～1.0%）などの展着剤を数滴加えると浸透性が高まる。必要以上には浸漬せず，滅菌水に3回入れ替えて洗浄する。

⑥一時保存：ろ紙を敷いたシャーレに滅菌水を少量入れ，殺菌済みの材料を摘出作業にはいるまで保存しておく。

(3) 茎頂の摘出・置床（クリーンベンチ内の作業②，図3.3.3）

⑦メス，ピンセット，針などの滅菌（火炎滅菌）：70%エタノールに浸し，ガスバーナーかアルコールランプで焼く（炎に近づけてエタノールを燃やす程度，メスは焼きすぎるとすぐに切れなくなる）。

⑧材料の固定と葉原基の除去：ゴム栓の上に材料を針で固定し，少しずつ回しながら，葉原基をメスの背で折るようにして取り除く。左手を支えにして回転させると楽にできる。

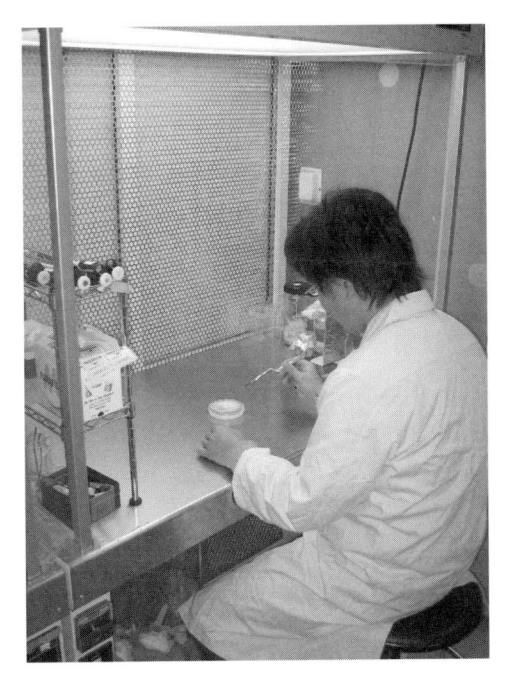

図 3.3.3　クリーンベンチ内での作業

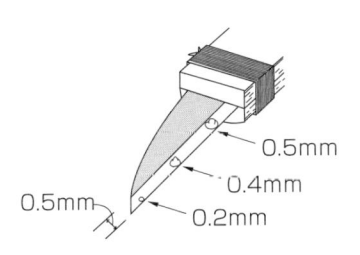

図 3.3.4　茎頂の大きさの測り方の例
〔注〕両刃カミソリの場合は、刃の銀色の部分の幅が 0.5mm なのでそれを基準にするとよい

⑨茎頂の摘出：葉原基が 3～5 枚になったら顕微鏡の焦点を合わせて、メスの刃で葉原基を取り除き 0.5mm の大きさに茎頂を摘出する（図 3.3.4）。摘出の際には新しいメスに取り替えてウイルスの感染を防ぐ。普通第 1, 第 2 葉原基までいっしょに摘出するとあとの生育が良好である。サツマイモは 0.5mm の茎頂で、ほぼウイルスフリー苗になる（→ p.94 表 4.1.2 参照）。

⑩培地への置床：あらかじめ準備しておいたサツマイモ用培地に、メスの刃の上の茎頂を置床する。茎頂を培地に埋め込まないよう、培地を切るようにして置床する。摘出後すみやかに行なえばスムーズに置床されるが、時間の経過とともに茎頂が乾いて、刃に付着し置床しにくくなるので注意する。

⑪培養容器の開栓：置床を確認したらガラス容器の場合は口を炎で軽く焼き、ふたをする。アルミフォイルの場合は 2 枚重ねて、口の周辺に切れ目がはいらないように注意する。

置床の終了した培養容器には置床の日付、培地名、材料、品種名などを記入し、野帳に戸籍簿をつくり、培養室に搬入する。

2. 培養と培養環境

　無菌操作の完了した培養物は，一定の環境条件下で培養される。普通2週間後に初期反応の良否が判決でき，2カ月後には結論を下すことができる。その経過をみながら培養方法や培地組成に工夫を加えていくことが大切である。寒天などを用いた固形培地は静置培地，液体培地では振とう培地（図3.3.5），回転培地（図3.3.6），ペーパーウィックなどによる静置培地（図3.2.4参照）が行なわれている。

温度　大半の植物は23～25℃が最適であり，ジャガイモなどの冷涼植物では20℃，パイナップルなどの亜熱帯植物では28～30℃である。低温や高温を与えると培養期間中に休眠する植物もあるが，生育適温が維持されると休眠は起こりにくい。

図3.3.5　振とう培養

図3.3.6　回転培養

湿度　液体培地も固形培地も，ふたをしている培養容器の湿度は90％以上であるが，普通，湿度の調節は要しない。培養室内の湿度は照明時には50～60％，暗黒時には90％程度になると考えられる。植物によっては植物体が水浸状（ビトリフィケーション，vitrification，茎葉が水浸状になる現象，ガラス化ともいう）になり，その後の順化がうまくいかない場合がある。この場合，培養容器を工夫したり通気性フィルムも使用したりして湿度を下げるとビトリフィケーションが回避できる場合もある。

光（照明）　2,000～6,000 lxが使われる。光が強くなると生育がよくなることもあるが，それだけ室内の温度も上昇するので，効果のあがる範囲内の照度とし，必要以上に強くしないほうがよい。

　照明時間は，植物体の育成を目的とする

場合には12〜16時間照明が使われることが多い。照明時間の調節はタイマーで行なう。カルスの培養，プロトプラストの分裂促進などには24時間の暗黒条件も使われる。照明付きの培養室内でも，箱の中に培養容器を入れることで，簡単に暗黒条件をつくることができる。

ガス環境 ガス環境は特殊な場合を除いて，あまり注意は払われていないが二酸化炭素濃度を高めてよい成績を得たという報告やエチレン吸着剤の効果があるとの報告もある。

なお，同じ培養室でも棚の位置や培養容器の種類などによって，容器内の環境が異なることがあるので，注意が必要である。

コラム

コンタミの原因はつきとめられるか

はじめて植物バイテクに取り組む人にとっては，コンタミネーション（雑菌による汚染のことで，コンタミともいう）を起こしてしまったときに，その原因をつきとめることは容易ではない。そのための著者の体験をまとめてみた。

(1) 培養開始後1週間以内のコンタミ

①培養物の周辺にコンタミが発見されたら，それは材料そのものの殺菌が不完全だったと考えてよい。

②培地全体にコンタミが発見されたら，それは培地のオートクレーブのどこかが不完全だったか，ふたが不完全であったと考えてよい。

(2) 1カ月以上たってからのコンタミ

①培養開始後1カ月以上たって培養物の周辺にコンタミが発見されたら，それは材料そのものに生息している内生菌によるコンタミである可能性が高く，取り除く以外によい方法はない。

②培養物と関係のないところで，コンタミが発見されたら，大変やっかいである。もし，ダニなどの小さな虫がはいり込んでしまったような場合には，コンタミした培養容器を取り除いても，コンタミは繰り返して発生するので，最終的にはくん蒸殺虫剤で対応しなければならなくなる。

4 順化・育苗

　組織・細胞培養によって順調に植物体が再生したら，一定の調査・観察の期間を経て，外界に植え出すことになる。このインビトロ（*in vitro*，試験管内）の植物を自然環境に慣らすことを順化（acclimatization）または馴化（acclimation, adaptation）と呼ぶ（図3.4.1）。順化は植物体再生技術に比べてさほど重要視されないこともあるが，まさにインビトロとフィールドをつなぐ技術であり，とくに大量増殖の実用化を図るうえでは発根の促進とともに重要な技術となる（図3.4.2）。

1. 順化のポイント

　培養容器内の幼植物の生育環境は特殊であり，根は培地中の養分や水分を吸収する力はあっても，土壌中の養分や水分を吸収する力に乏しく，これらの幼植物を直接土壌に植え出すと，ほとんどの場合枯死する。そこで一定の保護のもとに幼植物を育てなければならない。順化のポイントは次の5点である。

図3.4.1　順化中の幼植物

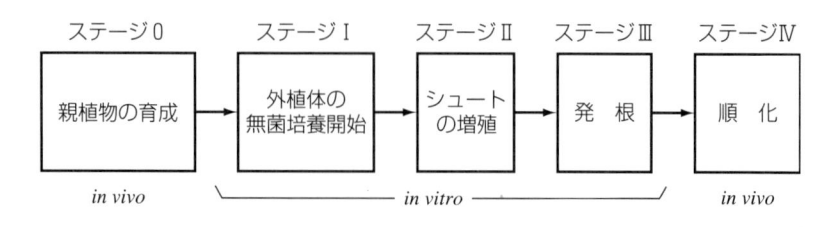

ステージ0　親植物の育成（*in vivo*）→ ステージⅠ　外植体の無菌培養開始 → ステージⅡ　シュートの増殖 → ステージⅢ　発根（*in vitro*）→ ステージⅣ　順化（*in vivo*）

図3.4.2　組織培養による苗づくりの段階　　　　（Debergh and Read, 1991）

図3.4.3　ハウス内での「ならし運転」（シンビジウム）

①幼植物の茎葉は急激な空気湿度の低下に敏感であるので，植え出し後の湿度を高めに保つ。

②逆に，根は過湿に弱いので，多湿にならないように工夫して新根の発生を促す。チッ素養分は当初は与えず新根が発生してから与える。

③直射日光には当てないようにし，しかし明るい日陰で育てる。

④培養中の温度との急激な変化は避ける。

⑤順化前の約1週間は培養容器のふたをずらすなどして，通気性をもたせ幼植物の「ならし運転」をするとよい（図3.4.3）。

こうした順化の前提として一番大切なのは，インビトロでの幼植物を健全に育てて，じょうぶな根を発生させておくことである。この場合，その植物の生育に適した季節に順化にはいれるように培養開始の時期を決定することや，幼植物の移植時期をずらすことも大切である。

2. 順化の難易度

前述の要点を考慮してインビトロの幼植物を注意深く扱うことで順化は可能となるが，扱う作物の種類によってその難易度は大きく異なる。ラン類，カーネーション，イチゴ，タバコ，サツマイモ，サトイモなどは比較的順化が容易であり，ネギ，ニンニク，アスパラガス，ニンジン，ラッキョウ，コンニャク，ヤマイモ，ウド，メロン，ピーマン，リンゴなどは難しい作物に属する。培養植物の実用化が進んでいる作物は，順化の容易なものに多いことがわかる。

順化の難しい作物についてその原因をみると，①インビトロでの発

根に問題のあるもの（アスパラガス，メロン，ピーマン，リンゴ，ニンニクなど），②インビトロでビトリフィケーションを起こしやすいもの（液体振とう培養などの多湿条件下でとくに出やすい，メロン，ラッキョウ，ウド，宿根カスミソウなど），③褐変して退化しやすいもの（組織内のポリフェノールオキシダーゼによる酸化が進むもので，ヤマイモ，一部のラン類，コンニャク，バラなど），などに分けて考えることができる。

3. 順化の方法―簡易順化法―

　著者はかつて，多くの野菜類を用いた試験管内幼植物の大量増殖法を検討していた折にイチゴの容器（イチゴパック）を利用した簡易順化法（大澤，1977）を発表したが，今でも各地で利用されているので，再度ここで紹介する（図3.4.4）。

　この方法はイチゴパック（販売用プラスティック容器）を用いるものであり，下面に多数の穴をあけ，殺菌済みのバーミキュライトを入れ，下面から十分に吸収させたのちに幼植物を植え出す。植え出し後1〜2週間は上部にも穴のあいたイチゴパックをかぶせるが，幼植物の活着の様子をみながら上部のパックは順次ずらして外部の湿度に慣らす。植え付け後の灌水も上部からは行なわず，下部の小穴から吸い込ませるが，バーミキュライトは保水性が高いので過湿にならないよ

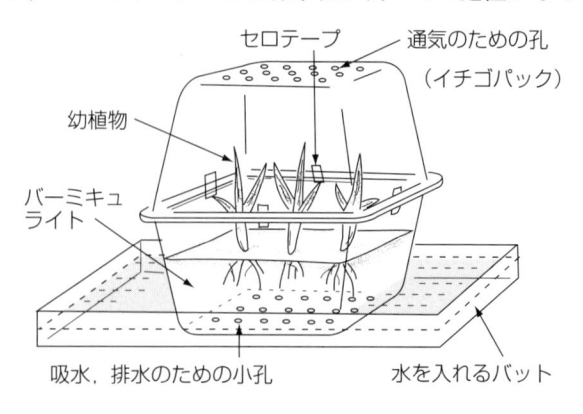

図3.4.4　簡易順化法　　　　　　　（大澤，1977より）

うに注意する。養分は苗の活着の様子をみながら新根の発生を確認して，週に1回ハイポネックス2,000倍液を灌水時に与える。この方法は簡便で，実験室や培養室，研究室などの片隅で，観察しながら行なえる利点がある。

図 3.4.5　ペーパータオル利用による簡易順化法で順化中のイネ（プロトクローン）

茨城県生物工学研究所では，さらに簡便化したペーパータオル利用による順化法で，イネのプロトクローンやコンニャクのウイルスフリー苗の順化を図っている。これはセル苗用のトレイ（→ p.114）にペーパータオルまたは脱脂綿にくるんだ培養苗を置いて発根を誘導させる方法である（図3.4.5）。

4. 育苗段階の留意点

　順化が終了すると植物は新根を伸ばし，新葉の展開をはじめる。この段階から徐々に肥料を与え，また光も最終的に栽培する場所の条件に近づける。この段階を急速に進めると，せっかく順化させた個体が枯死してしまうことがあるので注意を要する。

> **コラム**

ビトリフィケーションは防止できるか

　幼植物を順化して，完全な植物に育てるときに一番困るのが，発根しない幼植物である。その大きな原因がビトリフィケーションで，液体培地など，多湿条件下での培養に多く認められる。ビトリフィケーションを起こした植物は，①葉肉細胞が膨潤し気孔は大きく開いたままで閉じない，②PAL（フェニルアラニンアンモニアリアーゼ）という酵素の活性が極端に低下している，③葉緑体のラメラ構造が発達せず巨大なデンプン粒が葉緑体を占領するようになる，ことがわかった（いずれもタバコの例，斉藤ら，1992）。

　原因の第一は，なんといっても過湿であるが，この原因をもう少し詳しくみると，①高濃度のサイトカイニンを利用して茎葉を誘導した場合，②培地のアンモニウムイオンが高まった場合，③培養容器内のエチレン濃度が高まった場合，④明所より暗所で培養した場合，に起こりやすいことがわかる。

　したがって，ビトリフィケーションを抑制するには，以下の点に心がける必要がある。

①液体培地を使う場合，ペーパーウィック法などを用いる。寒天などを使うときはかための培地とする。
②添加するサイトカイニンは最小限にとどめる。
③培地中のカルシウム濃度を高めてアンモニウムイオンの上昇を抑える。
④培養容器内のエチレン濃度が高まらないように工夫（老化葉除去など）する。
⑤幼植物には十分な光（照明）を与えるとともに，培養容器のふたには透明のものを用いる。

　それでもビトリフィケーションが生じた場合には，順化予定の1～2週間前からキャップを少しずらすか，通気性のあるふたと取り替えて乾燥ぎみに推移させてみる。

　最後に，どうしてもビトリフィケーションの苗を順化しなければならない場合には，水浸状の苗をていねいに観察して，一番よさそうな箇所をよく切れるメスで切って，バーミキュライトなどに挿してみるとよい。そして，ほんのわずかでも発根がはじまれば，その後の幼植物は回復していくものであり，決してあきらめないことが大切である。

5 実験計画と調査・観察

　培養室に搬入された培養容器内の植物切片は十分な養分と恵まれた環境条件に囲まれて，順調な生育を開始する。それはちょうど保育器内で大切に育てられる未熟児に似ている。これらの培養物の調査・観察の方法には特別なものがあるわけではないが，目的に応じ，生育段階に応じたタイミングを失しない観察と記録が大切である（図3.5.1）。また，その観察結果に応じた以後の対応をすみやかに立てることも大切である。

1. 実験計画の立案

　ここでは前節から引き続きサツマイモの茎頂培養によるウイルスフリー苗作出の事例と，メロンの不定胚誘導による人工種子作出の事例の実験計画表をもとに具体的に考えてみる（表3.5.1）。

　①培養の目的とテーマの確認：何を目的に実験（培養）をしているのか，この実験で何をはっきりさせたいのかを明確にしておく。とくに材料や培地組成などで比較試験をするときは，その比較で何をつかみたいのか明記しておく。これをしておかないと，結果が出るのは普通2カ月後になるので認識があいまいになる。

図3.5.1　**生育段階に応じた観察**（サツマイモの茎頂培養によるウイルスフリー苗の作出）
（横田原図）

　②培養材料の確認・準備：目的にそった品種を

表 3.5.1 実験計画表の例

	サツマイモ茎頂培養	メロン不定胚誘導・人工種子
(1) 培養目的テーマ	サツマイモのウイルスフリー苗作出 茎頂の大きさとウイルス除去の関係を明らかにする	メロンの人工種子作出 人工種子にする体細胞不定胚の誘導方法を明らかにする
(2) 培養材料	品種'ベニアズマ' (実験開始2週間前にイモをふせ込み萌芽, 伸長させ, その成長点を用いる)	品種'アンデス' (種子の種皮をはぎ, 胚軸と子葉に分け, 両者を用いる)
(3) 培地組成 　培養方法	MS + NAA0.01mg/l + BA0.2mg/l (清浄な材料を用いるのがコツ。茎頂の生育は遅く, 2カ月は必要である)	MS + 2,4-D2mg/l + BA0.1mg/l (不定胚を誘導し, 不定胚は1/2MS ホルモンフリー培地で生育させる。2週間で不定胚が誘導できる)
(4) 時期・日程	貯蔵イモの萌芽日数を考えて日程を調整する	種子をそのまま用いるので, とくに材料の適期を選ぶ必要はない
(5) 器具・試薬	2cm ϕ × 15cm の試験管に植えつける 100本準備する	人工種子作成にはアルギン酸ナトリウムおよび塩化カルシウムが必要なので購入しておく
(6) 操作方法と手順	切り出した茎頂の大きさ別の調査がポイントなので, 0.2, 0.4, 0.6mmの大きさの茎頂の切り出しを行ない, 数を増やす	胚軸と子葉とで不定胚の誘導に違いがあるので, 明確に区別して置床する
(7) 調査・観察事項	①茎頂の大きさと生育程度 ②その後のウイルス検定との関係	①胚軸と子葉による不定胚誘導の差 ②人工種子の発芽力
(8) その他	3〜4カ月後にウイルス検定を行なう 指標植物 (*Ipomoea setosa*) を多数育てておく ウイルスフリー苗は増殖圃に移す	人工種子の発芽試験を, ①無菌培地, ②バーミキュライト, ③一般土壌などで実施する

選定し，培養部位を決め，材料の量や生育状態を考えて培養準備の時期を決める．

③培地組成・培養方法，試験区の設定：培養材料の確保に合わせて培地組成や培養方法を決め，試験区を設定する．変動要因をしぼり込んで，結果の判断がどちらにもとれる試験区は極力避ける．また，試験結果を客観的に比較するためには試験データの統計処理が後日必要になる．その統計処理を行なうために有効な1試験区当たりの外植体の数，各試験区の反復数などを決める必要がある．著者は，10%程度の違いを調べる場合には50程度の外植体を使用し，数%程度の違いを調べる場合には200程度の外植体を用いることとしている．また，3回以上の反復数を設けることにしている．

④日程の調整：材料の適期，自分自身や仲間の労力配分などを考慮し，実験開始日，調査日，移植日などを決める．

⑤器具・試薬の確認・準備：フラスコや試薬など，実験に必要な器具類の数を確認し，必要なものは前もってすべて用意する．

⑥操作方法と手順の確認：操作の手順を確認し，自分にわかりやすく手順表を作成し注意点を書きとめておく．とくに間違えやすいポイントをメモする．

⑦調査・観察事項の確認：目的にそった調査項目を決め，試験区によって比較するポイントを押さえた調査表を作成しておく．

2. 調査，観察のポイント

①培養直後のメモ：日時，場所，品種名，培地など培養物1つひとつの来歴がはっきりわかるように戸籍簿をつくる．

②経時的観察：初期の観察がとくに大切である．分裂開始時，不定胚の誘導初期，茎葉伸長の初期などの観察と記録が大切である．観察にあたっては以下のような点に留意する．

・斜面培地にしておくと観察が容易になる．

・正確なデータが必要な場合は，クリーンベンチ内に取り出して測定する．

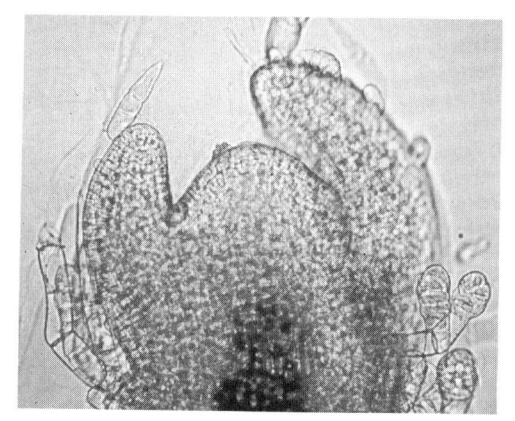

図 3.5.2　光学顕微鏡による茎頂の観察（メロン）　　　　　　　　　　　（大澤原図）

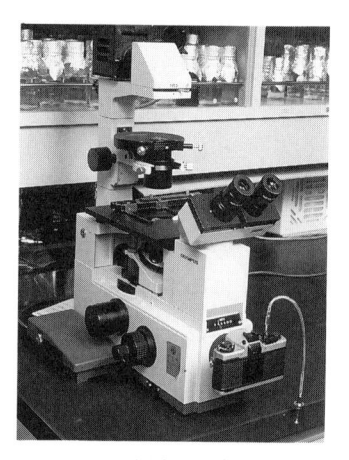

図 3.5.3　倒立顕微鏡

　・時間の経過とともに生育が大きく異なり，生育段階によって判断が大幅に異なるものもあるので，軽率な判定はつつしむ。
　・試験区全体の調査をもとに考える習慣をつける。
　・常識や本に書いてあることをうのみにせず，目の前にある自分の材料で判断する。
　③顕微鏡による観察：不定胚数の観察，培養中の染色体数の変動，花粉の伸長や受精などの確認などに顕微鏡観察が欠かせない。
　実体顕微鏡：茎頂や胚の摘出と生育の確認，不定芽，不定胚，不定根，カルスなどの識別・確認を行なう。
　光学顕微鏡（生物顕微鏡）：染色体数の確認，初期分裂の確認，細胞の様子や維管束形成の確認などを行なう（図 3.5.2）。
　倒立顕微鏡（培養顕微鏡）（図 3.5.3）：遊離細胞，プロトプラストの分裂などの確認，遊離細胞からの不定胚，不定芽の確認などを行なう。
　蛍光顕微鏡：花粉の発芽，受精の確認，プロトプラストの活力の程度の確認などを行なう（図 3.5.4）。
　電子顕微鏡（透過型）：ウイルス粒子，ミトコンドリアなどの識別を行なう（図 3.5.5）。
　④調査・観察結果のまとめ：実際の実験はいろいろな要因があって，

図 3.5.4　蛍光顕微鏡

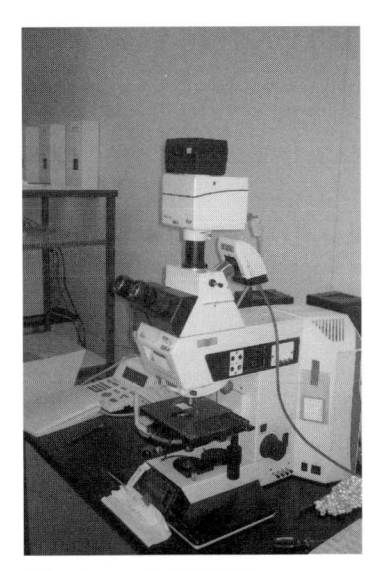

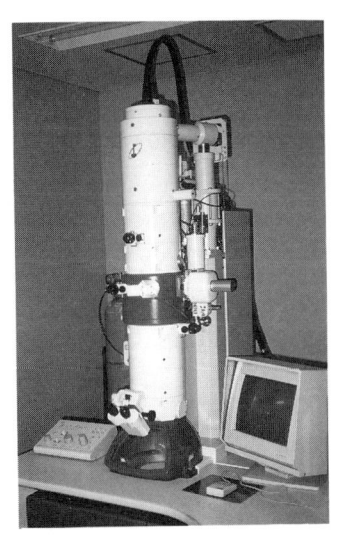

図 3.5.5　電子顕微鏡（透過型）

実験計画どおりには進まないで，途中で変更することも多い。まとめるときには変更のポイントと理由をしっかりと記録し，判断のミスを避ける。調査の結果は野帳のままにしないで，表やグラフにして試験区としての解析を必ず行なう。あれこれとまとめ方を工夫している中で，自分の実験結果の「光る部分」に気づくことも多い。努力と時間の結晶としての実験結果を「無駄にしてたまるか」という気概が大切である。

⑤考察：目的，方法，観察，結果を考えて，何がわかったのか，どうしてこのような結果になったのか，改善点は何か，次に実験しなければならない点は何かなどを考える。そして，全体をまとめて記録に残しておく。

コラム

組織培養成功のカギは日々の観察！

　長年たずさわってきた植物組織培養の研究を振り返ってみると，妙に植物体再生が上手な人や妙に遺伝子組換え植物作成の上手な人がいる。同じマニュアルや論文に従って，それぞれの実験を行なったにもかかわらず，ある人は見事に植物体を再生してみせる。達人である。一方，ある人はうまくいかないと悩むのである。なぜだろうと考えてみる。

　見事に植物体再生や組換え植物の作成に成功する達人の様子を思いおこしてみると，培養物をとてもよく見て（観察して）いる。毎朝来ると培養室を覗き，帰りがけに必ず培養室を覗いている。マニュアルを守りながらもよく観察して培養物の日々の変化を的確にとらえ，適正な時期に次の処理（培地の交換，芽の切り出しなど）を行なっている。

　たとえば，「培養物を25℃，16時間照明の培養室で2週間ごとに植え継ぐ」というマニュアルがあったとする。実験がうまくいかない人は，単純に2週間ごとに植え継ぐのである。そして，一度植え継ぐと次の植継ぎまであまり観察を行なわないのである。しかし，達人は，同じ培養室でも使用する棚の位置により温度や光強度が違うこと，使用する培養容器の種類の違いによって容器内の温度やガス環境が違うことをよく感じている。したがって，日々の変化をとらえようと，せっせと培養室を覗くのである。農作物の栽培と通じるものがある。

　著者は，園芸作物の品種改良にしばらく携わっていたが，すばらしい作物をつくる達人がいる。うまくない人との違いは，よく作物の変化をとらえていることである。朝来ると，まず，ほ場を覗き，午後に，また，圃場を覗いている。それにより，水の状態，肥料の状態，整枝のタイミングをはかっている。たしかに，作物の変化は劇的である。たとえば，夏のメロン栽培では，よく観察すると朝と夕方の株の高さが明らかに違う。大げさであるが，じっと見ていると蔓が伸びるのが見えそうである。このような人は達人と呼ばれ，すばらしいメロンがつくれるのである。組織培養もこの作物栽培に通じるものがある。成功のカギは日々の観察である。皆さんも培養物をよく観察して組織培養の「達人」になってみませんか。

第4章
植物増殖技術

　植物バイテクがその実力を発揮して，私たちがすでに日常的に恩恵を受けているのが植物増殖技術である。この技術を本書ではさらに3つに分けて考える。それは，①ウイルスフリー苗作出技術，②大量増殖技術，③セル苗生産技術である。

1 ウイルスフリー苗作出技術

▎1. 小史―技術の出発点―

　植物ウイルスとウイルス病　作物がウイルス病に感染すると，葉がモザイク症状になったり，ちぢれたりして生育が悪くなり，収量が低下する。植物ウイルスは主として，リボ核酸（RNA）とタンパク質が結合した核タンパク質の巨人分子であるが，その大きさは20～1,000nm（1nm＜ナノメーター＞は100万分の1mm）程度である（図4.1.1）。カビやバクテリアよりもはるかに小さいろ過性病原体であり，人工培養ができず生きている細胞中でしか増殖しない。ウイルス病に効果のある農薬はいまだに開発されていない。したがって，現在でもウイルスに感染した株は早期に抜き取るしかその蔓延を防ぐ方法がない大変やっかいな病気である。

　幸い植物ウイルスは特殊な例外を除いて種子には侵入しないので，種子繁殖性作物では種子を経ることで，ウイルスが除去されてきた。しかし，作物の中には種子のできにくいもの（多くのイモ類やニンニ

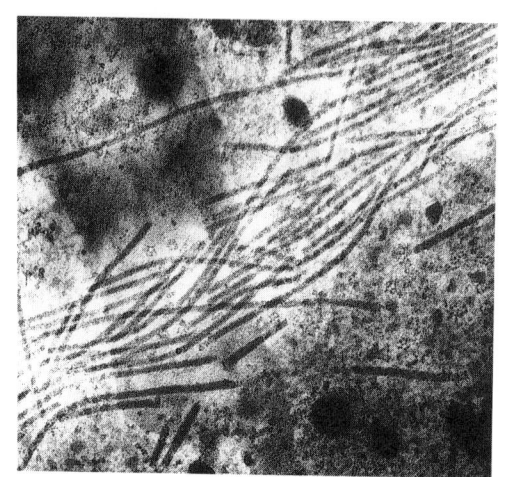

図 4.1.1　電子顕微鏡でみたグラジオラスの BYMV のウイルス粒子　（高津原図）

ク，ラッキョウなど），できても遺伝的に固定していないので種子では品種の性質が変わってしまうもの（多くの果樹類，イチゴ，カーネーション，キクなど）がある。これらの作物では長年にわたって栄養繁殖が続けられたために，ウイルスに感染していない個体がなくなって，品種の劣化が進み産地が消滅してしまうことさえあり，ウイルスの除去は重要な課題であった。

最初のウイルスフリー苗の作出

「茎頂の培養によってウイルスに感染していない苗を作出しうるのではないか」との，最初のきっかけを与えたのはアメリカのホワイト（1943）である。彼は「タバコモザイクウイルスに感染したタバコの根端にはウイルスが存在しないようだ」と報告したのである。その後，実際にウイルスフリー苗を作出したのは，フランスのモレルら（1952）である。彼らはダリアモザイクウイルスに感染しているダリアの成長点を取り出して培養し，モザイク症状の消えた苗を作出したのであった。このモレルらの研究が刺激となって 1950 年後半から 60 年代にかけて，ウイルスの感染に困っていた多くの作物で茎頂培養が相次いで試みられた。

わが国での技術開発　わが国では農事試験場（当時）の病理研究室のグループがこの課題に取り組み，1957 ～ 1969 年の間にサツマイモ，ジャガイモ，イチゴ，ニンニク，カーネーション，キクなどを用いて茎頂培養によるウイルスフリー苗作出技術を確立し（森ら，1969），この成果はその後のウイルスフリー苗作出の中核となったのである。野菜類についてはその後，野菜試験場（1075 ～ 1979）で著者らがサトイモ，ヤマイモ，ラッキョウ，ニンニク，イチゴ，ネギ「坊主不知」な

図4.1.2　茎頂培養で育成したサトイモ（左）とニンニク（右）
（左：今村原図，右：大澤原図）

どで実用的なウイルスフリー苗作出技術の開発に取り組み，現在もその当時の成果が活用されている（図4.1.2）。

2. ウイルスフリー苗作出の方法—茎頂培養—

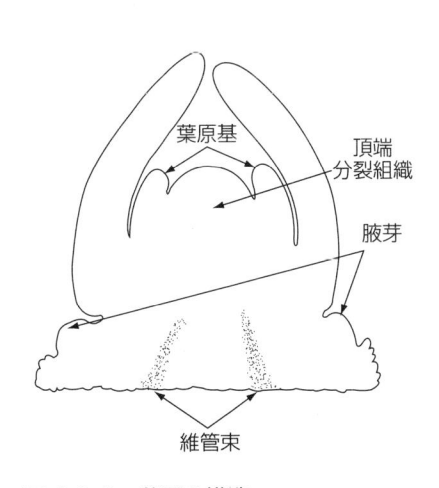

図4.1.3　茎頂の構造

茎頂の構造と茎頂培養のポイント　茎頂は，半球形をした頂端分裂組織（成長点，meristem）とそこから分化した数枚の葉原基から成っている（図4.1.3）。これを切り出して栄養素や糖を含む固形培養地上で培養するのが茎頂培養である（図4.1.4）。茎頂を培地中に埋め込まないようにするとか，茎頂の上下を間違えないできちんと置くなどの注意は必要であるが，本来，成長する能力に富む部位なので，特別な植物ホルモンの添加がなくても（むしろ添加のないほうが）順調に生

育する。最初は誰でも，茎頂がどこにあるのかを正しく把握するのに戸惑うが，いったん技術を習得すれば，さまざまな植物に応用できるし，植物ごとに特有の茎頂近傍の形態や成長する芽の美しい姿に出会うことができる。

切り出した茎頂の培養の難易度は，植物の種類や切り出した茎頂の大きさによって大きく異なる。

ウイルス除去とそのしくみ　一般的には茎頂が小さければ小さいほどウイルスを除去できる可能性が高くなる（表 4.1.1）が，培養は困難となる。現在までに知られている作物別，ウイルス別の切り出す茎頂の大きさをまとめてみた（表 4.1.2）。

植物の種類によってウイルスが除去される茎頂の大きさに，ずいぶん大きな差があるところから，ウイルスが除去されるしくみについてもいくつかの説があり，まだ結論が出ているわけではない。現在もっとも有力なのは，「外部から感染したウイルスが細胞間連絡によって次々に周辺の細胞に感染を広げていく速度に比べて，頂端分裂組織での細胞分裂の速度のほうが速いので茎頂はウイルスに感染されない」とする説である。つまり，維管束組織が未発達の茎頂近傍にはウイルスが到達しにくいと考えてよいだろう。

再感染とその防止　ウイルスフリー苗が作出できても，栽培中に再びウイルスに感染してしまう機会が多い。これは，ウイルスフリー苗は，

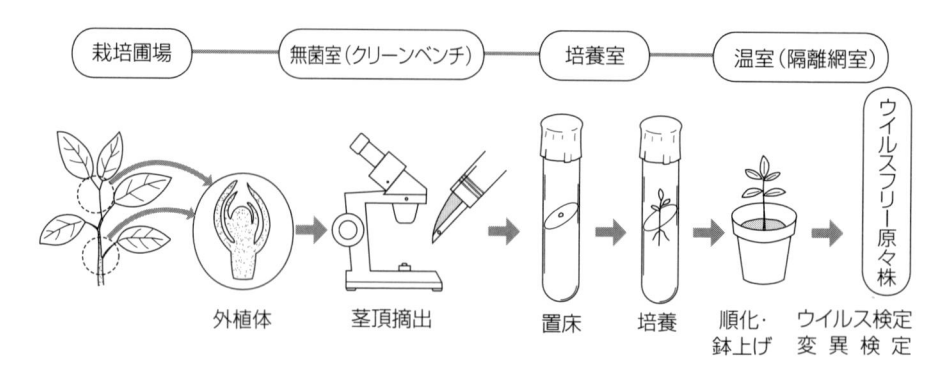

図 4.1.4　茎頂培養によるウイルスフリー化の手順　　　　　（大越，1987）

表4.1.1 ニンニクの茎頂の大きさと育成個体のウイルス保毒の有無
(大澤, 1979)

a 切り取る茎頂 の大きさ(mm)	b カルス形成 の有無	c 外観病徴 (モザイク) の有無	検定結果		f 判定
			d 接種	e 電顕	
0.2	×	−	・	−	◎
0.2	×	−	・	−	◎
0.3	×	−	−	−	◎
0.3	×	−	・	−	◎
0.3	×	−	・	−	◎
0.3	×	−	−	・	○
0.4	×	−	−	−	◎
0.4	×	−	・	−	◎
0.4	×	−	・	−	◎
0.4	×	−	−	+	∨
0.4	×	−	−	+	∨
0.5	×	−	・	−	◎
0.5	×	−	−	・	○
0.5	×	−	・	+	∨
0.5	×	+	・	・	∨
0.6	×	+	+	・	∨
0.6	×	−	・	+	∨
0.7	×	+	+	+	∨
0.7	×	+	・	+	∨
1.0	×	+	+	+	∨
1.0	×	+	・	+	∨
1.2	×	+	+	+	∨
1.2	×	+	・	+	∨
0.4	○	−	・	−	◎
0.5	○	−	・	−	◎
0.5	○	−	・	−	◎
0.6	○	−	・	−	◎

〔注〕a. 切り取った茎頂の大きさは刃幅 (0.5mm, → p.75 図3.3.4) を利用して測定した
b. ×:カルスなし (茎頂の伸長), ○:カルスを経由した茎葉
c. −:モザイク症状のみられないもの, +:モザイク症状のみられるもの
d. −:指標植物の接種検定で反応陰性, +:指標植物に病徴発現したもの
e. −:ウイルス粒子像の検出されないもの, +:検出されたもの
f. ∨:保毒, ◎:無毒, ○:接種検定は陰性であったが電子顕微鏡観察は未了のもの

表4.1.2 おもなウイルスフリー植物の得られた茎頂の大きさ

(浜屋, 1979)

植物名	ウイルスまたはウイルス病症状名	ウイルスフリー植物の得られた茎頂の大きさ
サツマイモ	サツマイモ斑紋モザイクウイルス	≦ 0.5 ～ 2.0 （mm）
	サツマイモ縮葉モザイクウイルス	＝ 1 ～ 2
	サツマイモモトルウイルス	＝ 0.2 ～ 1.0
ジャガイモ	ジャガイモＸウイルス	≦ 0.2 ～ 0.5
	ジャガイモＹウイルス	≦ 1 ～ 2
	ジャガイモＦウイルス	＝ 0.2 ～ 0.25
	ジャガイモＳウイルス	≦ 0.2 ～ 0.3
	ジャガイモリーフロールウイルス	≦ 1 ～ 3
イチゴ	イチゴモトルウイルス	≦ 0.2 ～ 1.0
	イチゴクリンクルウイルス	
	イチゴマイルドイエローエッジウイルス	
	イチゴバインバンディングウイルス	
ニンニク	モザイク症状	＝ 0.3 ～ 1.0
ユリ	キュウリモザイクウイルス	≦ 1 ～ 2
	ユリモトルウイルス	≦ 1 ～ 2
ペチュニア	タバコモザイクウイルス	≦ 0.1 ～ 0.26
ダリア	ダリアモザイクウイルス	≦ 0.7 ～ 1.4
アイリス	モザイク症状	＝ 0.25 ～ 0.45
キク	トマトモザイクウイルス	＝ 1
カーネーション	カーネーションモトルウイルス	≦ 0.5 ～ 1.4
	カーネーションレタントウイルスもしくはカーネーションバインモトルウイルス	＝ 0.2 ～ 1.0＊

〔注〕≦は保毒株と無毒株が混在している場合，＝は保毒株がなかった場合
＊培養中に熱処理を併用

ウイルス病に抵抗性があるわけではないからである．したがって，ウイルスフリー苗の増殖圃はウイルスを媒介するアブラムシやヨコバイを防除するための防虫ネット（寒冷紗）を設けて可能な限り再感染を防止しているのである．生産地での感染防止は難しいので，利用の進んでいるイチゴやサツマイモなどの産地では，毎年または2年に1回，ウイルスフリー苗に更新しているところが多くなっている．

ウイルス検定 ウイルスフリー苗の作出にはウイルス検定も欠かせない技術である．ウイルス検定法として①外観判定法，②接種検定法，③電子顕微鏡観察法，④抗血清法（ELISA法），⑤PCR法が知られている．その特徴を表4.1.3に，一般的な方法である接種検定法の手順

表4.1.3 おもなウイルス検定法とその特徴
（大澤, 1990 一部補足；江面, 2005 追加）

方　　法	特　　徴
1. 外観判定法	ウイルスに感染した植物にみられる葉のモザイク症状，葉の凹凸，ねじれ，黄化などの外観的な病徴やその発現のプロセスによって判定する。しかし，ウイルス病の病徴は植物の生育段階，栄養状態，季節によって消えることが多く，また外観的には病徴を示さない潜在（レタント）ウイルスも多いので，この方法だけではウイルスフリーであるとの判定は下せないことが多い
2. 接種検定法	ある特定のウイルスの病徴を鮮明に発現する植物（指標植物）に，汁液接種や接ぎ木接種を行なって検定する（図4.1.5）。ウイルスの種類ごとに適切な指標植物とその接種法が知られており，簡便に検定できる点でもっとも一般的である。しかし，指標植物の病徴発現は，環境条件や生育条件などによって左右されるので，指標植物の適切な管理が必要である
3. 電子顕微鏡観察法	新鮮な組織の切片を染色（1～2%リンタングステン酸溶液，pH6～7）し，透過型電子顕微鏡でウイルスの有無や形状を直接観察して判定する。精度はきわめて高いが，観察している切片は植物体のごく一部分であるので，ウイルスが偏在したり濃度が低かったりする場合などには見落としている可能性もあり，その点をカバーするためには多くの労力を必要とする
4. 抗血清法 <ELISA法>	個々のウイルス特有の抗原抗体反応を利用して，植物ウイルス抗血清と被検植物の汁液とを反応させ，その特異反応の有無によって判定する。きわめて厳密で有効な判定法である。この方法には簡便なものから複雑なものまであるが，ELISA法（エライザ法）がもっとも注目されている。なお，35種類の植物ウイルス抗血清が日本植物防疫協会で販売されている <ELISA法> 特定の酵素と結合させた抗体を用いて抗原抗体反応を行なわせ，その反応の程度を酵素反応によって検定・定量する方法である。近年次々にこの方法の改良が加えられ，低濃度のウイルスも迅速かつ同時に多数検定可能なRIPA法が開発されている（Tsudaら，1993）
5. PCR法	ウイルス遺伝子の塩基配列情報にもとづいて特異的プライマーを設計し，検定植物からウイルス特異的遺伝子断片を増幅し，その有無によりウイルスの存在を確認する方法である。迅速な方法であるが，遺伝子配列の明らかになっているウイルスの検出にのみ有効である

を図4.1.5に示した。また，各種抗血清の作成により利用範囲が広がっているELISA法（エライザ法）の手順を図4.1.6に示した。近年では，遺伝子レベルでのウイルス研究の進展により，PCR法（→p.243）による迅速なウイルス診断も可能になっている。

ウイルスフリー苗の生育特性　ウイルスフリー化された植物は，一般に栄養成長が旺盛になり，花芽分化時期の遅延や枝の徒長などが起こりやすい。そのため，とくに花や果実を収穫する農作物では，それに見合った栽培方法の微調整が必要になる。

96　第4章　植物増殖技術

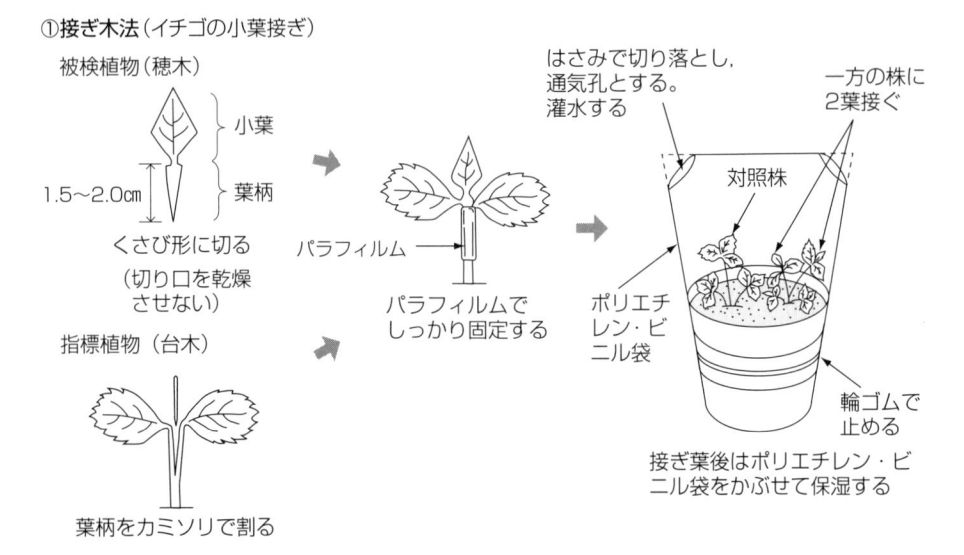

①接ぎ木法（イチゴの小葉接ぎ）

被検植物（穂木）
- 小葉
- 葉柄
- 1.5～2.0cm
- くさび形に切る（切り口を乾燥させない）

→ パラフィルムでしっかり固定する

指標植物（台木）
- 葉柄をカミソリで割る

→ はさみで切り落とし，通気孔とする。灌水する
- 対照株
- 一方の株に2葉接ぐ
- ポリエチレン・ビニル袋
- 輪ゴムで止める

接ぎ葉後はポリエチレン・ビニル袋をかぶせて保湿する

②汁液接種法

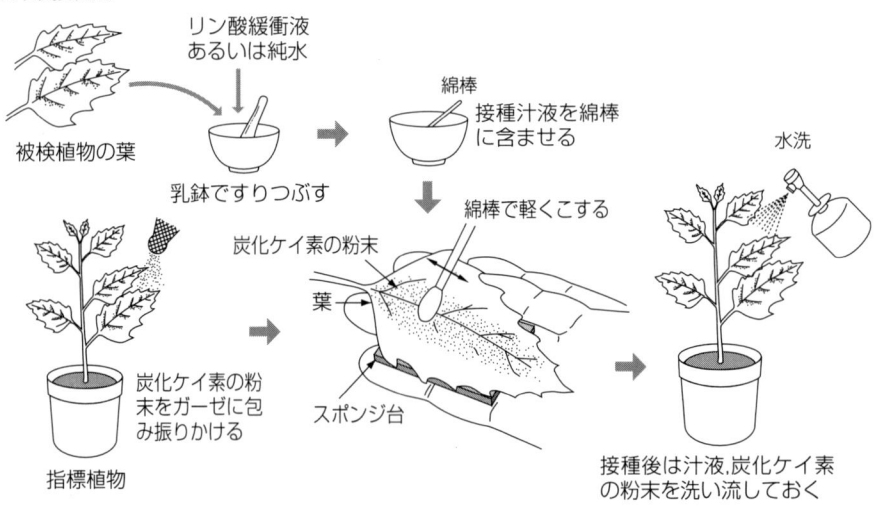

被検植物の葉 → リン酸緩衝液あるいは純水 → 乳鉢ですりつぶす → 綿棒に接種汁液を綿棒に含ませる → 綿棒で軽くこする（炭化ケイ素の粉末，葉，スポンジ台）→ 水洗

指標植物：炭化ケイ素の粉末をガーゼに包み振りかける

接種後は汁液，炭化ケイ素の粉末を洗い流しておく

図4.1.5　接種検定法の手順　　　　　　　　　　　　　　　　（石井，1988より）

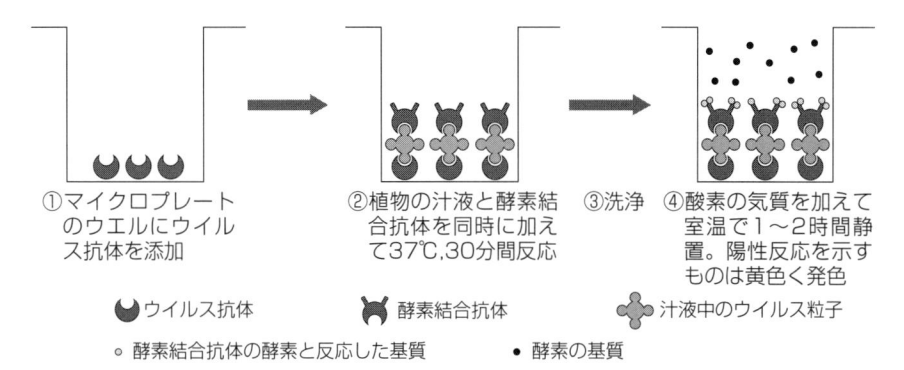

①マイクロプレートのウエルにウイルス抗体を添加　②植物の汁液と酵素結合抗体を同時に加えて37℃,30分間反応　③洗浄　④酸素の気質を加えて室温で1～2時間静置。陽性反応を示すものは黄色く発色

ウイルス抗体　　酵素結合抗体　　汁液中のウイルス粒子
○ 酵素結合抗体の酵素と反応した基質　　● 酵素の基質

図4.1.6　簡易エライザ法の手順　　　　　　　　　　　　　（岩本原図）

3. ウイルスフリー苗作出技術の実力

（1）着実に地域農業に根づいた技術

　ウイルスフリー苗作出技術は，植物バイテクの成果を誰の目にもはっきりと示すことのできる技術となっている。現在では，わが国で栽培されているジャガイモの9割以上，イチゴの7割，サツマイモの4割など数多くの農作物に，すでにウイルスフリー苗が使われている（表4.1.4）。

　1970年代には「イチゴをウイルスフリー苗にすると萎黄病に弱くなる」との説が広がり，4, 5県の農業試験場がその課題に真正面に取り組んだことがあった。また，「サトイモのウイルスフリー苗には異変が多い」「サツマイモのウイルスフリー苗はイモが細長くなる」といった声が聞かれたこともある。たしかに，当初は培養技術が未熟だったり，増殖段階の維持・管理に手落ちがあったりしたこともあった。しかし，今ではそれぞれの作物ごとに，それらの課題を克服して，ウイルスフリー苗の利用は産地の増収や良品率の向上に結びついて着実に地域農業に根づいている。

（2）実用化の広がりと苗生産のシステム化

　早くから実用化が進んだジャガイモのウイルスフリー苗は，全国8

表4.1.4 おもな農作物におけるウイルスフリーなどの培養苗の普及状況
(平成8年度,社:農林水産先端技術産業振興センター調査)

区分	作物名	栽培面積(ha)	普及面積(ha)	利用率(%)	回答都道府県数
野菜	イチゴ	7,864	5,398	69	45
	サツマイモ	26,471	10,042	38	23
	ナガイモ	4,967	469	9	9
	サトイモ	2,350	87	4	6
果樹	ブドウ	19,117	5,378	28	28
	温州ミカン	31,335	1,039	3	7
	リンゴ	14,293	631	4	11
	その他のカンキツ類	16,692	929	6	8
花き	キク	2,463	1,096	44	11
	カーネーション	474	387	82	23
	宿根カスミソウ	448	336	75	17
	洋ラン	365	228	62	17
	スターチス	308	178	58	18
	ガーベラ	61	58	95	7
	ユリ	321	91	28	7

カ所にある原種農場(現在の独立行政法人種苗管理センター)が中心になってすべての産地に無病苗が供給されているし,イチゴについても公立機関の試験場や研究所,原種農場などを中心に原苗の供給体制がつくられ,不足分については民間の種苗会社や苗会社が供給している。ウイルスフリー苗を使った産地では,おしなべて2～4割の増収となり品質も向上し(図4.1.7),カーネーションでは切り花数が増え品質もよくなる,などすでに実用的に耐えることが実証されている。

一例として茨城県のサツマイモのウイルスフリー苗について紹介すると,県農場試育種部(現茨城県生物工学研究所)が供給する原苗をもとに,経済連の園芸種苗増殖センターの網室内で大量に増殖し,それをさらに各地の農協で必要苗数を増やしている。このウイルスフリー苗は,ちょうどよい大きさのイモになり,イモの表皮が鮮やかな美しい色に仕上がり,帯状粗皮症(ウイルス)が発生しない,などの理由で大変に評判がよい。

4. 今後の方向―技術の適用・応用の視点―

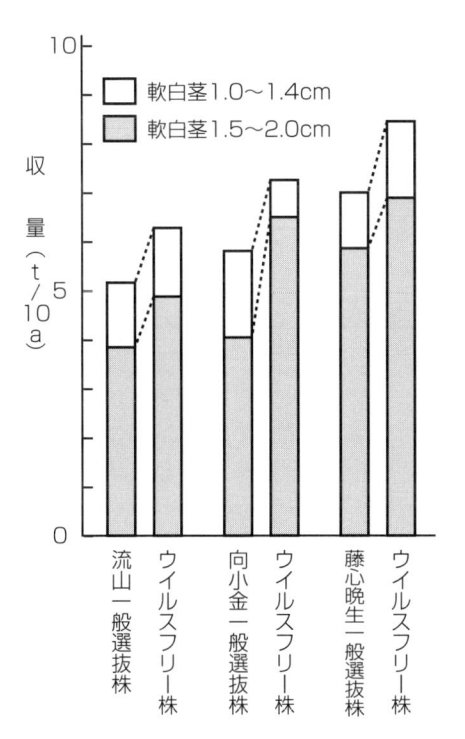

図4.1.7 「坊主不知」ネギ中太系の一般株とウイルスフリー株の太さ別の収量 （大越ら，1987）
〔注〕ウイルスフリー株は露地栽培1年目

（グラフ内凡例：軟白茎1.0～1.4cm／軟白茎1.5～2.0cm）
（横軸：流山一般選抜株，ウイルスフリー株，向小金一般選抜株，ウイルスフリー株，藤心晩生一般選抜株，ウイルスフリー株）
（縦軸：収量（t/10a））

①地域により密着した特産作物への対応が求められるだろう。それは，たとえばウド，ジネンジョ，タラノメ，ギョウジャニンニクなどである。その場合，これまでの事例で明らかなように，ウイルスフリー苗作出にとって一番大切なことは「品質のすぐれた親株」を用いることである。だから今後とも，ウイルスフリー苗作出の基本は，茎頂を摘出する親株の吟味にある。

②茎頂培養の困難な植物種をなくす研究が続けられなければならない。茎頂培養はどんな植物種でも容易であると思われがちであるが，じつはそうではない。多くの果樹類などの木本植物は今でも茎頂培養の困難な樹種が多い。カキ，ウメ，ミカン，クワ，ホホバ，チャなどは，最近ようやく1，2の成功例が報告されるようになってきたにすぎず，しかも今でも発根などに困難がともなっている。

③再感染しないウイルスフリー苗の作出が必要となるだろう。ウイルスフリー苗はウイルス病に抵抗性があるわけではないので，毎年のように苗を更新しなければならない。この弱点を克服するため，弱毒ウイルスを利用してウイルスフリー苗に強毒ウイルスへの抵抗性を付与する方法などが検討されている。これらはいずれも植物バイテクの総合的な活用によって可能になるものであり，ウイルスフリー苗の付加価値はいっそう高くなるであろう。

④効率的でコストの安いウイルス検定法の開発が必要であろう。ウ

イルス検定は，圃場でのウイルス発生状況のモニタリング，茎頂培養を行なって再生した植物のウイルス検定，網室で維持しているウイルスフリー株の汚染検定など多くの場面で利用される。現在では，指標植物を使ったウイルス検定がおもに行なわれているが，肉体的，精神的な労力のかかる部分である。この問題点が解決されれば，ウイルスフリー苗の利用がさらにスムーズに行なわれるようになるだろう。

コラム

ウイルスは邪魔者か？

　実際に，ウイルスフリー化した作物を圃場で栽培してみるとたしかに旺盛な生育を示し，ウイルスはその作物にとって邪魔者だったのだと実感する。その一方で，「弱毒ウイルス」の利用も行なわれている。弱毒ウイルスとは，防除したい病原性の強いウイルスに変異原処理を行ない，病原性を低下させた変異ウイルスのことで，いわゆる「ワクチンウイルス」とも呼ばれる。この変異ウイルスは，作物内に存在するものの特有のウイルス症状を引き起こさず，収量などの重要な農業形質に大きな影響を与えない。

　この弱毒ウイルスを苗の段階であらかじめ接種しておくと，その苗を圃場に植えて栽培したときに，強毒ウイルスがやってきても感染しにくくなるようである。そのため強毒ウイルスの被害を最小限に食い止めることができるのである。現在までに，ピーマンのモザイク病，キュウリのモザイク病（CMV，ZYMV，WMV2）などに対する弱毒ウイルスが開発されている。

　ウイルスには，病原ウイルスのように宿主植物に大きな被害をもたらすもののほかに，普段は病徴を示さずに，植物と共生しているウイルスがいる。真実のほどは定かではないが，ウイルスフリー苗はウイルス病に感染しやすいといわれることもある。本来その作物に顕著な被害を引き起こさず，潜んでいたウイルスも茎頂培養によって除去されてしまうなら，この考えはうなずける話である。もしそうだとすれば，このようなひっそりと植物と共生しているウイルスを見つけ出し，ウイルスフリー苗に接種すれば，ウイルスに再汚染されにくいウイルスフリー苗をつくることもできるはずである。

2 大量増殖技術

　植物バイテクによる大量増殖技術は，大きく2つに分けられる。それは，①培養部位として茎頂にこだわって，茎頂のもつ活発な再生能力を活用する方法，②培養部位にはこだわらず幅広い培養部位から誘導した不定芽や不定胚を活用する方法である。

1. 小史─技術の出発点─

(1) 茎頂を出発点にした大量増殖法

　茎頂近傍の腋芽を多数，短期間に誘導して植物を増殖する方法であり，茎頂（分裂組織，meristem）からの栄養繁殖体（clone）ということでメリクロン（mericlone）と呼ばれている。これはフランスのモレルがラン（シンビジウム）の茎頂培養中に生じた多数の再生植物につけた名称で（Morel, 1960），当初はそれまでの種子や分球によって増やした植物と区別するために用いられた言葉であった。この言葉はその後の大量増殖技術に大きな影響を与え，ラン類のPLB誘導のほかに多芽体誘導，苗条原基誘導などが開発され，植物の種類に応じてその適用が図られている。いずれの方法も，変異の発生が比較的少ない方法として実用化されている。

PLB誘導　ラン類に特徴的な方法で，1970年代当初にはわが国でも実用化が進み，高級花であったラン類の大衆化に大きく貢献してきた（図4.2.1）。また，PLB誘導が困難とされていたカトレアやエビネなどでも成功例の報告が相次いで，この技術は十分に実用化している。

多芽体誘導　MS培地の作成者として著名なムラシゲ博士が，培地の改良の過程で幅広い植物種に適応しうる多芽体の誘導実験を進め，アスパラガスやシダ植物などでの大量増殖を成功させたのが重要な契機となっている（Murashigeら，1974）。

苗条原基誘導　広島大学の田中隆荘教授（当時）が用いた実験植物ハ

図 4.2.1　シンビジウムの大量増殖（育成中の培養苗と PLB から伸びた芽〈右上〉）

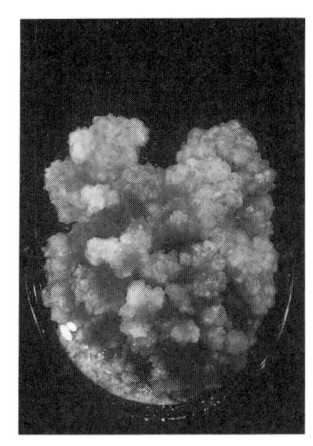

図 4.2.2　ハプロパップスの苗条原基
（谷口原図）

プロパップス（高等植物の中でもっとも染色体数が少ない <2n = 4> 植物）の染色体の研究から生まれた。彼らは異数性や倍数性のハプロパップスの茎頂を液体培地の中に入れて 2 回転 / 分の傾斜式回転培養器で培養したところ，金平糖状の緑色集塊が形成されるのを見いだした（図 4.2.2）。そして，この集塊から再生させた植物は異数性は異数性のまま，倍数性は倍数性のまま維持され，遺伝的にきわめて安定して均一な植物が得られたと報告したのである（Tanaka ら，1983）。その後，さまざまな作物での追試が行なわれ，現在では変異を抑制しうる増殖法として支持されるようになっている（谷口，1990；大澤ら，1990）。

(2) 不定芽，不定胚を活用した大量増殖法

植物のあらゆる部位から植物体を再生させて大量増殖に利用する方法で，その究極の姿としては，たった 1 個の裸の細胞から植物体を再生させるプロトプラスト培養につながるものである。

不定芽誘導　アメリカのスクーズら（1957）がタバコの髄組織の培養中に，不定芽や不定根およびカルスの形成が培地中のオーキシンとサイトカイニンのバランスによって制御されていることを証明した（図

2.3.1 参照)。すなわち, IAA 濃度を 2mg/l と一定にした培地で, カイネチンが 0.02mg/l のとき不定根が, 0.2mg/l のときカルスが, 0.5mg/l と 1.0mg/l では不定芽が, さらにそれ以上の濃度で再びカルスが形成されたのである。この実験例が基礎になって, その後 200 を超える植物種で, 培養による不定芽の誘導に成功し, 若干の例外もあるものの, 基本として, オーキシンとサイトカイニンのバランスによる不定芽誘導の事実が裏づけられたのである。しかし, 事例が増えるにつれて, カルスを経由した不定芽誘導には変異個体の発生も認められるようになった。そこで大量増殖としての利用には, 可能な限りカルスを経由しないように, 外植体から直接に不定芽を誘導する方法が検討されている (Hussey, 1983 など)。

不定胚誘導 アメリカのスチュワードら (1958) とドイツのライナート (1958) がそれぞれ別個に, ニンジンの胚軸を使った遊離細胞から体細胞不定胚を誘導して, 植物を再生させた実験が出発点となっている。この報告は当初, 多くの批判にさらされることになったが, チョウセンアサガオでの葯培養による遊離花粉からの不定胚誘導(Guha ら, 1964, → p.148) と, パセリの胚軸からの体細胞不定胚の誘導の成功 (Vasil ら, 1966) 以降, 広く支持されることとなった (図 4.2.3)。不定胚による植物体再生もその事例が増えるにつれて変異個体の発生が認められるようになり, 不定芽の場合と同様, 大量増殖法としての利

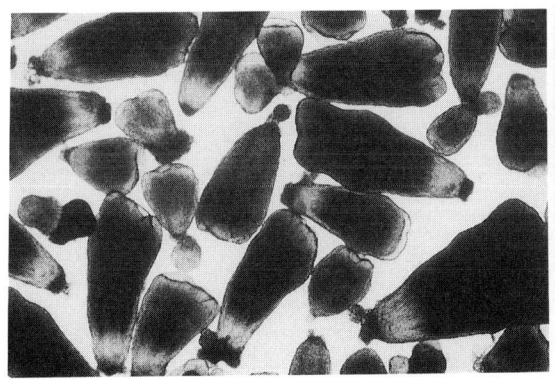

図 4.2.3 ニンジンの不定胚 (左, 形成層から単離した単細胞由来) と再生植物 (右)
(大山原図)

用にはカルスを経由しないダイレクトな不定胚誘導が試みられている（Dijak ら，1986；Kamada ら，1993；野村ら，1993，→ p.176)。

2. 大量増殖の方法

茎頂を出発点にする方法　茎頂分離組織に葉原基を 2, 3 枚つけた状態で培養する。それは葉原基の腋に生ずる芽（腋芽，新しい茎頂）を活用する増殖法だからである。PLB 誘導も多芽体誘導も苗条原基誘導も，それぞれに少しずつ手法が異なっていてもその基本は変わらない。

一例として著者らが開発したメロンの苗条原基誘導の模式図を示す（図 4.2.4，下西ら，1993）。茎頂を BA1mg/l と NAA0.01mg/l を添加した MS 液体培地中に入れて，回転培養を行なうと葉原基が伸びてくるが，これをそのまま放置しておくと苗条原基は得られない。1 カ月程度たった時点で，基部のこぶ状の部分を残し，伸長した部分を切除して培養を続けると緑色の集塊が誘導された。この苗条原基は，最初の誘導から数えて 6 年間に渡って維持され，活発な植物体再生能力を示した（図 4.2.5）。

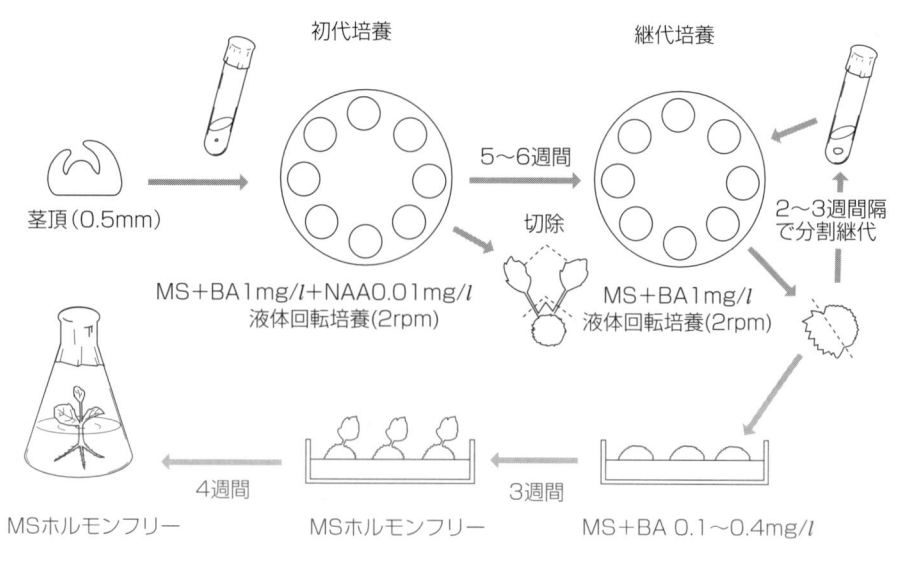

図 4.2.4　メロン苗条原基誘導の模式図　　　　　　　　　（下西ら，1993 より）

図4.2.5 メロンの苗条原基からの植物体再生
(大澤原図)

不定芽や不定胚を利用する方法　オーキシンとサイトカイニンのバランスによって誘導する方法が基本である。この場合，培養するそれぞれの植物の種類や部位で内生ホルモンが異なっているため，最適のホルモン条件は植物ごと，部位ごとに異なってくる（→ p.46）。

一例として著者がメロンの子葉を用いて行なっている不定芽誘導（Dirks ら，1989）と，メロンの胚軸を用いて行なっている不定胚誘導（Oridate ら，1986；Homma ら，1991）の方法を示した（図4.2.6, 7）。不定芽誘導の基本は子葉部を6～8片ずつに分割し，BA1mg/l を添加したMS培地を利用することであり，不定胚誘導の基本は胚軸部をくさび形に切り取り，2,4-D2mg/l とBA0.1mg/l を添加したMS培地を利用することである。

不定胚誘導のメカニズム　不定胚誘導が最初に発見されたニンジンで

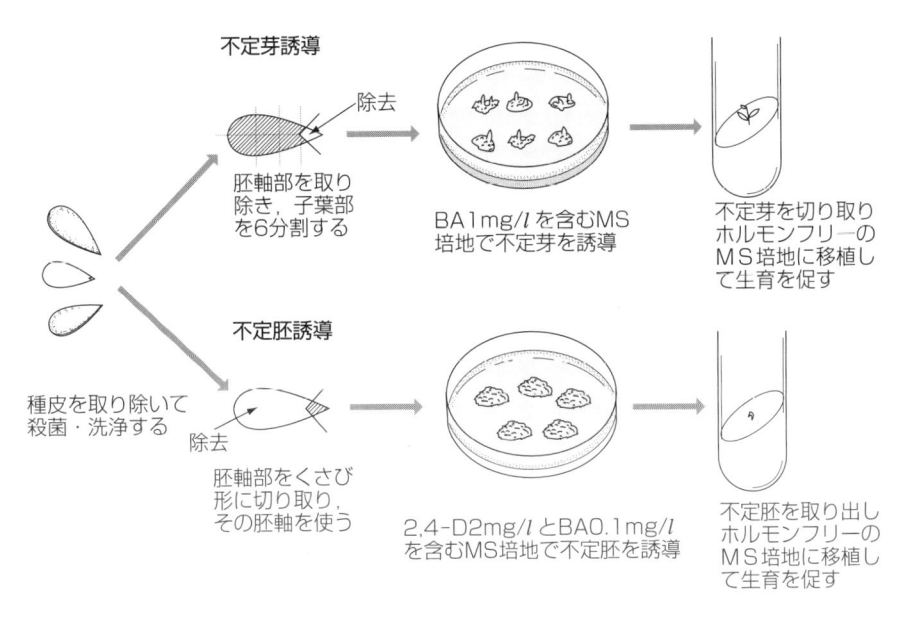

図4.2.6　メロン不定芽誘導と不定胚誘導の模式図　　　　　　　　　　　　　　　　　(大澤原図)

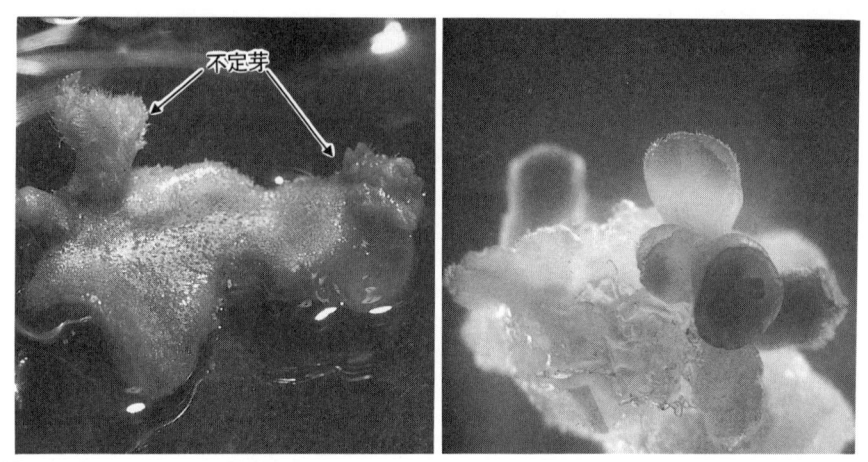

図 4.2.7　メロンの子葉部から誘導した不定芽（左）と胚軸部から誘導した不定胚（右）
(大澤原図)

| 組織片 | 不定胚形成能のある細胞の誘導と増殖 | 活発な細胞分裂 | | 球状胚 | 心臓型胚 | 魚雷型胚 | 植物体 |

←―2,4-Dを含む培地で培養―→←―2,4-Dを除き，アンモニウムイオンあるいはアミノ酸を含む培地で培養―→

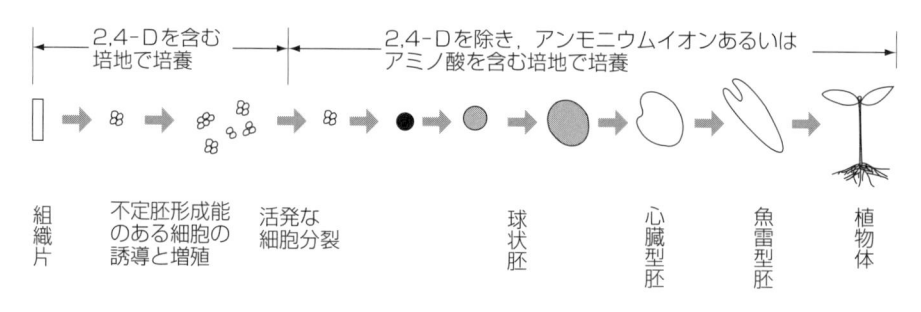

図 4.2.8　ニンジンの不定胚誘導のステージ　　　　　　　　　　　　　　(鎌田原図)

は，その後詳細な研究が進み，その誘導にはオーキシン(2,4-D)とチッ素源が大きく関与しており，ふたつのステージに分かれることが示された(図4.2.8)。まず最初に組織片を2,4-Dを含む培地で培養すると不定胚が形成されやすいカルスが誘導され，次に2,4-Dを含まない培地に移植すると胚発生を起こすのである。この場合，チッ素源としてアンモニウムイオンや特定のアミノ酸（グルタミン酸など）を添加することが必須であった。ところが最近になって，これらの段階での2,4-Dは，ストレスとして細胞に働いていると考えられるようになった(Kamadaら，1993)。つまり，彼らがニンジンの子葉切片を高濃度

図4.2.9　子葉切片からダイレクトに誘導された
　　　　　ニンジンの不定胚　　　　（鎌田原図）

(0.3～0.7M)のショ糖を含むホルモンフリーのMS培地で3週間培養したのち，通常のショ糖濃度（0.09M）のMS培地に置いたところ，カルスを経由することなく子葉切片から直接に不定胚が誘導され，2,4-Dはとくに必要としないことがわかったのである（図4.2.9）。直接的な不定胚誘導としては，このほかにも抗生物質，次亜塩素酸ナトリウム（殺菌剤），重金属を用いた方法も行なわれ「2,4-Dストレス説」を裏付けている。

3. 大量増殖技術の実力

(1) 花きを中心に急速に進む実用化

大量増殖技術を用いて誘導した植物の代表的なものがラン類である。わが国での実用化は1970年ごろからはじまり，その先駆けとなったシンビジウムはもとよりデンドロビウム，バンダ，ファレノプシスなどで次々に培養法が開発され，当初は大変困難とされていたカトレアや東洋ランなどの増殖にも活用されるようになった（表4.2.1）。さらに，カーネーションやキク，宿根カスミソウ，スターチスなどをはじめとして，ガーベラやアルストロメリアなどの新しい花きでも組織培養苗が広く用いられている（表4.1.4参照）。

　草木植物に比べて培養系の確立が難しいとされていた木本植物での利用も進み，西洋シャクナゲでは，組織培養で大量増殖した幼植物体を利用した大規模な苗生産も行なわれている（図4.2.10）。また，ポプラ，ユーカリ，アカシアでは多芽体や苗条原基を利用した大量増殖法が，スギ，ヒノキ，サワラ，クロマツ，アカマツでは不定胚を利用し

表 4.2.1 ラン科植物のメリクロンに使用できる部位

(坂本, 1992)

種類 \ 培養部位	新芽の茎頂	新芽の側芽	休眠芽	花の潜芽	花茎の腋芽	花茎の頂芽	新葉	根	花器	新球の茎頂
カトレア	○	○	○				○	○		
ファレノプシス	○	○	○	○	○	○	○	○		
デンドロビウム	○	○	○	○	○					
シンビジウム	○									○
パフィオペディルム	○	○	○							
バンダ	○	○			○					
アスコセンダ	○	○			○					
エピデンドラム	○	○	○							
ミルトニア	○	○	○							
オンシジウム	○	○	○						○	
オドントグロッサム	○	○	○							
エピフロニチス・ビーチ	○	○	○	○						
エビネ	○		○							
サギソウ	○									○
シュンラン	○	○	○							
カンラン	○	○	○							

大量増殖した幼植物体をセルトレイに挿し芽して，順化施設で管理

仕上がった西洋シャクナゲのポット苗

図 4.2.10 組織培養を利用した西洋シャクナゲの大規模な苗生産 （赤塚植物園提供）

た植物体再生・増殖法が開発され，緑化や環境保全などに利用されはじめている。

　野菜などの他の作物はまだ実験系での利用段階といえるだろう。苗条原基誘導は変異の発生が少なく比較的長期間の維持も可能であるため，メロン（1990），アサツキ（1991），ラッキョウ（1992），ユリ（1992）など，最近になってその応用範囲が広がっているが，実用化にはいたっていない。今後，実生苗に比べてコストをいかに下げられるかにかかっているだろう。

(2) 変異の発生・制御についての情報の増加

　ニンジンの不定胚誘導はもっとも古い歴史をもつが，再生植物の変異の有無についてはほとんど調べられてこなかった。最近ようやく再生植物の生育特性が調べられ，雄性不稔株をもとにした不定胚誘導によって大量に雄性不稔株を育成し，その雄性不稔性が維持されること，F_1種子を用いることにより，均一性が高く揃いのよいニンジンが得られることが明らかにされた（西平ら，1992）。

　そのほかにも，シクラメンの不定胚からの再生植物やアスパラガスの不定胚からの再生植物では，いずれも「高い均質性を示し栽培上実用性が高い」と報告されている（山口ら，1993；甲村ら，1992）。その一方で，不定胚や不定芽を利用した変異株発生の事例も多くなり（表2.4.1参照），培養による変異の発生・制御に関する情報は着実に増えている。これらの情報をもとに，目的によって培養方法を使い分ける工夫が大切である。

(3) 植物ホルモンを用いない誘導法の開発

　植物ホルモンを用いない不定芽や不定胚の誘導法の開発も進み，ピーマンでは培養部位を工夫し完熟種子を外植体とすることで（Ezuraら，1993，図4.2.11），カラシナでは紫外線（UV）照射と硝酸銀添加で（1992），コムギでは重力ストレスを与えることで（1993），ナデシコでは抗生物質処理によって（1992），それぞれダイレクトに不

110　第4章　植物増殖技術

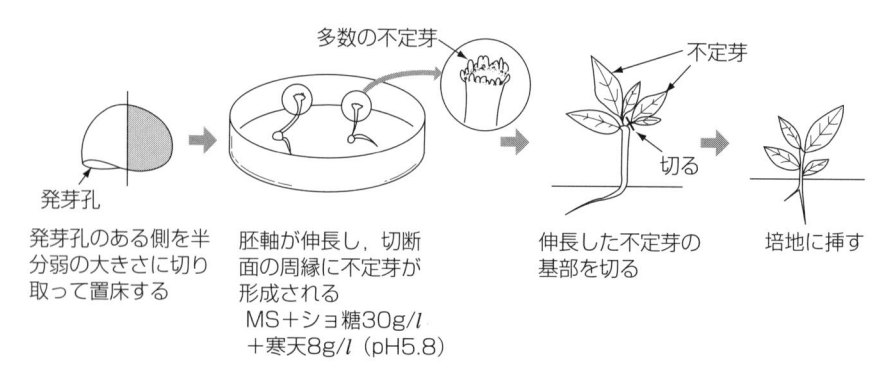

```
発芽孔 → 発芽孔のある側を半分弱の大きさに切り取って置床する → 胚軸が伸長し，切断面の周縁に不定芽が形成される MS＋ショ糖30g/l ＋寒天8g/l（pH5.8） → 多数の不定芽 → 伸長した不定芽の基部を切る（切る） → 不定芽 → 培地に挿す
```

図4.2.11　ピーマンの完熟種子からの不定芽誘導

定芽や不定胚を誘導して変異の発生を抑制している。

4. 今後の方向―技術の適用・応用の視点―

①地球上の希少植物の維持や増殖に活用されていくであろう。すでにわが国でも1990年代にはいってから，ギョウジャニンニク，カタクリ，アツモリソウ，シラネアオイ，ヒメサユリ，ササユリ，ハクサンチドリ，食虫植物などの培養による増殖の成功例が相次いで報告されており（図4.2.12），世界各地の希少植物を対象とした取組みはますま

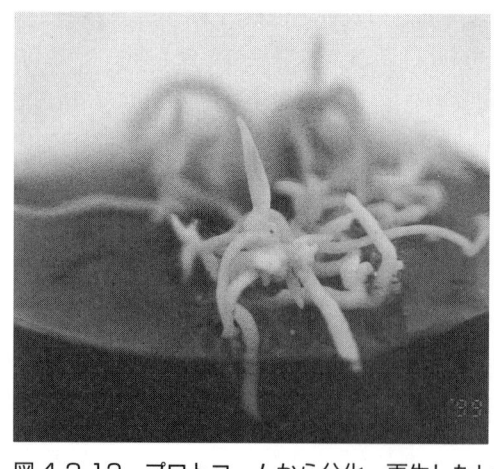

図4.2.12　プロトコームから分化・再生したレブンアツモリソウ(左)とシラネアオイの不定芽からの植物体再生(右)
（小山田原図）

す重視されるだろう。

　②貴重な地域特産物の産地確保や品質低下防止のための活用も広がるだろう。すでにフキ，ヤマウド，タラノメ，シオデ，コンニャク，レンコン，アオジソ，ネリネ（図4.2.13）などの培養成功例による産地の活性化が報告されている。地域農業の振興の基本は，1つひとつの作物におけるきめの細かい良品生産であり，それを支える技術として，より多くの作物で活用されるようになろう。

　③普通の状態では増殖率が低い植物や，種子繁殖では優良形質が維持できない植物の増殖に盛んに活用されるようになるだろう。学会発表をみただけでも，ユーチャリス（1991），ネリネ（1991），タマザキツヅラフジ（1991），ヒスイカズラ（1991），アンスリウム（1990～92），カラー（1993），カンアオイ（1993），レンゲツツジ（1993），バイカカラマツ（1993），エゾリンドウ（1993），ベントグラス（1993），アルファルファ（1993）などで利用の報告がある。

　④変異の積極的な利用も有効となろう。培養変異などを利用して1本の特徴的な個体を作出して，それを培養容器内で大量に増殖して商品にするといった新しいビジネスも，成り立つと思う。その場合のカギを握っているのは，その個体がどのように「すぐれた特性」をもっているかである。

　⑤セル苗の普及に連動する形で，大量増殖苗のよりいっそうのス

図4.2.13　液体振とう培養により増殖中の球根（左）と大量増殖したネリネ（ヒガンバナ科，右）
　　　　　　　　　　　　　　　　　　　　　　　　　　　　　　（江面原図）

ケールアップが図られるだろう。この一連の動きは人工種子作成技術の発展方向と深くかかわることになる（→ p.129）。

> コラム

「応用研究」を熱く語るイギリスの「基礎研究者」！

　著者は，1990年代前半にイギリスのある研究所に滞在していたことがある。今では世界的に有名になったが，「緑の革命」を引き起こしたコムギの半矮性遺伝子を世界ではじめて単離した研究者のもとで研究を行なっていた。当時，目的のコムギの半矮性遺伝子と同じ遺伝子であると考えられていたシロイヌナズナの遺伝子がもう一歩で取れそうなところまできていた。

　そのボスは，日々の議論の中で，自分たちが取ろうとしている遺伝子がいかに基礎研究において意義が大きく，そしてまた実際に役立つ遺伝子であるかを非常に熱く語っていた。少なくとも，それまで応用研究一辺倒であった著者が聞いても非常に現実的な話に聞こえた。彼のグループの研究の歴史をみると，いわゆる基礎研究者である。当時，駆け出しの研究者で自ら応用研究者であると凝り固まっていた著者にとって，彼との出会いは非常に新鮮な驚きであった。

　それ以来，著者は，本来，研究者には基礎研究者も応用研究者もないと考えるようになっている。それぞれが知りたいことについて，試行錯誤を繰り返しながら，真実に光を当てていくのが研究者である。たまたまそれをみている第三者が基礎研究だとか，応用研究だとか分類しているのである。研究者自ら自分がしている研究を基礎研究であるとか，応用研究であるとか決めつけてしまうことは，研究の大きな広がりや発想を狭めてしまうことになるのではないだろうか。

　このような決めつけがなければ，いわゆる「基礎研究」に取り組んでいる研究者は，応用研究まで思いをはせることができるだろうし，逆に，「応用研究」に取り組んでいる研究者は，その研究を進めるうえで本質的な部分にまで思いをはせることができるのではないだろうか。自分の研究に自ら固定観念をもつことなく，自然体で取り組んでいきたいものである。

3 セル苗生産技術

　組織・細胞培養で増殖した幼植物を苗化して，植物工場的に活用する技術開発が進んでいる（古在ら，1992）。この技術は種子を用いたセル苗（セル成型苗，プラグ苗とも呼ばれる，図 4.3.1）の利用の広がりとともに，この苗生産システムの中に培養苗を組み込んでいこうとするものである。この動きは現在の植物バイテクを考えるうえで示唆に富むものである。

1. 小史—技術の出発点—

　セル苗はアメリカで生まれた。精密な播種機の開発やセルトレイ（播種箱のこと）の開発とあいまって，1970年ごろから広がりはじめ，現在では農業用や緑化・林業用として幅広く活用されるようになっている。
　わが国では，1982〜83年に苗生産を専門とする企業（ダイヤトピー農芸とテー・エム・ポール研究所の2社）が相次いで設立されてから，苗産業が本格化したといえるだろう。この2社とも海外の苗関連会社と連携しており，海外のノウハウを活用する体制をとっていた。これら苗生産の専門会社の成り行きを注視していた従来の種苗会社は，苗産業の広がりと潜在的な需要の大きさに驚き，次々に苗産業に参入した。ちょうどその頃は，宅配便が急成長して，出荷翌日には苗が到着するという流通システムが完備して，こうした産業の伸びる背景が整っ

図 4.3.1　セル苗(サニープラグ苗)とセルトレイ
(根本原図)

てきた頃でもあった。

2. セル苗生産の方法

　セル苗の生産方式の一例を図 4.3.2 に示したが，作物の種類ごとの培地調整，トレイの土詰め，播種といずれも機会の一貫作業としてシステム化されている。発芽室に入れて発芽させたあと，育苗室でミスト栽培され，出荷基準に達した苗は専用のダンボール箱に収めて産地に届けられる。

　培養苗がこのシステムの中に組み込まれるためには，斉一な不定胚や不定芽の誘導，人工種子の作成（→ p.129）などが必要となる。現在の大量増殖技術はまだ，セル苗生産の機械化システムに対応できる状態ではないが，バーミキュライトやロックウールを用いた順化法の改良によって苗生産システムの中への組込みが図られている（図 4.3.3）。

　培養苗の順化システムについては，近年相次ぐ実験例があり，培養中の液体通気培養条件の検討（ササユリ，1993），培地支持体としてはロックウールがもっとも適している（シダ，1993），二酸化炭素施用は適期に行なえば効果がある（リーガースベゴニア，1993）などの報告がある。

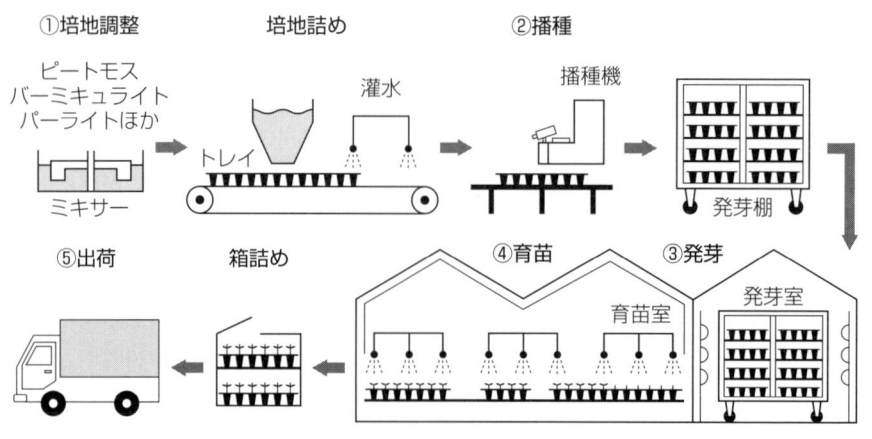

図 4.3.2　セル苗（サニープラグ苗）の生産システム　　　　　（パンフレットより）

3 セル苗生産技術　115

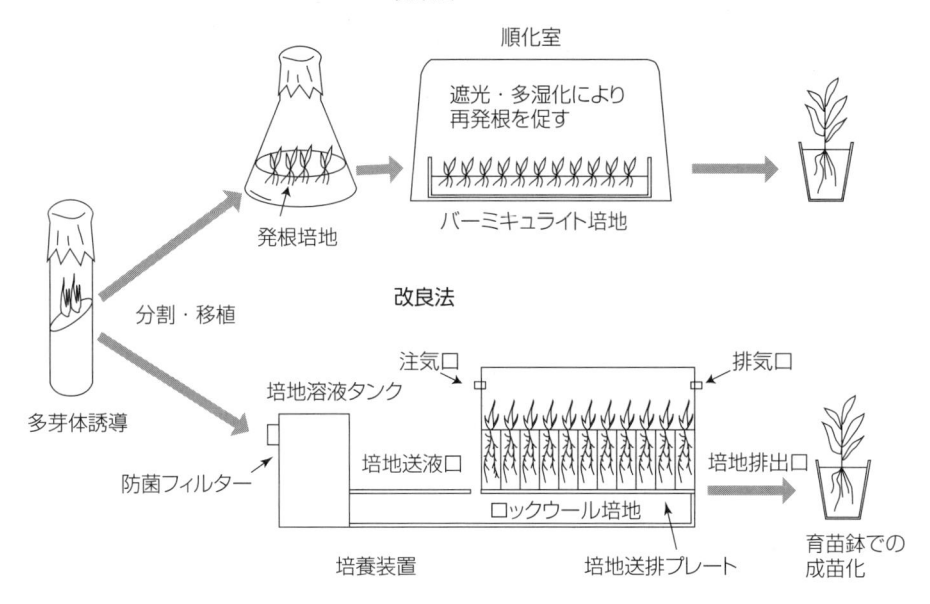

図 4.3.3　培養苗を利用した苗生産システムと植物工場の概念図
（安井，1987を一部修正）

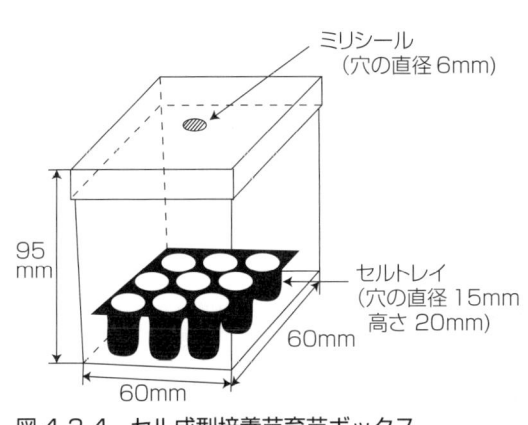

図 4.3.4　セル成型培養苗育苗ボックス
（国武ら，1994）

　また，アスパラガスの不定胚を用いた大量増殖のセル苗としての活用を図っている国武ら（1994）は，セルトレイを応用した培養容器を用いることで，アスパラガス不定胚を直接的にポット移植できる生産システムを開発している（図 4.3.4）。
　さらに，千葉大の古在らのグループでは，培養容器内の二酸化炭素濃度，光の強さ，湿度，培地のショ糖濃度をコントロールして，よい培養苗を効率的に生産する研究が行なわれている（図 4.3.5）。これらの研究成果にもとづいて，閉鎖

培養器内の湿度の違いとジャガイモの育成(左から，相対湿度 81～85，86～92，92～95，94～95%)

ショ糖添加の有無とマンゴスチンの生育(左：ショ糖添加，右：ショ糖無添加，いずれもバーミキュライト培地)

光の照射状態のちがいとジャガイモの生育(左：培養器の両横から光照射，右：培養器の上から下向きに光照射)

図 4.3.5　培養器内環境と培養植物の成長　　　　　　（古在原図）

型苗生産システムが開発されている。このシステムでは，明暗時期，二酸化炭素濃度の環境要因を調節でき，環境ストレスに強く高品質な苗生産が可能である。また各種の管理作業を軽減でき，開放型の苗生産システムに比べて低コストで苗生産が可能になる。このシステムが実用化すれば，培養苗を用いたセル苗生産の可能性が大きく広がるものと期待される。

3. セル苗生産技術の実力

(1) 急増するセル苗生産と種苗事業の発展

1989 年に 2 億本の大台に乗ったといわれたセル苗の生産は，毎年急速にその数を伸ばし，1991 年には 4 億本を超えた。さらに，従来からの種苗メーカーに加えて，培養苗の大量増殖を手がけていたキリンや協和発酵，日本たばこ産業（JT）などの大企業も，植物バイテクと苗生産の接点としての苗産業に関心を示し，共同出資，提携，委託など，

さまざまな方法で苗産業に参入してきた。現在でもキリンやサントリーなど数社が種苗事業を展開している。一方，1990年代になると，セル苗を利用した栽培技術の研究が都道府県の試験研究機関などで精力的に行なわれ，現在では各種の野菜や花などでセル苗を使った栽培が広く普及・定着している。

(2) 高まる培養苗利用の可能性

　苗業者のセル苗のうち，培養苗が用いられたおもなものは，アルストロメリア，ミニバラ，スターチス，カーネーションなどであり，これらの作物においては培養苗の割合はきわめて高いものである。今後，複合病害抵抗性などを付加した優秀な培養苗がセル苗として流通する下地ができつつあると思われる。現在はその準備期間であり，真に実力のある培養苗が植物バイテクから生まれるか否かにカギがあるといえよう。

4. 今後の方向—技術の適用・応用の視点—

　①個性的な付加価値をつけた苗が生き残るだろう。苗の軽便化，小型化の流れは今後も続き，その外部委託も進行するであろうが，そこで生き残るためには，種子苗であれ，培養苗であれ，品質がはっきりとすぐれていなければならない。たとえば，成長促進剤（または成長抑制剤）付与苗，弱毒ウイルス接種苗，変異花色苗，人工種子苗，低温伸長性付与苗など，各種の特徴をもたせた植物をそのまま大量増殖し，その状態で苗として用いるシステムが検討されるだろう。

　②セル苗そのものの新需要も開拓されるだろう。たとえば，培養容器などにはいった小さい苗の状態のままで商品として流通するものをつくることも検討されてよい。開花促進剤，鮮度保持剤（延命剤），わい化剤などを活用した培養容器内の植物として完結するミニチュア商品の開発は，植物バイテクとセル苗生産技術に共通する得意な分野になると考えられる。

コラム

セル苗とバイテク苗のドッキングは可能か

　セル苗と植物バイテクに関係している友人たちに「セル苗とバイテク苗のドッキングは可能か」と意見を求めたところ，それぞれの立場で示唆に富む声が返ってきた。たとえば，それは次のようなものである。

　①農作業の省力化，軽便化は誰にも止められない流れであり，セル苗はもっと伸びるだろう。今後は，バイテク苗，接ぎ木苗，挿し木苗のいずれもセル苗として商品化されるようになるのではないか。

　②バイテク苗の将来は，どこまで付加価値をつけられるかにかかっている。これからはセル苗の世界も競争が激しくなり，最後は苗の品質が勝負となる。そのときに生き残れるのは，すぐれたオリジナル商品をもっているところである。

　③遺伝子組換え植物は野菜や作物での社会的認知が遅れるだろうから，ターゲットは花である。バイテクで花の苗に付加価値をつけ，それをセル苗として量産する道は展望が大きく開けていると考える。

　本文でも触れたようにバイテクによってオリジナリティーの高い優秀な幼植物が育成されれば，それをそのままセル苗として利用できる時代が，そこまできているといえそうである。

第5章
植物保存技術

　組織・細胞培養で誘導した多数の培養物や幼植物は，そのまま植物体としてすぐに植え出すとは限らない。貴重な遺伝資源の保存にみるように培養物などの保存も大切な技術である。現在，保存技術としては低温培養や成長抑制剤の利用などによる試験管内保存（中期保存）と，液体チッ素による凍結保存（長期保存）の方法がある。また，培養物を人工種子にして保存する方法もある。

1 試験管内保存（培養物の中期保存）

1. 小史—技術の出発点—

　植物の組織・細胞培養を手がけた人なら誰でも，培養温度が高ければ培養物の変化（成長）が早く，低ければ遅いことは知っている。これは培養に限った話ではない。だから温度条件をかえて成長を早めたり，遅くしたりするということは広く行なわれていることであった。したがって，この技術についてはとくに個人を特定して，その人の研究が第一歩であったというべきものは見当たらない。

　最近では成長抑制物質の利用も知られており，アブシジン酸（ABA），ダミノジッド，クロルコリンクロリド（CCC，→ p.45 図2.3.11），ウニコナゾールなどが低温による成長抑制と同様に利用されるようになっている。

2. 試験管内保存の方法

苗条原基の保存例　メロンの苗条原基を誘導した著者らの研究グループは，苗条原基の継代間隔を遅らせるために，BA1mg/l とショ糖3%を添加したMS液体培地で誘導したメロンの苗条原基を用い，培養温度（5℃，15℃，25℃），糖濃度（3%，10%），ABA濃度（0, 10mg/l, 20mg/l），処理期間（2日間，40日間）の4つを組み合わせた実験を行なった。その結果，5℃では生存できず，培養温度15℃，糖濃度3%，ABA濃度10mg/l，処理期間40日間の培養条件下でもっともよい結果となった（鈴木ら，1991，図5.1.1, 2）。この方法を活用することで苗条原基の継代間隔を2～3週間から5～6週間に延長することが可能になったのである。

幼植物の保存例　無菌植物を低温下（5～10℃）で培養することにより長期間継代することなしに保存できることがイチゴ，ジャガイモ，キクなどで報告されて

図5.1.1　メロン苗原基の40日保存後の生育状態
（鈴木原図）
（培養温度15℃，ABA濃度10mg/l）

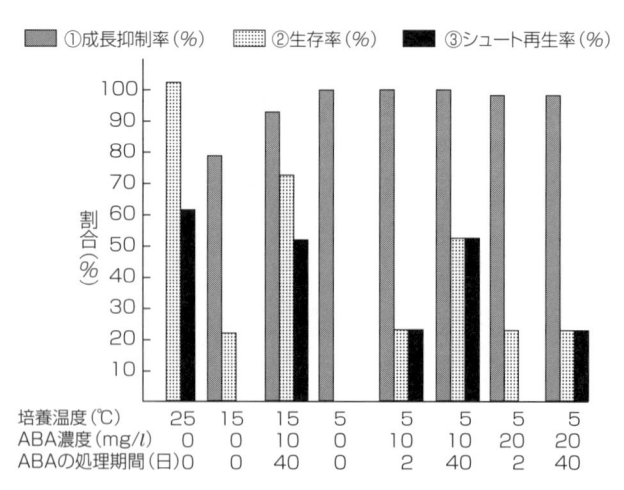

図5.1.2　メロン苗条原基の低温とABA濃度による中期保存（糖濃度3%の場合）
〔注〕①は処理後20日目，②③は処理後40日目のデータ
（鈴木ら，1991）

培養温度(℃)	25	15	15	5	5	5	5	5
ABA濃度(mg/l)	0	0	10	0	10	10	20	20
ABAの処理期間(日)	0	0	40	0	2	40	2	40

凡例：①成長抑制率(%)　②生存率(%)　③シュート再生率(%)

表5.1.1 各作物における成長抑制(試験管内保存)条件の例

植物種	培養(保存)部位	保存条件(温度・光)	その他の保存条件(培地成分など)
サツマイモ	節部(腋芽)	低温(15℃), 16時間日長	寒天1.6～2.4%, ショ糖0.5～1%, マンニトール添加, ABA添加
		室温(25℃), 16時間日長	
サトイモ	培養苗	低温(0℃/5℃), 16時間日長	ショ糖0%／ショ糖2, 3, 5, 8%
		低温(5℃/9℃), 暗黒	MS培地
ヤマノイモ	培養イモ	低温(5℃)	ポリ袋(MS培地+ジベレリン)
ジャガイモ	節部(腋芽)	やや低温(20℃)	マンニトール添加, ショ糖3～9%
		低温(6℃), 16時間日長	マンニトール2%+ショ糖4%
フキ	幼苗	低温(0℃), 暗黒	ショ糖2%
		低温(5℃), 室内光	
ワケギ	茎頂	低温(4℃), 11～24時間日長	
ワサビ	培養シュート	低温(0℃), 暗黒	
アスパラガス	節部(腋芽)	低温(10℃), 暗黒	
イチゴ	幼植物	低温(5℃/20℃), 8時間日長	マンニトール添加
ナシ	培養シュート	低温(5℃), 8時間日長	10%ショ糖, 1/4MS, ウニコナゾール添加

〔注〕上記は抑制条件の一例であり，抑制の程度，保存の期間などは植物種，品種，保存条件などによりさまざまである

(下西, 2002)

いる。しかし，この方法では低温培養する施設が必要である。そこで，室温で保存する研究が行なわれている。フキの優良種苗の中期保存では，未展開葉を1枚含む長さ1cmのシュートを中断し，1カ月後に発根した幼植物の保存には，ショ糖を5%に高め，ABA濃度を3.0mg/l添加したMS培地で1年間の保存が可能であったとしている（岩本ら，1991）。著者もダリアのウイルスフリー株の先端1節をカイネチン5～10mg/l，ショ糖3%を添加したMS培地に移植し培養すると，20℃，16時間照明の培養室で1年間保存できることを経験している（江面，1991）。

このように試験管内保存技術では，対象とする作物の種類ごとに最適条件が異なっているが，低温と高濃度の糖を基本に，ABAや数種の成長抑制剤を組み合わせた方法が実施されている（表5.1.1）。

3. 試験管内保存技術の実力

(1) 冷蔵貯蔵の長期化—アスパラガス—

アスパラガスでは計画的な種苗生産システム確立の一環として，不定胚の冷蔵貯蔵が行なわれている。9cm ϕ シャーレに 30ml の MS ホルモンフリーの培地を入れて誘導した不定胚を，そのシャーレのまま 4℃ で保存したところ，8 カ月間の貯蔵が可能であったという（中島ら，1992）。8 カ月間貯蔵した不定胚の発芽率は 80% で，貯蔵する前よりも幾分高くなり，しかも再生植物の形態や染色体数の変異は認められなかったとしている。

しかし，別のグループでは同じアスパラガスの不定胚誘導カルス（EC）を用いた低温培養を行ない，4℃ では低温障害を受けて 6 カ月後には完全に失活したこと，7℃ の保存が適当で 7 カ月間以上保存可能であったことなどを報告しており（甲村ら，1993），保存する不定胚の状態によって耐えられる温度条件は異なるようである。

(2) ハードニングの効果—サトイモ—

サトイモの茎頂や茎頂近傍組織の保存では，ホルモンフリーの 1/2MS 培地に置床して 10℃ で 10 日間ハードニング（あらかじめ耐凍性を付与するための前処理，硬化処理ともいう）を行なったのち，5℃ 暗黒条件下で保存したところ 120 日間以上の試験管内保存が可能であったという（望月ら，1993）。なお，ABA（10ml/l）の添加効果についてははっきりした結果が出なかったので，さらに検討を加えてより長期的に貯蔵可能な方法を展開したいとしている。

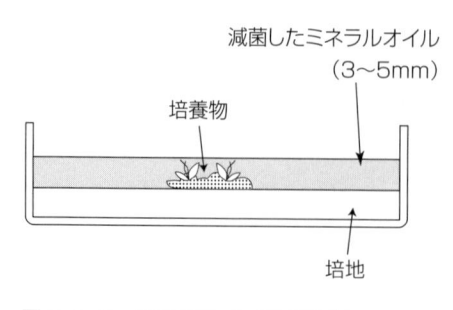

図 5.1.3 ミネラルオイル重層法

(3) ミネラルオイル重層法の効果—ヤマイモ—

ヤマイモについては，1cm 幅の節苗

表5.1.2 ミネラルオイル重層処理による熱帯原産ヤマイモ
（ダイショ）の低温（10℃）保存

(高木ら，1994)

貯蔵温度	生存率（％）	
	コントロール区	パラフィンオイル区
25℃	100	100
10℃	25	100
5℃	0	0

を用いて保存実験をしたところミネラルオイル（パラフィンオイル）重層法（図5.1.3）と低温による保存が効果的であることが示された（高木ら，1994）。この実験では，熱帯原産ヤマイモのダイショは，10℃保存のコントロール区で生存率25％だったものが，ミネラルオイルの重層処理によって生存率が100％に高まったのである（表5.1.2）。このミネラルオイル重層法は代謝の抑制によって，熱帯・亜熱帯性植物にある程度の低温耐性を付与するのに有効な技術のようである。

4. 今後の方向—技術の適用・応用の視点—

①多様な植物種で1年間を超える試験管内保存技術が開発されよう。そのためには培養物の呼吸を抑え，代謝活性を抑えることが基本となる。低温耐性や乾燥耐性にもともと大きな差がある植物の種類に対応した対策がたてられるだろう。

②低温保存するためのいろいろな前処理が成果をあげるだろう。前述のハードニングやミネラルオイル重層法の開発がそれである。ポリエチレングリコールなどの高分子化合物やアルギン酸カルシウムの皮膜処理法などによる呼吸抑制なども前処理法の1つとして試みられるようになろう。

③中期保存法した無菌植物の大量増殖法が必要である。中期保存法はウイルスフリー株の原々株の保存に使われる機会が多いだろう。そのため保存株は必要に応じて大量増殖する必要が生じる。著者らが中期保存したダリアの無菌植物は，保存後に急速増殖が可能であり，必要に応じて大量のウイルスフリー株の供給が可能であった（江面，1991）。

2 凍結保存（培養物の長期保存）

　植物の組織や細胞を凍結させて，必要なときにいつでも取り出して再生させることができれば，それは遺伝資源の半永久的保存として大変有用である。

1. 小史―技術の出発点―

　動物の精子や卵子の保存に比べると，植物の培養物における凍結保存の歴史は浅い。動物での成果に学ぶ形で，植物の凍結保存の研究は進んだ。植物ではカーネーションの茎頂を凍結保存し，それから植物の再生に成功した報告が最初である（Seibert, 1976）。その後イチゴ，エンドウ，ジャガイモ，アスパラガスなどの成功例が相次ぎ，現在では60を超えた植物種で保存が可能となっている（酒井，1990）。

　わが国では，北海道大学低温科学研究所で樹木の耐凍性の研究をしていた酒井昭教授が先駆者となって，植物の凍結保存研究をリードしてきた。そして当初のプログラムフリーザーを用いた予備凍結法から順次，乾燥によるダイレクトな凍結保存，ガラス化法（ビトリフィケーション法ともいう），ビーズ乾燥法などの開発にかかわり，この30年間に凍結保存の世界は，より簡便で確実な方法へと前進してきた。

　当初の難凍結種子（リカルシトラント種子）に対する考え方も大幅に変わりつつあり，熱帯や亜熱帯原産の作物の茎頂や種子，木本性植物の茎頂などの凍結保存も順次可能になってきた。

2. 凍結保存の方法

　従来から一般に用いられていた予備凍結法の流れを基本として，最近相次いで発表されている，その簡便法としてのガラス化法，ビーズ乾燥法についての改良ポイントを示した（図5.2.1）。植物の種類や品種によって最適な処理濃度や時間に違いがみられるが，全体として植

2 凍結保存（培養物の長期保存）

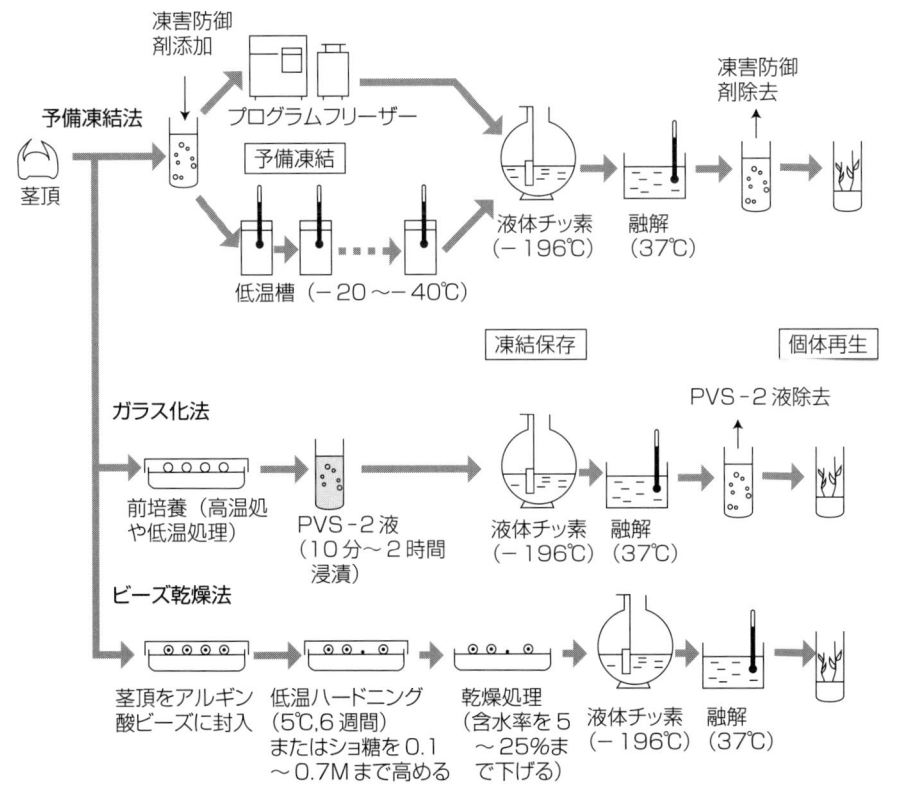

図 5.2.1　凍結保存の流れ図

表 5.2.1　PVS-2 液組成　　（Sakai, 1990）

グリセリン	30%（w/v）
エチレングリコール	15%（w/v）
DMSO（ジメチルスルホキシド）	15%（w/v）
ショ糖	0.4 M

〔注〕浸漬時間は 10, 20, 30, 40 分など，植物の種類によって異なる

物の凍結保存技術は，「誰でも簡便にできる方法」の確立に向かっているといえる。

とくに改良法として，多くの植物でその適応の可能性が報告されているガラス化法（Sakai, 1990）のポイントは，ガラス化液 PVS-2 液（表 5.2.1）の開発である。この液の作用で培養物の脱水が進行するので，液体チッ素に直接投入しても大きな結氷を回避できるのである。

3. 凍結保存技術の実力

(1) 茎頂以外の凍結保存の進展

　メロンの不定胚や苗条原基を誘導した著者らは，これらを凍結保存して，半永久的に保存する方法を検討した。当初は不定胚や苗条原基の凍結保存の成功例はほとんどなかったので，予備凍結法の適用を図り，不定胚，苗条原基とも石川らが開発した凍結防御剤 CSP1 液（表5.2.2）を利用することで生存率が高まることを明らかにし（庭田ら，1991；小川ら，1991），さらにその改良法として不定胚の乾燥法による凍結保存の方法も明らかにした（Shimonishi ら，1991）。

　その後，愛知農試ではメロンの苗条原基のガラス化法による凍結保存を試み，0.3M ショ糖液で 1 日前処理したのち，CSP1 液に 20 分，PVS-2 液に 40 分浸漬することで，80％の生存率を確保することができたと報告している（小川ら，1993）。このようにメロンの不定胚や苗条原基を用いた凍結保存技術は急速に進展し，従来の予備凍結法に加えて，簡便法が可能になった。

表5.2.2　CSP1 液組成
（Ishikawa ら，1991）

ショ糖	10%（w/v）
DMSO	10%（w/v）
グリセリン	5%（w/v）

〔注〕浸漬時間は 30 分が基本

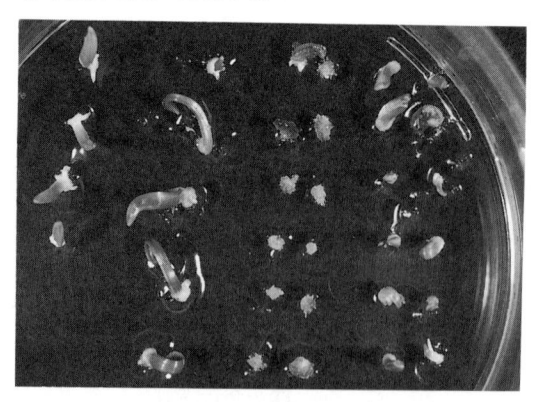

図5.2.2　凍結保存 30 日後のニンニク茎頂からの再生状態　　（庭田原図）
〔注〕左から 1 列目：無処理，同 2 列目：PVS-2 液浸漬不凍結，同 3・4 列目：予備凍結法による凍結保存後，右 2 列：ガラス化法による凍結保存後の状態

(2) ガラス化法および簡易法の成功

　わが国で凍結保存技術の開発を推進してきた酒井教授は，自ら開発した PVS-2 液を利用したガラス化法や簡易法による木本植物の凍結保存を推進している。

ナシでは茎端を0.4Mソルビトールと1.25Mグリセリン液（凍害防御剤）に5℃，18時間浸漬したのち，さらに本液の0.6mlはいった2.0mlのクライオチューブに入れ，-30℃のフリーザーに1時間置き，そのまま液体チッ素に浸漬して保存した。この方法で急速融解した茎端からのシュート形成率は70%で，かつ供試したニホンナシ3品種，セイヨウナシ5品種のいずれの品種でも植物体が再生したのである（新野ら，1991）。

その後，チャ（倉貫ら，1991），ニンニク（庭田，1992，図5.2.2），シロクローバー（山田ら，1991）などでもガラス化法の成功が報告され，茎頂の凍結保存はプログラムフリーザーを用いない時代になってきた。

(3) ビーズ乾燥法の成功

農業生物資源研究所では茎頂をアルギン酸ビーズに封入して，それを乾燥処理して超低温保存に用いる方法を開発した。この方法では脱水前の前処理として低温での硬化処理（低温ハードニング＜cold-hardning＞，5℃，6週間）と培地のショ糖濃度を0.1Mから0.4Mさらに0.7Mと1日ごとに高めていく前培養が必要である。そのため，この方法は液体チッ素に浸漬するまでの時間が長くなる（7週間が必要）欠点がある。この克服のために，ショ糖濃度を高めた前培養を12日間だけですませて，液体チッ素に直接茎頂を入れたキウイフルーツでの報告がある（鈴木ら，1994）。このように凍結保存の簡便化はいっそう前進してきた。

4. 今後の方向―技術の適用・応用の視点―

①熱帯・亜熱帯性の植物種などへの適用が広がるだろう。熱帯・亜熱帯地域のイモ類は炭水化物供給源として重要な役割をもっているが，わが国では圃場コレクションとして保存されているにすぎない。地球的な食料生産を考える場合，この地帯のタロやヤムの資源の保存はきわめて大切な課題である。国際農業研究センター（沖縄）では，熱帯

産のヤムにはビーズ（包埋）乾燥法を，タロにはガラス化法（PVS-2液法）を用いて実験を行ない，タロでは実用に耐える生存率を得ている（高木ら，1994）。このように熱帯・亜熱帯性の植物種を用いた凍結保存は，今後おおいに取り組まれることになろう。

　②**液体チッ素を不要とする長期保存技術**が検討されよう。これはかなり思いきった話になるが，ビーズ乾燥法をさらに追究していくと，茎頂の種子化，それも乾燥した疑似種子の作出につながっていくと思われる。そのことは今，種子が低温条件で比較的長期間の保存が可能になっているように，ビーズに包埋された茎頂の水分が適度な乾燥状態に保たれ，皮膜が種皮の役割を担うなら，本物の種子なみの保存が可能となり，液体チッ素保存が不要になることも考えられよう。

　③**より簡便な保存法の開発**が進むだろう。ビーズ乾燥法は次節で述べる人工種子作成技術に深くかかわっている技術である。茎頂や不定胚を包埋した人工種子の利用可能な植物種は限られるので，前述した疑似種子の作出可能な植物種も限られる。したがって，大半の植物での保存は凍結保存技術が中心になるので，ガラス化法やビーズ乾燥法などの「簡便な凍結保存技術」の開発は今後ともおおいに進展すると思われる。

3 人工種子作成技術

　流通している種子そのものを変革してしまうかもしれない「人工種子」(synthetic seed) の概念は，農業分野や種苗界に限らず，幅広い分野に大きなインパクトを与えた。この技術は本当に種子の世界を変えるのであろうか。

1. 小史―技術の出発点―

　人工種子の概念を最初に提唱したのは，MS培地を開発したムラシゲ博士である。彼はカナダで1978年に開かれた第4回国際植物組織培養学会で「培養による大量増殖技術の農業の利用」について講演し，培養幼植物をカプセルに包んで保存して，圃場栽培に利用する可能性のあることを述べた。しかし，その後具体的な動きの伝わらないまま5年がたち，1983年に突然，アメリカのプラントジェネティック社がセルリーやニンジンの人工種子の特許申請を行ない，人工種子は一気に眼前に現われたのであった。

　わが国ではキリンビールがプラントジェネティック社と資本提携して，技術開発に乗り出し（1985, 図5.3.1)，NHKテレビが「世界の種子戦争」の中で人工種子を取りあげ (1988)，そのイメージが大きくふくらんだのであった。

図5.3.1　人工種子から発芽したセルリー
（キリンビール提供）

2. 人工種子作成の方法

　人工種子とは，「将来植物となりうる培養物を人工膜で包んだカプセル種子」(鎌田, 1985) である。本物の種子に似た構造をしており，中心部に植物再生可能部分（不定胚や小さく分断さ

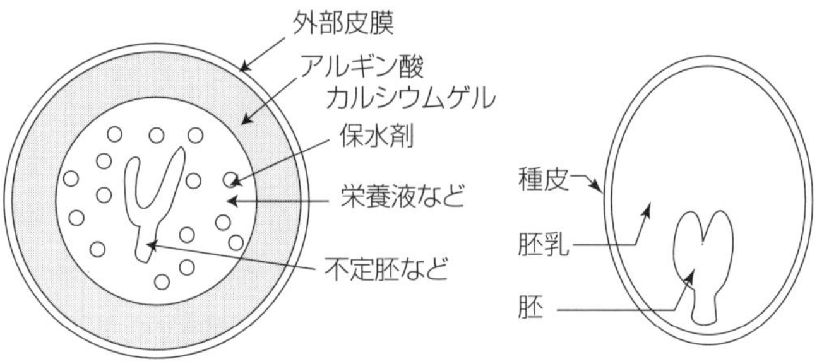
外部皮膜
アルギン酸
カルシウムゲル
保水剤
栄養液など
不定胚など
種皮
胚乳
胚

図 5.3.2　人工種子(左)と本物の種子(右)の基本構造

れた不定芽など）を含み，そのまわりを適当な養水分と高分子のゲルで包み，最外層をゼラチンなどの薄膜で保護したものである（図5.3.2)。高分子ゲル中には弱毒ウイルスや有用微生物，成長促進物質や成長抑制物質などを混入することが可能であり，本物の種子にない機能を付与することができると考えられている。

この定義でわかるように，人工種子作成技術はまったく異なった2つの側面をもつ。1つは芽になる培養物の誘導技術であり，ほかの1つはカプセル化技術である。

(1) 芽になる培養物の誘導技術

人工種子の核となる「芽になる培養物」の特性としては，均一な発育ステージのものが遊離した状態で，大量に得られることが必要である。この条件をすべて満たしうるものが不定胚である。本物の種子がその中心に胚をもつように，人工種子も中心に不定胚をもつものである。したがって，ここで必要な技術は不定胚誘導技術そのものである(→ p.105)。不定胚誘導の可能な植物種は100を超え，当初はニンジンやアルファルファしか知られていなかったプロトプラストからのダイレクトな不定胚誘導がイネやメロンでも可能になってきた（→ p.176)。今後の大きな課題は，不定胚の発育ステージを同程度に合わせる同調化技術の開発と，外植体からのダイレクトな不定胚誘導技術の確立である。

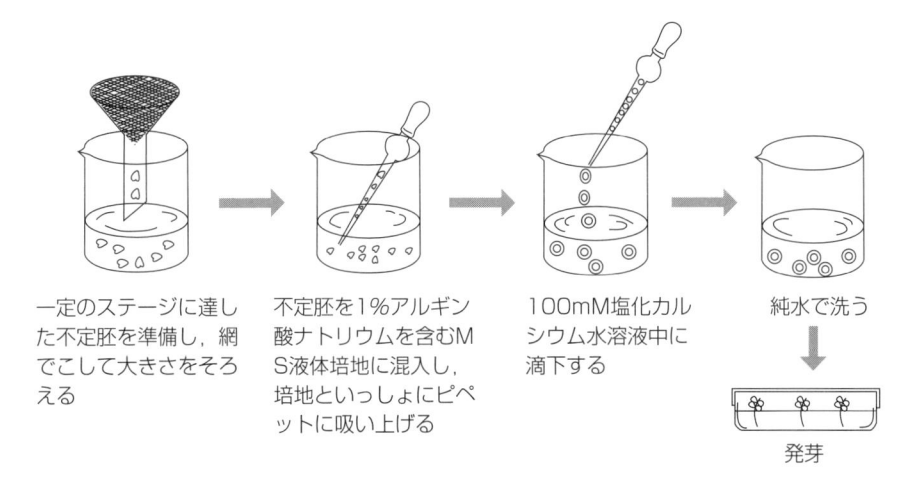

図中テキスト：
- 一定のステージに達した不定胚を準備し，網でこして大きさをそろえる
- 不定胚を1%アルギン酸ナトリウムを含むMS液体培地に混入し，培地といっしょにピペットに吸い上げる
- 100mM塩化カルシウム水溶液中に滴下する
- 純水で洗う
- 発芽

図5.3.3　人工種子の簡易作成法（メロン不定胚の場合）　　　　（大澤原図）

(2) カプセル化技術

　人工イクラなど，食品関連の固定化やカプセル化技術は目覚ましく進歩している。人工種子のカプセル化技術も基本的にはこれらの技術を利用したものである。プラントジェネティック社の特許申請書によると，アルギン酸カルシウムゲル法のほかにグアーガム，カラギーナン，イナゴマメゴム，ゼラチンなど多くのカプセル剤が利用可能であると記載されている。しかし，現在実施されている人工種子の実験は，ほとんどがアルギン酸ナトリウムと塩化カルシウムの反応によってできるアルギン酸カルシウム（ゲル）を利用したものである（図5.3.3）。アルギン酸は海藻から得られる細胞間粘質多糖類で，培養細胞に対する毒性はほとんどなく，適度な強度をもち固定化酵素の担体や培地の固定化剤としても利用されている。

3. 人工種子作成技術の実力

　人工種子に関する学会発表は最近，沈静化している。当初は大きな期待がもたれたが，実用化レベルに達していない。

(1) 発芽力が徐々に高まる

　当初はせいぜい10％程度だった人工種子の発芽力が，今では50％を超えるようになっているという。人工種子の発芽力には，不定胚などの封入物そのものの発芽力が低いという問題と，カプセル化したことによって発芽力が低下するという問題の2つの側面がある。後者の問題はカプセル剤の改良や植物ホルモンの封入によって大幅に改良されてきた。そして遅い歩みだった前者の問題も，不定胚誘導の後期にABAやジベレリンを処理すること，あるいは乾燥処理をすることなどで不定胚の発育を正常に進めることができるようになってきた。この点については，今後不定胚から植物体再生過程の生理学的な解明が進むと飛躍的に向上するものと考えられる。

(2) 普通の土でも発芽する人工種子に向かう

　人工種子には発芽促進のために糖やビタミンなどの有機栄養分を封入しているため，カビやバクテリアが容易に繁殖してしまう。そこで抗菌剤や抗生物質などを封入しても，普通の土に播種できるほどの効果はなかった。そのため，人工種子の発芽試験は無菌条件下で行なわれていたのである。この点を克服するため，帝人では，「カプセル剤としての被膜に抗微生物活性を有する高分子膜（ポリオルガノシロキサン膜）を被覆することによって，ニンジンの人工種子を普通の土壌中に播種して発芽・生育させることができた」と発表している（帝人特許広報，1988）。このような成果は実用化にとって必要な研究である。

(3) 保存期間が伸びつつある

　今までの人工種子は，低温水中で保存されてきたが，4℃の冷蔵庫で約30日間の貯蔵がせいぜいであった。ここが人工種子の最大の難点であった。本物の種子が乾燥種子であるのに，人工種子は水中に保存されている種子であるという根本的な違いがあったのである。この難点の克服にとっては，不定胚の乾燥処理と植物体再生の研究が進むことが重要である。不定胚の乾燥耐性は，胚の発育状態，乾燥速度，

ABA処理時期，樹脂による包埋処理などが重要な要因であることがわかってきた。茎頂の保存には，高分子化合物の皮膜処理やビーズ乾燥法（→ p.125）が効果的であった。このような研究がさらに進めば，人工種子の長期保存が可能になっていくと思われる。

4. 今後の方向―技術の適用・応用の視点―

これまでみたように人工種子作出技術の進展はおおいに認められるが，この技術は本物の種子の世界と肩を並べるものではない。

①人工種子は「コインロッカー」として使われるだろう。芽になる培養物としては不定胚だけでなく，多芽体やPLB，苗条原基などの利用も考えられ，そのことによって人工種子の利用可能な対象作物は一挙に拡大する。しかし，その場合の人工種子は「種子と考えない」ことが大切である。人工種子は今後，貴重な植物の一時預かり所（コインロッカー）として使われる可能性があると思われる。

②付加価値の高いものだけが人工種子として利用されるだろう。わざわざ手の込んだ人工種子にして意味のあるものは，人工種子にしなければ保存のできないものか，あるいはそれだけ付加価値の高いものかのいずれかである。今後は，植物バイテクから多様な価値をもつ新植物が生まれる可能性も高く，人工種子による保存はそれらの植物の採種や形質の固定といった多くの問題を解決する道になりうる。

③セル苗生産やバイオナーサリーシステムの中で生かされるだろう。セル苗は急速に普及しており，バイオナーサリー（バイオテクノロジーと結びついた種苗生産の高度システム）やその延長線上の植物工場による野菜生産が広がりつつある。それらの一部に人工種子の利用システムが導入される可能性がある。その場合の人工種子は，今までの1粒1粒バラバラのものだけでなく，カプセル剤，コーティング剤などの改良によって，テープ方式やシート方式など多様な形態が考案されてくるだろう。

> **コラム**

ダメだと思った葯から不定胚が！

　著者らは，ナスの葯培養に取り組んでいたことがある。半身萎凋病というナスの重要病害に対して耐性を示す育種素材を，細胞選抜技術を使ってつくり出そうという研究であった。体細胞不定胚経由で再生した植物体に病原菌を直接接種し，生き残る個体を選抜した。この選抜した植物体を遺伝的に固定しようと葯培養に取り組んだ。

　当時，文献情報的にはナスの葯培養による半数体作出，倍加半数体作成という一連の技術は確立された技術であった。したがって，著者らも順調に半数体が作成できるはずであった。マニュアルに従って，開花前の蕾から葯を取り出し，培養を開始した。毎日，培養中の葯の様子を観察した。ところが，葯基部にある花枝の連結部分にわずかにカルスが形成されたのみで，葯はみるみる褐変してしまった。もうダメかと思い，忙しかったこともあって培養物をそのまま培養室に放置しておいた。

　それから，どのくらいたったか記憶が定かではないが，培養物を片付けようと培養びんを覗いてみると，褐変した葯が割れて，真っ白な小さい塊が飛び出してきていた。驚いたことに，よくよく観察してみると，魚雷型の不定胚であった。葯培養によるナスの不定胚再生を実体験としてはじめて経験した瞬間であった。その後も，次々に褐変した葯から不定胚が飛び出してきた。これらの不定胚を植物ホルモンを加えていない培地に移植すると，発芽し，見事に植物体が再生できた。フローサイトメーターで倍数性を確認してみると，得られた植物体はほとんど半数体であった。

　この経験を通して，頭で考えてできることと実際にそのことを自分ができることの間に大きな開きがあることを改めて感じた。同時に，あきらめずに粘り強く観察することの大切さを改めて知らされた経験でもあった。

第6章 植物育種技術

ここでは植物バイテクによる育種技術を大きく7つに分類し，章の前半では胚培養，葯培養などのいわゆるオールドバイテクについて述べる。現実の育種の場面で定着し，私たちが手にすることのできる多くの新品種（新作物）は，これらの技術から生まれている。後半では，細胞融合技術や遺伝子組換え技術などのいわゆるニューバイテクについて述べる。最近，利用場面が拡大している個体識別技術については，別立てにして第7章で述べる。

1 胚培養，胚珠培養，子房培養

1. 小史―技術の出発点―

育種の出発点は今でも，交雑によって両親の雑種をつくり，変異の幅を広げることである。そのため，交雑により雑種胚を獲得し，それを上手に育てることが重要になる。ところが，両親の組合せによっては雑種胚が正常に発育しない場合も多い。とくに栽培種と野生種との交雑や種間または属間の交雑では，その現象（交雑不和合性）が起こりやすい。このことは植物の側からみれば当然のことである。つまり，自分の仲間以外の遺伝子が勝手にはいり込んできては「種としての独自性」が保てないからである。このような自己と他を区別する隔離機構によって，イネはイネ，メロンはメロンとしての種が維持され，植物の分類も成り立ってきたのである。

最初の胚培養　この隔離機構としての雑種胚の発育不全は，胚と周辺

図 6.1.1 ユリ幼胚からの茎葉・根の伸長
（浅野原図）

組織との発育のアンバランスによって生じる胚の退化現象であることがわかってきた。そこで，雑種胚だけを切り離して育てること（胚培養，embryo culture）で胚の退化を防止できるのではないかと考えられたのである。

胚培養による雑種胚の退化防止は，植物バイテクの中でもっとも古い歴史をもち，最初の論文はトマトの野生種（ペルビアナム）の病気に強い性質を栽培種に導入しようとした実験で，今からちょうど60年前であった（Smith，1944）。この成功を機にその後相次いで多くの植物を用いて胚培養が行なわれ，すでに100種を超える植物での成功例が報告されている（Dunwellら，1986；大澤，1988，図6.1.1，表6.1.1）。

さらに，雑種胚の摘出が困難な場合に，雑種胚を含む胚珠を取り出して育てる胚珠培養（ovule culture）や雑種胚を含む子房組織を直接培養して中にある雑種胚を育てる子房培養（ovary culture）技術も開発され，雑種胚を救出する培養技術の適用範囲が広がっている。

わが国での取組み わが国ではイネを用いた胚発育の基礎的研究が，農林省農業技術研究所（当時）の雨宮ら（1953〜1957）によって行なわれ，その成果がおおいに活用された。野菜を用いた最初の成功は，キャベツの強健性をハクサイに導入しようとしたハクラン育成の実験であった（西ら，1959，図6.1.2）。当時，キャベツはカンラン（甘藍）と呼ばれており，ハクサイとカンランの雑種植物であることを示す「ハクラン」との呼び方が定着した。

著者の植物バイテクは，このハクラン育成のための胚培養技術の改良からはじまったものであり，西貞夫室長（当時，→ p.147）のハクランにかける情熱に動かされながら，日夜無菌室で操作を続けたこと

表 6.1.1　胚培養による雑種個体の作出例

(大澤, 1988；江面, 2005 追加)

作物種		組合せ	研究者(年次)
ナ ス 科	トマト	栽培種×野生種	Smithら(1944)*, 今西ら(1984)
	ナス	栽培種×野生種	Sharmaら(1980)
	ナス	栽培種×トルバム	酒井ら(1985),
	トウガラシ	栽培種×野生種	Fārisら(1983),
アブラナ科	ハクラン	ハクサイ×キャベツ	西ら(1959)*, 位田ら(1987)
	ダイコン	ニグラ×ダイコン	松澤ら(1983)
	ナタネ	ナタネ×カラシナ	Bajajら(1986)
	カラシナ	カラシナ×野生アブラナ	Mohapatra(1987)
	千宝菜	コマツナ×キャベツ	永野ら(1987)
	ナタネ	ナタネ×野生種	Liら(1995)
	ダイコン	ダイコン×野生種	Bangら(1996)
	カラシナ	カラシナ×ナタネ	Zhangら(2003)
ウ リ 科	カボチャ	ペポカボチャ×日本カボチャ	Wall(1954)*
	メロン	メロン×野生種	Norton(1980)*
	野生メロン	野生種×野生種	Fassuliotisら(1986)
	カボチャ	ペポカボチャ×野生種	Metwallyら(1996)
マ メ 科	インゲン	インゲン×野生種	Honmaら(1955)*, Hullら(1985)
	インゲン	インゲン×野生種	Belivanisら(1986)
	ササゲ	ササゲ×野生種	Fatokun(1987)
	リョクトウ	リョクトウ×クロマメ	Vermaら(1986)
	ダイズ	ダイズ×野生種	Singhら(1987)
	ピーナツ	ピーナツ×野生種	Mallikarjunaら(1986)
	アルファルファ	アルファルファ×野生種	McCoyら(1986)
	クローバー	クラクローバー×シロクローバー	Yamadaら(1986)
ユ リ 科	ユリ	キカノコユリ×リーガルユリ	Skirm(1942)*
	ユリ	テッポウユリ×スカシユリ	尹ら(1987)
	ユリ	テッポウユリ×キカノコユリなど	Asano(1982)
	タマネギ(ネギ)	タマネギ×ネギ	Dolezel(1980), Ohsumiら(1993)
	アサツキ	タマネギ×アサツキ	Yurievaら(1984)
	ラッキョウ	ラッキョウ×タマネギ	Nomura(1994)
	ラッキョウ	ラッキョウ×ネギ	Nomura(1994)
	ネギ	ネギ×ニラ	Kobayashiら(1997)
イ ネ 科	イネ	イネ×野生イネ	Nakajimaら(1958)*
	ライコムギ	コムギ×ライムギ	Redei(1955)*, Raina(1984)
	ライオオムギ	オオムギ×ライムギ	Wojciechowska(1984)
	オオムギ×コムギ	オオムギ×コムギ	島田ら(1985)
	コムギ×オオムギ	コムギ×オオムギ	木庭ら(1987)
そ の 他	ホウセンカ	ホウセンカ×近縁種	Arisumi(1980)
	ワタ	ワタ×野生種	Thenganeら(1986)
	ヒマワリ	ヒマワリ×野生種	Chandlerら(1983)
	ツバキ	ツバキ×金花茶	Yamaguchi(1987)

〔注〕*印を付した古典的研究例を除くと、比較的最近の論文をまとめたものである。この表以前の胚培養の研究例はRaghavan(1997)、Collinsら(1984)、Huら(1986)の総説を参照されたい

図6.1.2　ハクランとその両親　　　（大澤原図）

図6.1.3　'清見'の果実

が思い出される（→ p.147）。
　このハクランの成功を契機にわが国でも多くの実験が重ねられ，ユリの'パシフィックハイブリッド'（カノコユリ×サクユリ，1966），カンキツの'清見'（温州ミカン×オレンジ，1979，図6.1.3），ペラルゴニウム種間雑種の'ミント・ドリーム'（1986），コマツナ的な新葉菜「千宝菜」（コマツナ×キャベツ，1987），ユリの'ロートホルン'（テッポウユリ×スカシユリ，1988）などの新品種（新作物）が相次いで生まれ，商品化されたのである。その後も胚を救済するための胚培養，胚珠培養，子房培養は盛んに取り組まれ，多くの新品種が生み出されている。

2. 胚培養・胚珠培養・子房培養の方法

　胚培養には「受精した胚」が存在しなくてはならない。受精しているにもかかわらず，胚がなんらかの事情で死滅してしまう場合に胚だけを摘出して培養したり，胚だけの摘出が困難な場合には，胚を包み込んでいる胚珠や子房の状態で培養したりして胚の発育を促すのがこの方法である。

胚発育のプロセスと胚の摘出　胚培養で新しい組合せの雑種植物を作出しようとする場合には，両者を交配して交配後何時間で受精にいたるのか，受精後何日目にどのくらいの大きさの胚に発育するのか，そしていつ退化がはじまるのかという胚発育のプロセスを明らかにして

おく必要がある。

　胚発育のプロセスの一例として，著者らが明らかにしたメロンの自殖胚の発育経過をみると，受粉後まず子房の肥大が起こり，胚の発育は大幅に遅れて進行し，顕微鏡下で胚としては確認できる大きさである0.1～0.2mmの球状胚に発育するには受粉後2週間が必要であった（→ p.36）。

　また，ハクランの胚の発育は，雌親の違いによる差が明白であった。すなわち，ハクサイが雌親の場合は，交配20日後に胚の退化がはじまったので，その直前に0.1～0.4mmの胚を取り出した。キャベツが雌親の場合は交配30日後に胚の退化がはじまったので，0.4～1.0mmにまで発育した胚を取り出すことができた（図6.1.4）。

胚の発育促進　植物ホルモンの種類やバランスが技術の主役になることの多い植物バイテクの中で，胚培養では植物ホルモンは脇役であり，用いられないことが多い。つまり，胚培養は本来それ自体で発育し植物体を再生しうる能力をもつ胚の発育を「サポートする」のが任務の培養法だからである。ハクランの育成には，MS培地が発表される以前だったこともあって，ホワイトの培地が用いられた。これは，MS培地に比べて全体として低濃度の培地といえるものであり，植物ホルモン類は無添加であった。供試する品種の組合せによっては，

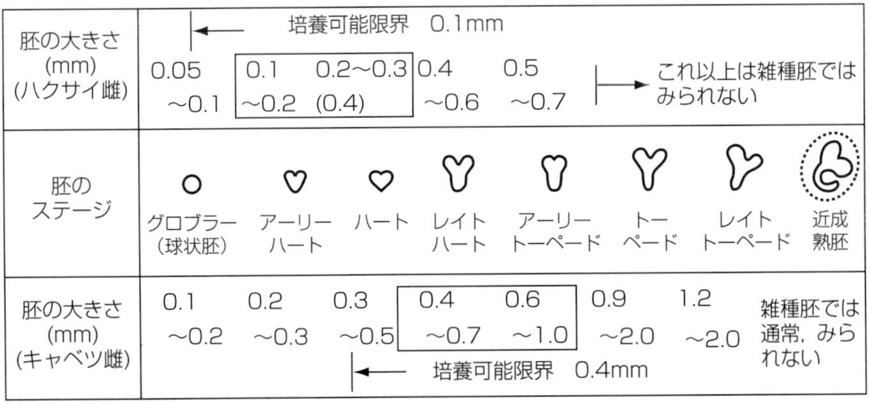

胚の大きさ (mm) (ハクサイ雌)	0.05～0.1	0.1～0.2	0.2～0.3 (0.4)	0.4～0.6	0.5～0.7	これ以上は雑種胚ではみられない		
		←培養可能限界　0.1mm						
胚のステージ	○ グロブラー (球状胚)	♡ アーリーハート	♡ ハート	♡ レイトハート	♡ アーリートーペード	♡ トーペード	♡ レイトトーペード	◎ 近成熟胚
胚の大きさ (mm) (キャベツ雌)	0.1～0.2	0.2～0.3	0.3～0.5	0.4～0.7	0.6～1.0	0.9～2.0	1.2～2.0	雑種胚では通常，みられない
				←培養可能限界　0.4mm				

図6.1.4　ハクランの雄親の違いによる胚のステージ別大きさと形状　（西，1982より）
〔注〕□内は大部分の胚の大きさを示す

0.1〜0.2mm 程度の小さい胚しか摘出できず，その場合には YE（イーストエキストラクト，酵母抽出物）の粉末を 200 mg/l 添加することで胚の発育を促した。

倍加処理 さらにハクランの育成では，胚培養によって育成した植物体がハクサイ（2n = 20 本の染色体数）とキャベツ（2n = 18 本の染色体数）の雑種で 2n = 19 本の染色体数の植物になるため，そのままでは正常な減数分裂ができず，次代の種子を得ることができないため，染色体の倍加処理が不可欠であった（図 6.1.5）。

倍加処理は，本数が 2〜3 枚展開してきたころの幼植物の頂芽部に，コルヒチン 0.05％液をたっぷりと浸み込ませた脱脂綿を置いて，2 日間のコルヒチンの補充により行なった。

雌親の選択 ユリの場合は雌親に用いる種類がとくに重要である。やみくもにユリ同士を交配しても雑種胚は得られない。たとえばテッポウユリを雌親にしてスカシユリの花粉を交配してやると雑種胚が得られるが，その逆では得られない。また，普通の受粉法で得られる胚は

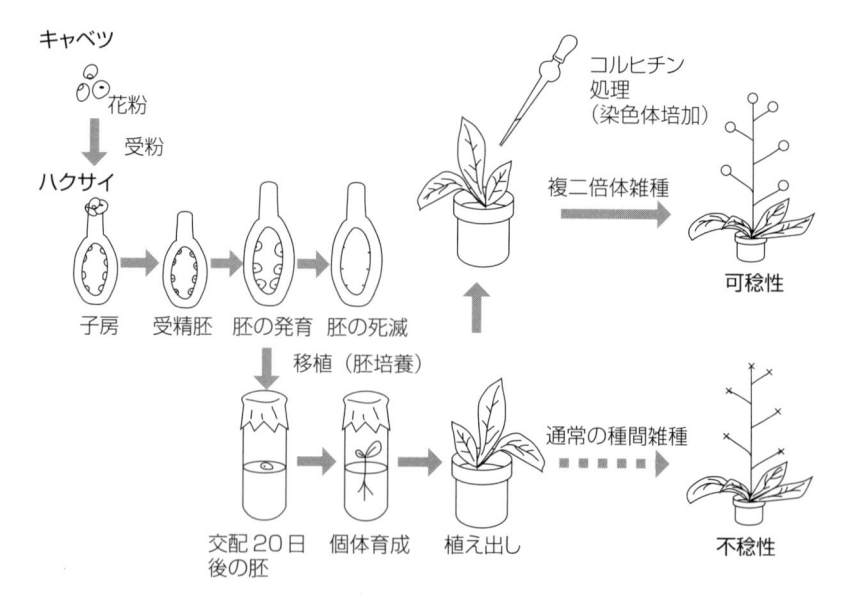

図 6.1.5　ハクランの育成経過とコルヒチン処理（ハクサイが雌親の場合）（西，1982）

1 胚培養，胚珠培養，子房培養 141

きわめて少なかったが，その克服のために花柱切断受粉法（Asanoら，1977，図6.1.6）が開発されて，ユリの胚培養による雑種植物の獲得は大きく前進したのである。

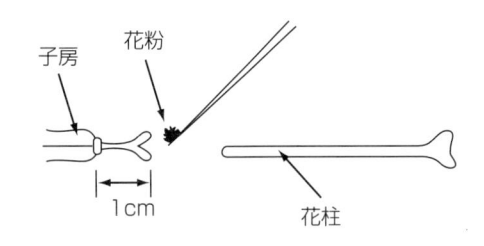

図6.1.6 花柱切断受粉法の模式図
（Asanoら，1977）

胚培養のポイント　胚培養は，本来なら正常な細胞分裂のできない雑種胚を発育させようとするのであるから，当然のことであるが，得られた雑種植物には次世代の種子が得られないことが多く，その後の繁殖や育種の片親に使えないことも多い。胚培養による雑種胚の救済は進んできたが，それが初期の目的を達して希望の形質をもったまま，新品種（新作物）として商品化できるのは，きわめて恵まれた組合せのものだけなのである。したがって，胚培養ではとくに，どの素材を組み合わせるか十分吟味することが重要になる。

また，胚培養を成功させるためには，それぞれの植物種に適合した受精促進法の開発も大切である。胚培養自体は摘出した胚が大きければ大きいほどその後の活着と生育が容易であるので，母体（胚珠）内で可能な限り大きく育てて，退化のはじまる直前に摘出するのがよいとされている。とはいえ，0.1～0.2mmのごく小さい胚しか得られないことも多く，その場合には培地へのCM（ココナツミルク）やCH（カゼイン加水分解物），YEなどの有機物の添加が効果を発揮することが多い。

3. 胚培養植物の実力

(1)「後半のばらつき」を克服できなかったハクラン

バイテク野菜第1号として40年余の歴史のあるハクランは今でも健在で，希望すれば普通に種子を購入することができる。まだまだ珍しさもあり結構根強い支持を受けており，'岐阜グリーン'，'セレタス'などが市販され，家庭菜園を中心に栽培されている。

図6.1.7　ハクランの育成圃場（野菜試）
（大澤原図）

とはいえ，育成者の西貞夫室長（当時）や，その育成の一端をになった著者らの期待したほどには新野菜として定着しなかったのも事実である。それにはいろいろな要因が考えられるが，著者は大きく2つあると考えている。その1つは，普通の状態では生まれ得ない種間雑種，とくに人為的に染色体を倍加した植物にみられる，「生育の後半における形質のばらつき」である。最初のハクラン育成後，十数年間におよぶ精力的な形質の固定，結球性の選抜を継続したにもかかわらず，新作物としての固定度が高まらず，最終的に20～30％ほどの不結球個体が残ってしまう欠点を克服できなかったのである（図6.1.7）。このことは，著者らの育種方法の限界または両親の組合せの限界などと考えられるが，この組合せの種間雑種のもつ宿命的な限界だったと考えざるを得なかったのである。

　もう1つの理由はハクランの「利用面での中途半端さ」である。著者らには煮物にしても漬物にしても，サラダにしてもロール巻きにしてもハクランはつねにおいしく食べられ，用途が広いと期待されたのである。しかし，一般の人々にとっては，煮物や漬物ならハクサイが，サラダやロール巻きにはキャベツがやはり向いていると思われてしまうのであった。ハクランという新ジャンルの野菜を育成することに全精力を注いでいた研究者のグループが，その実用化のための用途の開拓には十分に取り組めなかったとしても，それは当然のことだったと思う。

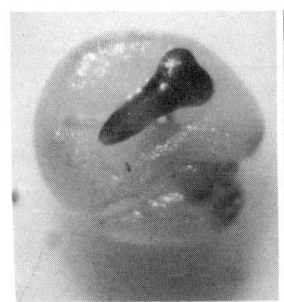

図6.1.8 千宝菜（左：幼胚，中：幼植物，右：荷姿） （永野原図）

(2)「ばらつく前の収穫」で成功した千宝菜

　先輩野菜ハクランの2つの限界を克服して商品化に成功したのが，バイテク野菜2号といわれる千宝菜である（図6.1.8）。これは1986年4月にトキタ種苗とキリンビール（植物開発研究所）が共同で発表したもので，コマツナとキャベツの種間雑種の胚培養とコルヒチン処理による染色体の倍加によって作出した新野菜である。コマツナはハクサイと同じ仲間に属する植物なので，組合せとしてはちょうどハクランの育成の場合と同じものなのである。したがって，千宝菜も生育の後期になると形質にはばらつきが認められるようになるが，この新野菜はコマツナと同様に若い葉を食用にするものであり，人間でいえば幼児期が収穫期にあたるため，形質のばらつく欠点を示すことなく収穫することになるのである。

　千宝菜はキャベツのもつ甘さの加わった夏場に強い緑色野菜として，岐阜県，広島県，埼玉県などの地域特産物として産地形成が認められている。とくにその利用法や栄養成分についても，料理学校や女子栄養短期大学などとも連携し，広島県経済連などの協力を得ながら着実に手を打ってきた点も見逃せない努力である（表6.1.2）。

(3) ユリ類・カンキツなどを中心に輩出される実用品種

　胚培養の中でもっとも実用化の進んでいるのがユリの仲間である。その中でもとくに'ロートホルン'は花柱切断受粉法を開発した浅野

表6.1.2　千宝菜と類似菜類の成分比較

(広島県経済連，1987)

野菜類＼成分	カルシウム (mg/100g)	鉄 (mg/100g)	βカロチン (μg/100g)	ビタミンB_1 (mg/100g)	ビタミンB_2 (mg/100g)	ビタミンC (mg/100g)
千宝菜	160	2.7	2,300	0.09	0.23	56
キャベツ(生)	43	0.4	18	0.05	0.05	44
コマツナ(生)	290	3.0	3,300	0.09	0.22	75
野沢菜(生)	140	0.6	1,400	0.06	0.11	50
広島菜(生)	120	0.5	1,400	0.04	0.09	32
ホウレンソウ(生)	55	3.7	3,100	0.13	0.23	65
山東菜(生)	75	0.4	50	0.03	0.06	20

〔注〕千宝菜は広島県経済連調べ，ほかは「日本食品標準分析表（4訂版）」による

博士がテッポウユリとスカシユリの雑種胚から育成したピンク色のテッポウユリで，すでにミヨシから市販され人気を集めた（図6.1.9）。そのほかにも，'チャームピンク'（カノコユリ×タモトユリ，野菜試験場，1987），'プリマ'（シンテッポウユリ×スカシユリ，滝沢農園，1990），'スイートメモリー'（カノコユリ×ヒメサユリ，新潟園試，1992）など，花色や形態に特徴のある有力な新品種が多数生まれている。

カンキツでも実用品種が生まれており，農林水産省の果樹試験場（興津支場）が1979年に命名した'タンゴール清見'（温州ミカン＜宮川早生＞×オレンジ＜トロビタオレンジ＞の胚培養雑種）は支持を広げ，佐賀県や和歌山県などを中心に産地が広がった（'清見'を親として'不知火'＜デコポン＞'はるみ'などの有望品種も育成された）。果樹試はその後も引き続き'スイートスプリング'（温州ミカン＜上田＞×ハッサク，1986）や南香（温州ミカン＜三保早生＞×クレメンティン，1989）などを育成している。

そのほかにも，中国野菜のサイシン×ブロッコリーの胚培養に

図6.1.9　ロートホルン　　　（浅野原図）

より生まれた'はなっこりー'(山口農試,1995)や,西洋カボチャ×日本カボチャの胚培養により生まれた雑種カボチャ(ミニカボチャ)'プッチィーニ'(図6.1.10,サカタのタネ,1998)などが商品化され定着している。最近5年間の種苗登録状況をみると,胚培養を利用してヤマノイモ(2品種),スターチス(1品種),ダイアンサス(10品種),モモ(1品種),ユリ(20品種),カキ(1品種),コムギ(2品種),トレニア(4品種),ナタネ(1品種),ツバキ(1品種),胚珠培養を利用してユリ(5品種),デルフィニウム(2品種),ダイアンサス(1品種),カーネーション(5品種),アルストロメリア(7品種),シクラメン(1品種),子房培養を利用してラッキョウ(2品種)で新品種が育成されている。今後とも商品化される新品種が胚培養,胚珠培養,子房培養から生まれる可能性は非常に高い。

図 6.1.10 雑種カボチャ'プッチィーニ'

このように胚培養によって生まれた植物は実用化の試練に耐えて生き残っており,そのポイントは「できた植物にどんな個性があるか」であり,「どんな両親を用いて胚培養するか」にカギがあると考えることができる。

4. 今後の方向—技術の適用・応用の視点—

胚培養は歴史が古いのでオールドバイテクの代表とされることも多いが,すでに触れたようにそのことは決して胚培養が過去の技術であることを意味しない。それどころか新しい素材での利用を図ることで,ますます輝きを増す技術であるといえる。

①胚培養,胚珠培養,子房培養などが新しい組合せで積極的に取り組まれるだろう。それはたとえば,ネギ×ニラ(高谷ら,1992),ラッキョウ×ネギ(Nomuraら,1994),日本ソバ×ダッタンソバ(李ら,1994),二倍体マスカットブドウ×四倍体マスカットブドウ(大森ら,1994),カーネーションの種間雑種(神田,1993),ユリのアジアティッ

クハイブリット×ヒメユリ（岡崎ら，1994）などであり，いずれもその雑種を獲得して育種的な利用場面の開発を図っている。また容易には雑種の得られない組合せには，ガンマー線照射花粉を用いた受粉や柱頭へのショ糖液などの散布が行なわれていたが（→ p.37 表 2.2.1），イオンビーム照射花粉を受精に用いることで，ガンマー線照射花粉とは違った形質の雑種が得られることが示された（山下ら，1994）。

②**雑種致死の克服についての情報が増えるだろう。**茨城県生物工学研究所ではナシに香りを付加する目的で，ナシにリンゴの花粉を受粉してある程度まで生育する雑種植物を育成した（図 6.1.11）。しかし，しばらく生育したあとにこの個体は雑種致死を示して，退化，枯死してしまった。このような雑種致死は種間雑種には広く認められるものであり，その克服に早急に取り組まなければならない。たとえばそれは，一度幼植物の葉を切断してカルス培養して克服した例（タバコ，1987），多芽体を誘導して雑種致死性を克服した例（タバコ，1994）などを利用することである。こうした具体例を解析することによって，植物の雑種致死性の発見とその克服について DNA レベルの変化としてとらえることができるようになるだろう。

図 6.1.11　雑種致死したナシとリンゴの雑種植物（幸水×ふじ）

コラム

バイテク野菜第1号「ハクラン」育成者—西貞夫博士と著者

　わが国のバイテク野菜第1号「ハクラン」の育成者である西貞夫博士は著者の恩師である。1967年3月，残雪の札幌をあとに，社会人としての第一歩を神奈川県平塚市に印した著者は，農林省園芸試験場蔬菜部育種第1研究室に赴任した。そこではじめて，眼光鋭い西貞夫室長に出会ったのである。そしてこの出会いがその後の著者の運命を左右することになった。

　海軍の零戦テストパイロットだった西貞夫室長は，その精悍な顔つきと言葉遣いから，まわりの人から一目も二目もおかれていた。ホッケーの日本代表としてインドを転戦したことのある本物のスポーツマンで，場内の大会ではいつも，蔬菜部サッカーチームの指令塔であった。

　いつも夜遅くまで研究室で論文や書類を書いておられ，実験で遅くなった著者ら，若い研究者に「ごくろう，ごくろう」といってビールをすすめ，飲み交わすことが多かった。そんなときに大学にはない，農林省の研究者の姿勢を学んできたのだと思う。

　室員として2，3年たったころ，著者は自分の能力のふがいなさに悩んでいた。ある日勇気を出して「研究者としての自分の能力に自信がもてないので転勤させてください」と申し出たことがあった。話を聞いていた西室長はしばらく間をおいて，ポツリと「大澤君，君には体力があるじゃないか。体力も能力のうちだよ」といわれたのである。不思議なことであるが，このひとことで若かった著者の頭の中からモヤモヤがスーッと消えていった。そのとき以来「研究から逃げるな。体力の限り研究に打ち込めばよいのだ」と自分自身を納得させることができるようになったのである。著者はその後2度と転勤を申し出ることはなかった。そして，その後の人生の中でくじけそうになったときはいつも，この西室長の「体力も能力のうち」のひとことを支えにしてきたのである。

2 葯培養，花粉培養，偽受精胚珠培養

　現在の植物育種ではF_1品種を作出する場合など，純系を効率的につくり出す技術が重要になっている。植物バイテクは，この純系作出にも大きな力を発揮している。従来の技術で純系を作出するには，対象となる系統の自殖を10代以上も繰り返す必要があり長い年月が必要であったが，培養技術の発達により半数性の細胞（花粉細胞や未受精卵細胞）から半数体植物の再生が可能になった。この半数体を倍加処理することで，純系が短期間に作出できるようになったのである。以下，半数体作出を目的に技術開発されてきた葯培養（anther culture），花粉培養（pollen culture）および偽受精胚珠培養（parthenogenetic embryo culture）について紹介する。

1. 小史─技術の出発点─

最初の葯培養　葯培養技術はインドのデリー大学の生理学者たちが，チョウセンアサガオで最初に報告した（Guhaら，1964）。葯内の花粉母細胞がどのようにして成熟花粉に発育していくかの研究をしていた彼らは，花粉粒の一部が培養過程で受粉した胚（embryo）と同じような形態を示すことを観察して，それに embryoid（胚のようなもの＝胚様体＜現在では花粉不定胚とも呼ぶ＞）という言葉を用いたのである。2年後にはこの胚様体から完全な植物体を再生させ，この植物が半数体（染色体が半分の植物）であることを報告し（Guhaら，1966），世界中の育種研究者を驚かせた。

世界各国での追試　世界各国でただちに追試と他作物での実験が進められ，2年後にはタバコ（中田ら，1968，図6.2.1），イネ（Niizekiら，1968）などでの成功例が日本から報告され，日本は葯培養研究の先進国となった。その後も重要な作物での成功例が相次ぎ，トマト（Gresshoffら，1972，オーストラリア），コムギ（欧ら，1973，中国），

ジャガイモ（Dunwell ら，1973，イギリス），アスパラガス（Pelletier ら，1973，フランス）などの報告が相次いだ．

これらの報告のうち，チョウセンアサガオとタバコの例だけに胚様体が認められ，他のほとんどの例はいったん花粉粒からカルスが形成され，そのカルスから不定芽が形成されて植物体が再生してくる半数体の育成であった．したがって，「葯培養による胚様体の誘導は例外的なものではないか」との認識が広がったのである．

技術の確立 1975 年にカナダから発表された1つの論文が，その認識を一変させた（Keller ら，1975）．彼らはアブラナ科作物の葯培養の培地に高濃度のショ糖（10%スクロース）とグルタミン（800mg/l）を添加したところ，胚様体が次々に生じるのを認めたのである．その後，彼らは高温前処理法や変温前処理法などを開発し，これらはアブラナ科作物（ハクサイ，キャベツ，ブロッコリー，ダイコン，ナタネなど）の葯培養，花粉培養はもちろん他の多くの作物でも活用され，葯培養実用化の基礎となったのである．

とくに中国では人海戦術で葯培養に取り組み，イネのカルス経由半数体植物を誘導し 1975 年から 1980 年の間に，イネの新品種'花育1号''花育2号'のほか，ナス，トウガラシ，タバコ，ハクサイなどで新品種が 28 品種も発表された．しかもイネの'花育1号'は，いもち病抵抗性，白葉枯病抵抗性，耐倒伏性

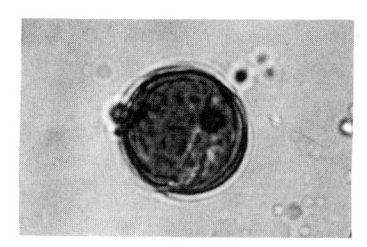

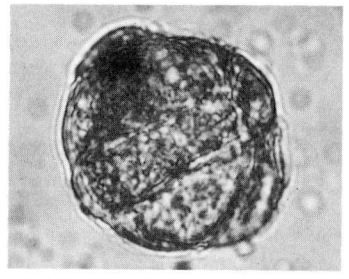

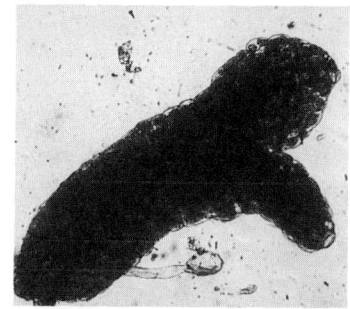

図 6.2.1　タバコの葯培養における植物体再生
（上から花粉粒，分裂をはじめた花粉，不定胚，植物体）　（中田原図）

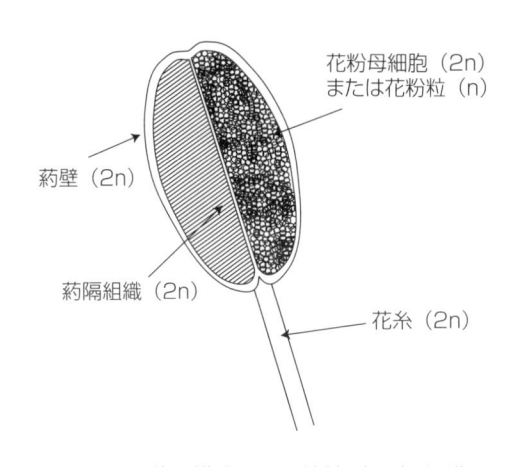

figure 6.2.2 の左にある図は葯の模式図である。ラベル: 葯壁（2n）, 花粉母細胞（2n）または花粉粒（n）, 葯隔組織（2n）, 花糸（2n）

図 6.2.2　葯の模式図と二倍性（2n）組織

にすぐれるとの報告であり，日本の研究者を驚かせたのであった。

わが国での取組み　当初の取組みは早く，論文発表も先に行なっていたわが国だったが，新品種の発表は大幅に遅れ，タバコのMC101号（1976），'つくば1号'（1979）の発表後，イネの葯培養新品種'上育394号'（1987）の発表までに約10年を要した。しかしこのことは，わが国の葯培養技術が遅れていたことを意味するものではない。中国と日本とでは当時の品種改良のレベルが異なっており，日本では現存品種を凌駕する新品種がたやすくできないのは当然なことであった。

　葯培養に取り組んでいた研究者の悩みは，花粉粒以外の葯壁や葯隔組織，葯と花糸との切断面（図6.2.2）からの細胞分裂を抑えられない点であった。この悩みを解決する契機になったのは，インドにおけるタバコの花粉単独培養の成功であった（Bajaj, 1978）。彼らは低温処理した葯から花粉粒をしぼり出し，その花粉粒だけを培養して不定胚を誘導し，半数体植物を獲得したのである。その後，花粉単独培養が多くの作物で取り組まれ，ナタネ（Lichter, 1982；大川ら，1988，図6.2.3），ハクサイ（三吉ら，1987；佐藤ら，1987），イネ（松島ら，1988）などで，成功例が増えている。これらを背景に，葯培養や花粉培養による半数体植物作出の成功例はすでに100を超えているがその代表例を表6.2.1に示した。

　偽受精胚珠培養の開発　葯培養，花粉培養による半数体作出が報告されるようになると，もう1つの半数性細胞である卵細胞からの半数体作出に関心がもたれるようになった。そして，X線などの放射線を利用して不活化した花粉を受粉し，単偽発生をはじめた半数性胚を含む胚珠の培養を行ない，半数体を作出する偽受精胚珠培養法が開発さ

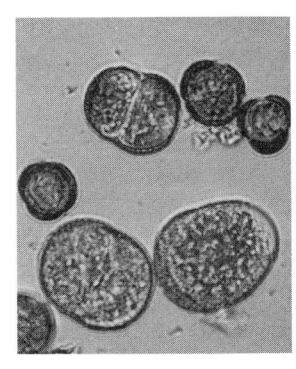

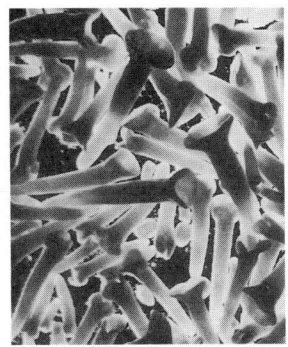

図 6.2.3　ナタネ花粉からの植物体再生（左：分裂を開始した未熟花粉，中：ロート型不定胚の形成，右：再生した幼植物）　　　　　　　　　　　　（大川原図）

表 6.2.1　葯培養，花粉培養により花粉起源植物体の作出が可能なおもな植物種
　　　　　　　　　　　　　　　　　（主として Dunwell，1986 から抜粋一部修正）

植物名	形成	研究者（年次）
ナス科		
トウガラシ	E	Wang ら (1973)
アメリカチョウセンアサガオ	E	Guha と Maheshwari (1964, 1966, 1967)
トマト	CP	Gresshoff ら (1972)
タバコ	E	中田と田中 (1968)
ペチュニア	CP	Mitchell ら (1980)
ナス	E, CP	Research Group of Haploid Breeding (in Peking) (1978)
ジャガイモ	CP, E	Dunwell と Sunderland (1973)
イネ科		
オオムギ	CP	Huang と Sunderland (1982)；Clapham (1971)
イネ	CP	Niizeki と Oono (1968)
サトウキビ	CP	Chen ら (1982)
コムギ	CP	Ouyang ら (1973, 1983) Wang ら (1973)
コムギ	E	Datta と Wenzel (1987)
トウモロコシ	CP	Mio ら (1978)
トウモロコシ	E	Kuo (1982)
アブラナ科		
アブラナ	E	Keller ら (1975)
キャベツ	CP	Kameya と Hinata (1970)　Keller と Armstrong (1983)
ハクサイ	E	Yan ら (1975)
その他の植物種		
アスパラガス	CP	Pelletier ら (1973)
ゼラニウム	CP	Abo El-Nil と Hildebrandt (1973)
カラタチ	CP	Hidaka ら (1979)
セントポーリア	E	Weatherhead ら (1982)

〔注〕E：不定胚形成，CP：カルスを経て花粉起源植物体を形成

れた。

　この技術はウリ科作物ではよく発達しており，メロンでは重要な育種技術の1つとして取り入れられている。メロンの偽受精胚珠培養による半数体作出が，フランスの種苗会社の技術者により報告された（Sauton & Dumas de Vaulx，1987）。その後，改良が行なわれ，現在では定着した技術となっている。日本においても，メロンを地域特産作物とする自治体の試験研究機関（静岡，茨城，愛知など）で日本型メロンへの技術適応が検討され，純系作出技術として定着しつつある。最近では，半数体レベルでメロンの耐病性を判別し，育種のいっそうの効率化が検討されている（Kuzuyaら，2003）。この方法は，他の主要なウリ科作物でも検討され，キュウリ，スイカ，カボチャでも半数体作出が報告されるようになっている。

2．葯培養・花粉培養・偽受精胚珠培養の方法

(1) 葯培養の方法

　葯培養による植物体再生の経路は，カルス経由と不定胚経由の2つがあり（図6.2.4），それに関与する要因は次のようにまとめることができる。

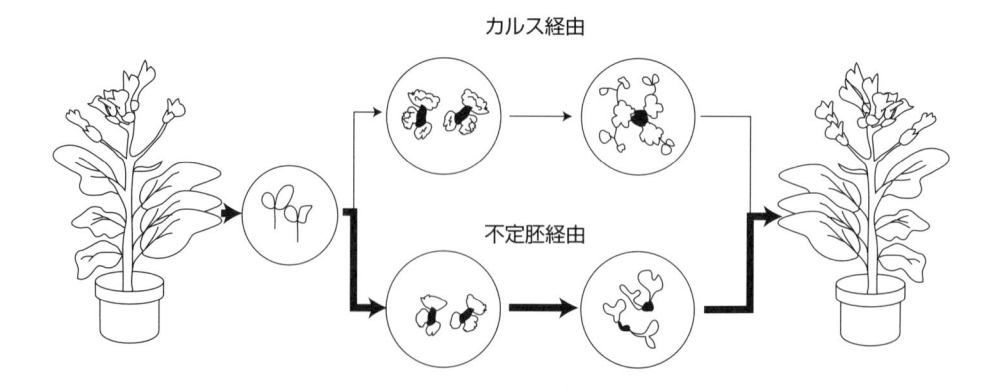

図6.2.4　葯培養による半数体育成の経過　　　　　　　　　　　（大澤，1986）

親株育成（ステップ1）→ 葯置床（ステップ2）→ カルス形成・不定胚誘導（ステップ3）→ 茎葉分化・不定胚発育（ステップ4）→ 半数体育成（ステップ5）

①用いる親株の遺伝子型：葯培養に限らないが，半数体が獲得できるかどうかは，用いる親株の種類，品種，系統で大きく異なるので，実験にあたっては，前もってその事例を調べておくとよい。

②親株の育成方法：人工気象室などの温度が制御された環境下で育てた植物から採取した葯の培養は，再現性の高い結果が得られる。すなわち，葯の生理的条件が培養結果に影響を与えているのである。葯培養はいったん半数体をつくって，それを倍加させて早期に形質を固定させること（育種年限の短縮）が主目的であるので，用いる親株には形質がばらつく F_2 世代の植物が用いられることが多くなっている。

③発育ステージ：葯のステージ（葯の中にある花粉の発育ステージ）によって培養の成否は左右される。一般的には花粉母細胞期と成熟花粉期を除外して，その中間段階である四分子期から一核期のステージの花粉が最適であると考えられており，培養された葯内の花粉の形態形成は4つのルートが考えられている（図6.2.5）。

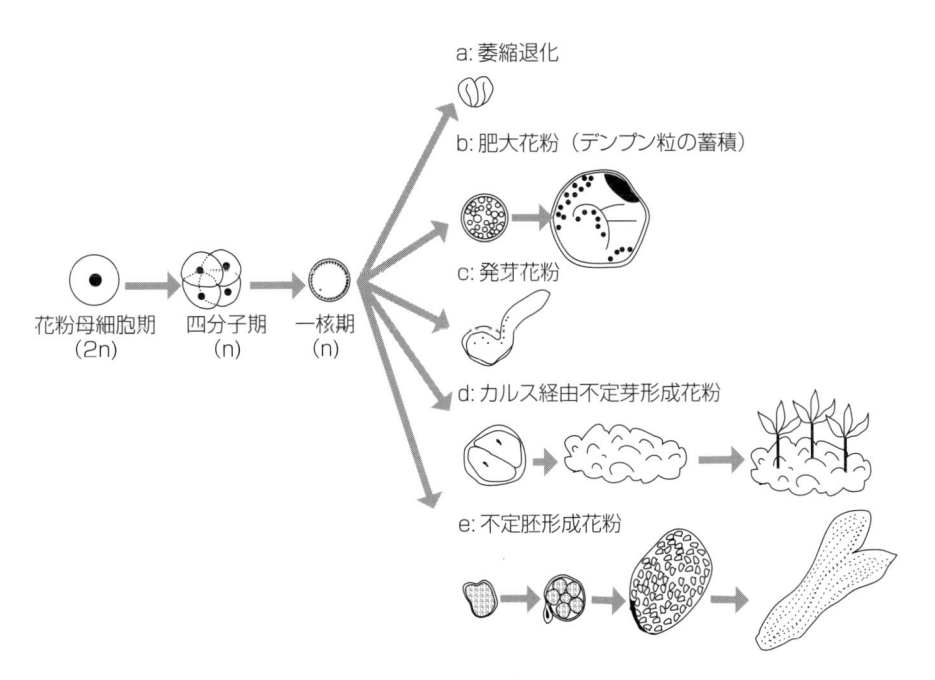

図6.2.5 花粉の発育ステージと花粉の形態形成

④前処理：葯培養の前に，葯を数日間低温や高温で前処理すると，不定胚やカルスの誘導高率が高まる。タバコ，イネ，コムギなどは5℃，7～8日間の低温処理が，アブラナ科作物では35℃，1～3日間の高温処理が有効とのことである（図6.2.6）。

⑤培地組成：葯培養に用いられる基本培地は作物の種類によって異なり，イネ科ではN6培地が，アブラナ科ではMS培地が，ナス科ではB5培地がよく用いられる（→ p.66 表3.2.1）

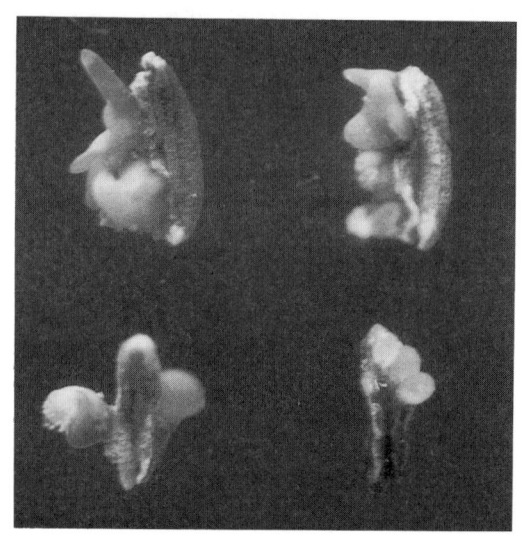

図6.2.6　ハクサイの高温前処理による不定胚の誘導　　　　　　　　　　（湊原図）

これにオーキシンやサイトカイニンが作物ごとにかえて用いられている。

⑥葯体細胞組織の関与の回避：葯の内部の花粉のみが分裂するようにさせるために，ショ糖高濃度（10%）処理や，数日間の葯培養のあとにその葯の中から花粉を取り出して培養する方法が開発されている。

⑦半数体の確認と倍加処理法：葯培養で得られる植物体には半数体のほか二倍体や異数体も出現するので，染色体数の調査が必要となる。気孔周辺の孔辺細胞の大きさによって，半数性を確認する方法もある。

半数体の倍加には，コルヒチン処理（0.05～0.2%）が広く用いられている（図6.2.7）。

(2) 花粉培養の方法

葯培養は本来，葯内部の花粉の培養が目的であるが，葯の体細胞組織の分裂が抑制できない場合もあり，花粉の単独培養（花粉培養，発達初期の花粉を培養する場合には小胞子培養<microspore culture>と呼ぶ）が試みられてきた。古くは看護（保護）培養（nurse culture,

図6.2.7 イネの半数体の育成経過と倍加処理　　　　　　　　　　　　（杉本原図）

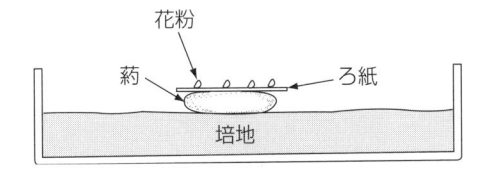

図6.2.8 トマト葯培養の看護培養
　　　　　　　　（Sharpら，1972）

Sharpら，1972）が用いられた。これはトマトで用いられた方法で，培地に葯を置き，その上にろ紙をのせ，そのろ紙の上に花粉粒をまいて培養し，その花粉粒から60％の分裂細胞を得たとの報告であった（図6.2.8）。しかし，この方法は多くの追試にもかかわらず，その後の発展が認められなかった。

　代表的な花粉培養の手順（大川，1988）を図6.2.9に示した。この方法はカナダで開発された方法（Kellerら，1987）を一部改良したものであり，大川はこの方法でナタネだけでなく，ハクサイ，ブロッコリー，キャベツなど多くのアブラナ科作物での花粉の単独培養に成功し，その利用を図っている。図中の改良NLN培地の特徴はショ糖が13％と高いことである（表6.2.2）。しかもこの糖は，他の糖に置き換えることはできないとのことである。花粉の発育ステージは，一核期後期にあたる小胞子期が最適であることが知られている（Fanら，1987）。発育ステージを示す指標として，ナタネでは花弁長と雌芯長の比が1：

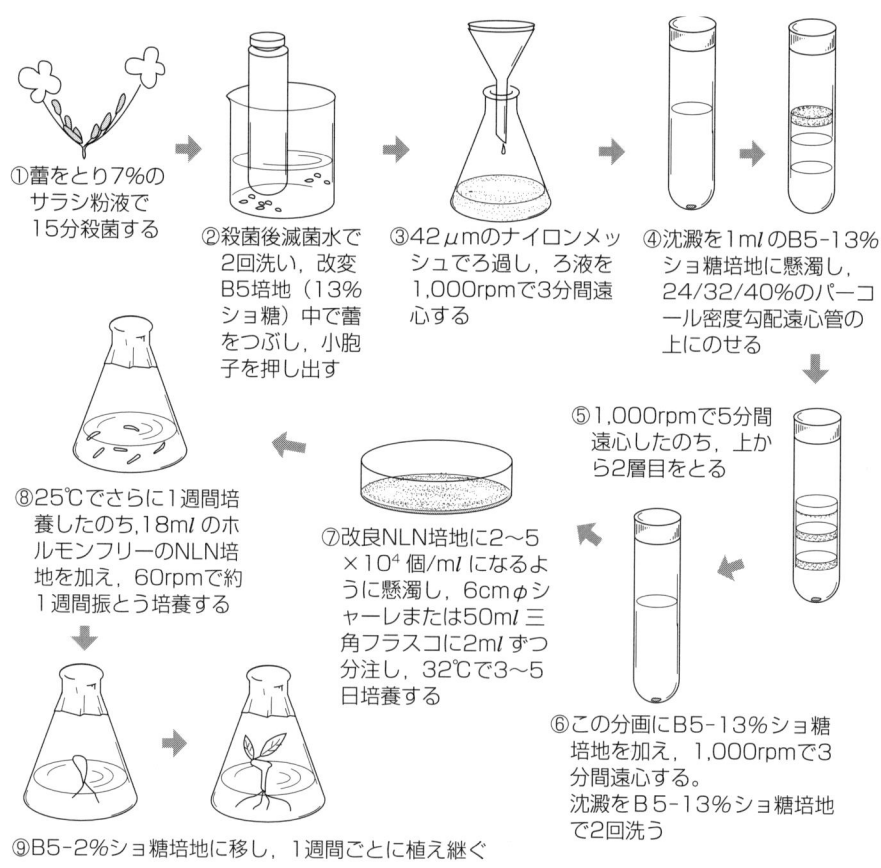

① 蕾をとり7%の
サラシ粉液で
15分殺菌する

② 殺菌後滅菌水で2回洗い，改変B5培地（13%ショ糖）中で蕾をつぶし，小胞子を押し出す

③ 42μmのナイロンメッシュでろ過し，ろ液を1,000rpmで3分間遠心する

④ 沈澱を1mlのB5-13%ショ糖培地に懸濁し，24/32/40%のパーコール密度勾配遠心管の上にのせる

⑤ 1,000rpmで5分間遠心したのち，上から2層目をとる

⑥ この分画にB5-13%ショ糖培地を加え，1,000rpmで3分間遠心する。沈澱をB5-13%ショ糖培地で2回洗う

⑦ 改良NLN培地に2～5×10^4個/mlになるように懸濁し，6cmφシャーレまたは50ml三角フラスコに2mlずつ分注し，32℃で3～5日培養する

⑧ 25℃でさらに1週間培養したのち，18mlのホルモンフリーのNLN培地を加え，60rpmで約1週間振とう培養する

⑨ B5-2%ショ糖培地に移し，1週間ごとに植え継ぐ

図6.2.9 花粉培養（ナタネ）の手順 (大川，1988)

2～1:4の間の蕾から花粉を単離するのがよいという（大川，1988）。ナタネでは高温処理は花粉粒が胚発生（不定胚）の方向に動く，重要な「ひきがね」になっていると考えられている。

このようにして誘導した花粉粒由来の多くの不定胚は，そのままですべてが植物体に発育するわけではなく，ABAの添加による2次胚の発生抑制や，GA_3による胚発育の奇形抑制などによって半数体植物を獲得するのである。この半数体は，葯培養で育成した半数体と同様にコルヒチンで倍加して利用を図る。

表6.2.2　改良NLN培地組成　　　（Keller ら，1987）

組成（mg/l）		組成（mg/l）	
KNO_3	62.5	ミオイノシトール	100
$MgSO_4 \cdot 7H_2O$	62.5	ニコチン酸	5
$Ca(NO_3)_2 \cdot 4H_2O$	250	グリシン	2
KH_2PO_4	62.5	ピリドキシン塩酸	0.5
Fe-EDTA (Na salt)	40	チアミン塩酸	0.5
$MnSO_4 \cdot 4H_2O$	25	葉酸	0.5
H_3BO_3	10	ビオチン	0.05
$ZnSO_4 \cdot 4H_2O$	10	グルタチオン	30
$Na_3MoO_4 \cdot 2H_2O$	0.25	L-グルタミン	800
$CuSO_4 \cdot 5H_2O$	0.025	L-セリン	100
$CoCl \cdot 6H_2O$	0.025	ショ糖	130,000
		(pH 6.0)	

(3) 偽受精胚珠培養の方法

著者らがメロンで行なった方法（図6.2.10）を例に偽受精胚珠培養による純系作出技術を紹介する。

①軟X線照射による花粉の不活化：温室内で栽培した株から開花当日の午前中の早い時間に雄花を採取し，花弁を取り除き，シャーレに並べる。これに50kRから150kRの軟X線を照射する。この照射により，花粉の核は不活化されるが，花粉管の伸長能力は保持しているため，この花粉を受粉すれば，花粉管は柱頭内を伸長し，胚珠に達する。メロンの花粉は発芽能力を有する時間が短いので，午前中に以下の受粉までの処理が終了するように作業計画を立てる必要がある。なお，花粉を不活化する放射線としては，ほかにガンマー線やX線も利用できる。

②両性花の除雄と照射花粉の受粉：両性花（いわゆる雌花）は，開花前日に除雄を行ない，袋掛けしておく。次の日に，軟X線照射した花粉を受粉する。受粉がうまくいけば，3日目には果実の肥大がはじまる。

③胚珠の摘出と胚珠培養：受粉後3週間の果実から胚珠を取り出し，通常の方法で表面殺菌を行なう。殺菌が終了した胚珠はMS培地を入

158　第6章　植物育種技術

軟X線照射　　　除雄交配　　　交配後3週間の果実を収穫

フローサイトメーターに　　試験管に移植　　培地上に無菌播種
よる倍数性の確認

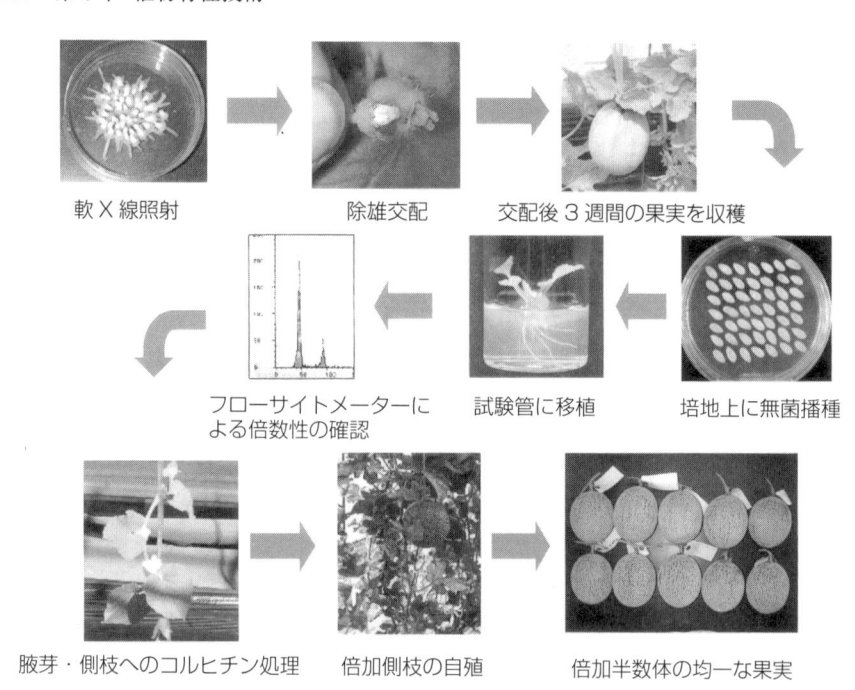

腋芽・側枝へのコルヒチン処理　　倍加側枝の自殖　　倍加半数体の均一な果実

図6.2.10　メロンの偽受精胚珠培養による半数体の作成　　　　　　　（江面原図）

れたシャーレ上に並べ，25℃，16時間照明で培養する。胚珠の摘出は，3週間以降でも可能であるが，時期が遅れるほど雑菌の繁殖が増えることになる。

④半数体の再生と半数性の確認：培養を続けると一部の胚珠では，内部が緑色に変化してくる。さらに培養を続けると種皮が割れて，幼植物が発芽してくる。1個体ずつ試験管に移し，十分に発根した段階で，順化し，温室内で栽培する。必要に応じて節培養によりクローン繁殖を行なう。育成中に，葉の一部を使ってフローサイトメーターなどで半数体であることを確認する。メロンの場合は，発芽してきた個体のほとんどが半数体である。半数体の確認方法としては，染色体数や孔辺細胞の葉緑体数を数える方法もある。

⑤コルヒチン処理による倍加：半数体と判別された個体は，腋芽・側枝にコルヒチン処理を行なう。処理した部分から伸びてきた側枝の雄花に花粉が形成されていれば，倍加に成功しているので，両性花に

受粉して着果させる。

⑥倍加半数体の特性調査：獲得できた果実から種子を収穫し，後代を栽培すると，倍加半数体（dobled haploid）は生育特性がきわめて揃っていることがわかる。

3. 葯培養植物・花粉培養植物・偽受精胚珠培養植物の実力

(1) 実用化が進むタバコ・イネ・アブラナ科作物・ウリ科作物

タバコ わが国でもっとも早く葯培養による新品種が発表されたタバコでは，その研究はJT（日本たばこ）植物開発研究所に引き継がれ，低ニコチン，低タールの先駆け品種となった'つくば1号'をはじめ，葯培養新品種は新たに販売されるたばこに用いられているという。

イネ 葯培養品種第1号となった北海道立上川農試の'上育394号'に続いて，岐阜県の'白雪姫'（1989），岡山県の'吉備の華'（1989），宮城県の'こころまち'（1993）など，各地で新品種の発表が相次いだ。これらの品種はそれぞれの県の奨励品種にも取りあげられており，葯培養はイネの育種技術として完全に定着した感がある（図6.2.11）。最近5年間をみると，葯培養を利用して12品種が種苗登録されている。

アブラナ科作物 アブラナ科作物も，もっとも実用化が進んでいるものの1つといえるだろう。タキイ種苗が1986年に発表したブロッコリーの葯培養による新品種'スリーメイン'が，皮切りとなった。さらに当社はハクサイにカブを交雑し，そこに見いだされたオレンジ色の濃い葉色をもつ系統の形質の固定に葯培養を利用し，オレンジ色のハクサイ'オレンジクイン'を発表した（図6.2.12，1988）。これはミネラルなどの栄養分も高く，ハクサイを緑黄色野菜に変身させるという発想のユニークさも手伝って大きな反響を呼んだ。サカタのタネが，1995年に発表した新型ブロッコリー'スティックセニョール'はブロッコリー×カイラン（中

図6.2.11 カルス経由で再生したイネ （大澤原図）

160　第6章　植物育種技術

図6.2.12　オレンジクインの育成圃場(左)と荷姿(右)　　　　　　　　(湊原図)

図6.2.13　広く普及している新野菜'スティックセニョール'（サカタのタネ提供）

国野菜)の雑種を葯培養して得られた新種の野菜で人気がある(図6.2.13)。

ウリ科作物　著者が10年近く前にフランスの種苗メーカーを訪れたとき，温室ではすでに偽受精胚珠培養を利用して育成した純系のメロンが多数栽培されており，担当者によればすでに定着している技術であるといっていた。日本でも，この方法によりメロンの純系作出に取り組んでおり，安定した技術に近づきつつあるといえる。

(2) 注目を集めるソマクローナル変異の利用

　半数体の利用という葯培養技術本来の利用にとどまらず，葯培養の過程に生ずるソマクローナル変異(→ p.179)の利用も進んでいる。その1つにイチゴの葯培養による早生系統の育成がある(江面ら，1991)。これは茨城県が育成し1995年に品種登録されたものであるが，イチゴの'女峰'の葯を培養して育成したものの中から見いだされた，女峰

より10日程度早生になった系統である（図6.2.14）。この系統には現在'アンテール'という名称がつけられているが，これは葯（anther）のフランス語読みである。

　葯培養によって半数体の育成に成功しないことも多いが，その場合にも簡単にあきらめずに，その個体を育ててソマクローナル変異の利用を検討することの有効性を示した点で，この成果は注目に値するものである。

図6.2.14　葯培養で育成したイチゴ'アンテール'　（江面原図）

4. 今後の方向—技術の適用・応用の視点—

　育種技術としてたしかな成果をあげている葯培養や偽受精胚珠培養であるが，当初に期待されたほどの成果とはいえない。その一番の理由は，これらの技術による植物体再生の困難な植物がまだまだ多いという点である。

　①新しい植物で葯培養，花粉培養が取り組まれるだろう。最近の成功例では不定胚経由の事例が多くなっている。葯培養ではワサビ（本間ら，1991），ニンジン（胡ら，1992），ダイズ（田中ら，1992），シクラメン（石坂ら，1992）であり，花粉培養ではリンドウ（小林ら，1991），ダイコン（三吉ら，1992；小松ら，1992）などがある。カキの葯を用いたカルスからの再生例も報告されたが，これは花粉起原の植物ではなかったとされており（田尾ら，1992），このような場合には再生植物のソマクローナル変異の利用が考えられるだろう。

　②培養法の改良・簡易化が進むだろう。葯培養によるアルビノ（白子）植物の発生が問題になるイネでは，北海道立中央農試のグループが上層は液体，下層は固体という二層培地（図6.2.15）を用いることで葯当たりの緑色個体率を高め，これを二層培養法（double layer technique）と呼んでいる（佐藤ら，1993）。また，イネの葯培養によ

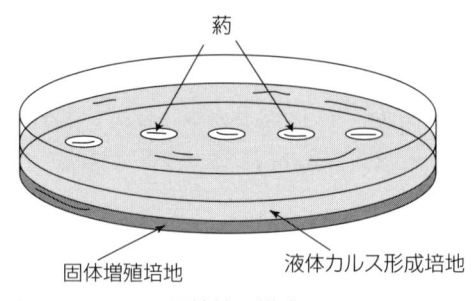

図6.2.15　二層培地の模式図

（図中ラベル：葯、固体増殖培地、液体カルス形成培地）

る再分化個体の倍数性は，えい花の長さを測ることで簡易に判定できること（中村ら，1993），培地へのコルヒチン20〜30mg/l添加によって安全に二倍体が得られること（須藤ら，1991），タバコでも0.4%コルヒチン前処理によって効果的な倍加処理が行えること（高島ら，1993），など倍加処理についての簡便法も報告されている。

③葯培養植物を用いた遺伝学的な研究も進むだろう。石川県立農業短期大学の研究グループは，コムギの葯培養における花粉不定胚の形成能と緑色体の再性能の遺伝分析を行なうため，この2つの能力について特徴的な品種を4品種用いて相互交配して，そのF_1の葯培養を行なった。そしてこのデータの分析から，コムギの葯培養における不定胚形成と緑色植物体再生の間には遺伝子の相加効果があり，農林61号と農林12号が片親として有効であることが示され（大谷ら，1991），さらにアルビノ植物の発生は農林61号に多く，この品種は葉緑体抑制遺伝子を有していることが示された（島田ら，1993）。

④ソマクローナル変異の利用も進むだろう。イチゴ'アンテール'の例にみるように，葯培養は有効な品種育成の手段になり得る。ナスでは葯培養によって青枯病抵抗性の台木系統を育成しており（下坂ら，1994），今後は半球体作出にとらわれず，葯培養も花粉培養も，再生してきた植物そのもののソマクローナル変異を直接利用する考え方が広がるだろう。

⑤ウリ科作物での偽受精胚珠培養の利用がいっそう広がるだろう。メロンでの成功にはじまった偽受精胚珠培養による半数体の作出は，現在ではキュウリ，スイカ，カボチャと主要なウリ科作物で報告されている。現在，半数体の獲得効率を向上させる研究が行なわれており，メロン以外のウリ科作物でもこの方法が純系作出に用いられるようになるだろう。

コラム

失敗から生まれた学位論文
　　　　　―葯培養でウイルスフリー苗ができるか―

　1968年，わが国におけるタバコとイネの葯培養で半数体が作出されたが，当時，野菜の葯培養を担当していて，なかなか植物体が得られなかった著者にとっては試練の時期でもあった．だから，花粉粒の分裂が確認できたイチゴ（品種：宝交早生）の葯培養で，試験管の中に幼植物を見いだしたとき（→ p.17図1.1.5）の喜びは言葉では表わせないほどであった．しかし，染色体観察の結果は期待に反して，半数体（イチゴの染色体は56本で八倍体である．期待していたのは四倍体の28本）ではなく，親株と同じ56本のものばかりであった．

　だから，初期の目的からするとイチゴの葯培養も失敗の集積ということになるのだが，葯培養で育てたイチゴが親株に比べて大変元気なことに気づいたのである．当時，組織培養による「若返り現象」ということがいわれていたが，著者らはその原因追究に乗り出し，これら幼植物におけるウイルス病の保毒の有無を検定することにした．そして，驚いたことにすべての個体がウイルスフリー苗になっていることを見いだしたのである．このことを発表した1973年の園芸学会には厳しい質問と疑問が寄せられた．それは，①葯はウイルス集積の激しいところであり，それを培養してウイルスフリー苗が作出できるとは考えにくい，②だから，ウイルスの検定方法に問題があったのではないか，というものであった．

　これらの疑問に応えるために著者は，その後，より詳細な実験を重ね，①栃木農試におけるウイルス病の検定結果も同様であったこと，②葯からカルスが誘導され，カルスから幼植物が再生する過程でウイルスが除去されること，などを明らかにしてこの論争に決着をつけた．そして，初期の目的とはまったく違った結果となったこの研究を核にして著者の学位論文が完成したのだから，研究とは不思議なものである．

　イチゴはランナーがたくさんとれ，それを用いた茎頂培養が便利で確実であるので，葯培養がウイルスフリー苗育成の現場に使われる状況にはないが，実験中の生きている植物の反応に学んだ事例として，著者には納得のいく研究であった．

3 プロトプラスト培養

1. 小史―技術の出発点―

骨格をもたない植物は，細胞の1つひとつに細胞壁をもつことでその体勢を保っている。この細胞壁の有無が，植物細胞と動物細胞の大きな違いの1つである。細胞壁を取り除いた裸の細胞をプロトプラスト<protoplast，原形質体>と呼ぶが，それは，proto<最初のまたは原始の>とplast<形成されたもの>が合成された言葉で，生命活動の本体という意味である。

プロトプラストという言葉は従来，細菌や酵母の裸の細胞に使用されてきたが，1960年以降，植物において酵素を利用したプロトプラストの単離と培養が一般的となってから，広く用いられるようになった。

植物の細胞を高濃度のショ糖液に浸すと原形質分離が起こり，細胞壁と原形質が離れる。この状態の細胞をメスで切ると，原形質体が押し出される（図6.3.1）。20世紀前半までの細胞学では，このようにして取り出した原形質体を用いて研究が進められた。

20世紀の中頃には，カタツムリが植物の葉を見事に消化する働きに着目して，その消化酵素を利用したプロトプラストの単離法が開発され，カタツムリが高価に取引されたという。しかし，カタツムリの消化液を取り出すことは容易ではなかったので，イギリスで

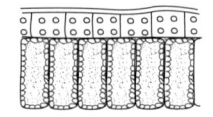

普通の状態の植物細胞
（葉肉組織の一部）

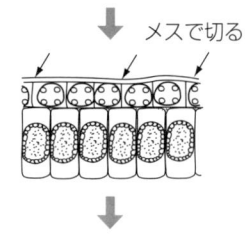

↓ メスで切る

高濃度のショ糖液に浸すと原形質分離が起きる

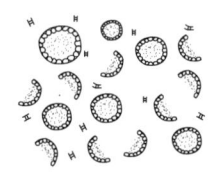

↓

メスで細胞を切ると原形質体が丸い形で取り出せる

図6.3.1　20世紀前半までの原形質体の単離法

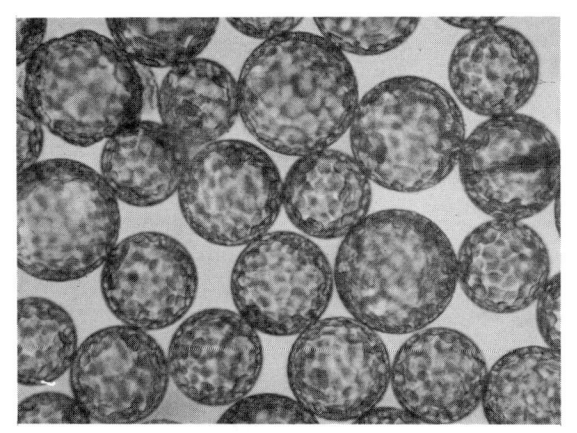

図6.3.2　タバコの葉肉プロトプラスト　（長田原図）

図6.3.3　1個のタバコ葉肉プロトプラストからの再生植物
（長田原図）

「木材腐朽菌（*Myrothecium verrucaria*）から分離した酵素（セルラーゼ）を用いてトマトの根端細胞からプロトプラストを単離した」という報告は大きな注目を集めた（Cocking, 1960）。その後，こうした酵素の分離・精製にわが国の発酵，酵素化学のすぐれた技術が生かされ，プロトプラスト培養（protoplast culture）技術は急速な進展をみることになるのである。

そのきっかけをつくったのは建部到博士であった。彼はタバコの葉の表皮をはぎとり，ペクチナーゼ（0.5%マセロチーム<マイセロザイム>）とセルラーゼ（2%セルラーゼオノヅカ）の2種類の酵素を2段階に働かせて，大量のプロトプラストを健全な状態でとることに成功したのである（建部, 1968, 図6.3.2）。そして，このタバコの葉肉プロトプラストを分裂させてカルスを誘導し，そのカルスから完全な植物体を再生させたのであった（長田と建部, 1971, 図6.3.3）。

それ以降，細胞壁分解酵素も各種のものが開発されている（表6.3.1）。今では，ペクチナーゼで細胞をバラバラにしてからセルラーゼで細胞壁を溶かすという2段階法はほとんど姿を消し，2種類の酵素を同時に働かせる1段階法がもっぱら用いられている。プロトプラスト培養は単独でも多くの利用場面が生まれているが，そのほかに細胞融

表6.3.1 植物用のおもな細胞壁分解酵素

	酵素名	起源の細菌	主成分	入手先
ペクチナーゼ	マセロザイム R10	*Phizopus sp.*	ポリガラクチュロナーゼ (PG)	ヤクルト（東京）
	ペクトリアーゼ Y23	*Aspergillus japonicus*	PG および ペクチンリアーゼ（PL）	協和化成（大阪）
	ペクチナーゼ	*Aspergillus niger*	PG	Sigma-Aldrich Fine Chem.
セルラーゼ	セルラーゼ オノヅカ R10	*Trichoderma virde*	セルラーゼ（C）	ヤクルト
	セルラーゼ オノヅカ RS	*Trichoderma virde*	C	ヤクルト
	セルラーゼ YC	*Trichoderma virde*	C	協和化成
	ヘミセルラーゼ	*Aspergillus niger*	C	Sigma-Aldrich Fine Chem.

合や遺伝子組換え技術の前提としても重要であり，その利用も進んでいる（→ p.195, p.210 表6.6.3）

2. プロトプラスト培養の方法

　プロトプラストを単離するための部位は，植物体のさまざまな組織が用いられるが，無菌播種した植物の胚軸や子葉，葉の葉肉細胞，カルスなどの培養細胞が用いられることが多い。培養で大切なことは，無菌的に「元気のよい」プロトプラストを使うことである。対象とする植物や培養部位によってプロトプラストの単離と培養法に違いがある。ここでは無菌植物を用いる方法としてメロンについて，培養細胞を用いる方法としてイネについて述べる。

(1) 無菌植物を用いる方法（メロンの子葉と胚軸の場合）
　無菌播種したメロンの実生を用いたプロトプラストの単離と培養の手順を図6.3.4に示した。そのポイントは以下の点である。
　①播種後7～8日の苗を用いる。これが少しでも遅れると植物体再生率が極端に低くなる。
　②胚軸は縦に切るかピンセットで引き裂くようにする。これを輪切

りにするとほとんどプロトプラストが単離されない。子葉は縦横0.5mm前後に細断する。

③培養するプロトプラストの密度は10^5個/mlとする（→p.24）
④培養は2,000lx以下の弱光下（あるいは暗黒でもよい）で行なう。
⑤再分化培地には0.5mg/l BA＋0.1Mショ糖＋0.1Mソルビトールを用いるとよい。
⑥誘導された不定芽が2～5mmになった頃，ホルモンを含まない発根培地に移植する。

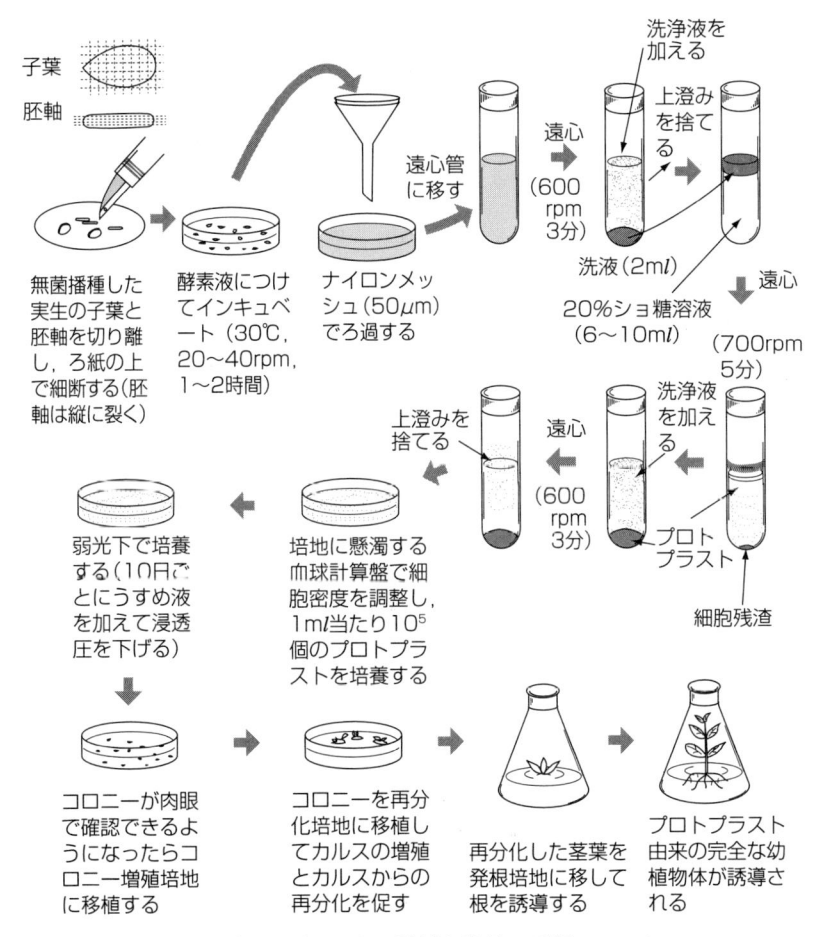

図6.3.4　メロンのプロトプラストの単離と培養の手順

(2) 培養細胞を用いる方法（イネの培養細胞の場合）

　イネのプロトプラストの単離には，種子からカルスを誘導し，そのカルスを液体培地で増殖させた培養細胞が用いられている。イネのプロトプラスト培養の流れを図6.3.5に示した。培養細胞は1週間ごとに継代培養するが，その時には20メッシュのステンレスメッシュで「裏ごし」することで良好な培養細胞を維持する。そのポイントは以下の点である。

　①単離したプロトプラストは$10^5 \sim 10^6$個/mlの密度でアガロースに包埋し，看護（ナース）培養によってコロニーを誘導する。

　②コロニーが形成されたら，アガロースを細かく刻み，新しい培地を入れたフラスコで1週間培養する。

　③コロニーをアガロースごと裏ごしし，再度前培養培地で1週間培養する。

　④コロニーをホルモンフリー培地で洗浄し，再分化培地に広げる。

　⑤2週間後に緑点のある白いカルスを選び，新しい再分化培地に移植すると，数日から1カ月以内に植物体が再生してくる（図6.3.6）。

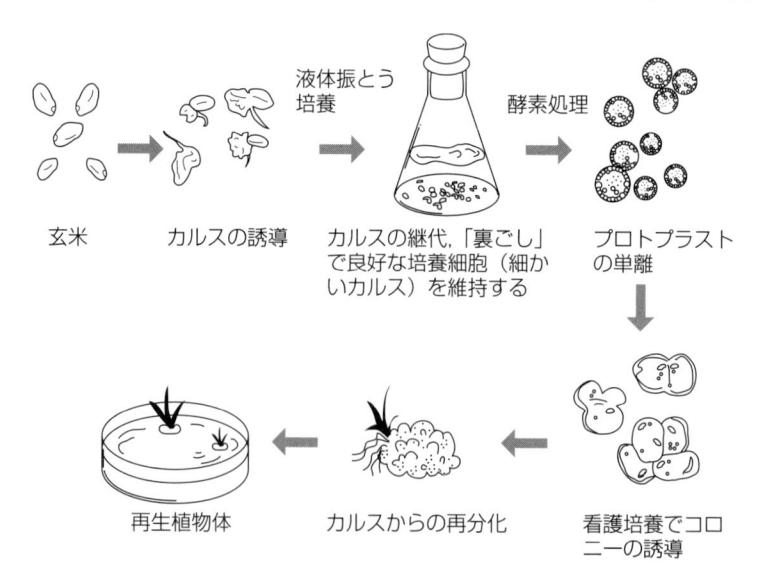

図6.3.5　イネのプロトプラスト培養の流れ　　　（大槻，1990）

3. プロトプラスト再生植物の実力

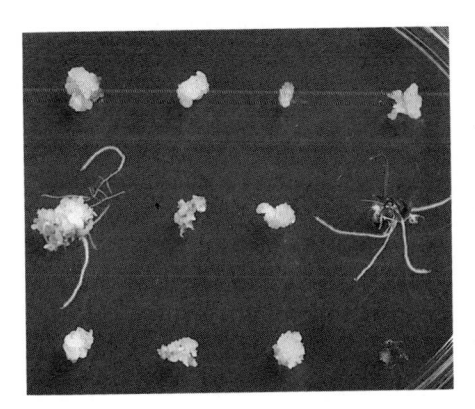

図6.3.6 イネのプロトプラストから再生した植物体　　（平井原図）

　長田と建部（1971）がタバコの葉肉プロトプラストから植物体を再生して以来，数多くの植物種でプロトプラストからの再生植物（プロトクローン <protoclone> と呼ばれる）が得られている（表6.3.2）。そして，プロトプラストにすることによって，細胞同士が融合しやすくなることを利用した細胞融合や，ウイルスやDNAが取り込まれやすくなることを利用した遺伝子組換えも行なわれている。

　ここではプロトプラストからの再生植物をそのまま利用する場合について述べる。プロトクローンの利用には，プロトプラストからの再生系が安定していて，その再生植物の形質の調査が行なわれているものが対象となる。それらのうちジャガイモ，イネ，キク，メロンを取りあげる。

(1) 新品種ができているジャガイモ，イネ

ジャガイモのプロトクローン　プロトクローンという言葉は，もともとジャガイモの葉肉プロトプラストから多数の植物を再生させたところ，変異に富んだ植物体が得られたので，それに名づけられたものであった（Shepardら，1980）。わが国でもジャガイモのプロトプラスト培養系は早くから完成していた。キリンビールの植物開発研究所のチームは，赤皮黄肉の品種'ネオデリシャス'の葉肉プロトプラストから再生した植物体を用いてイモの形質検定を行ない，カラフルで粒揃いの良好な2系統を選抜した（岡村ら，1991）。そして赤系のものを「ジャガキッズレッド'90」，薄紫のものを「ジャガキッズパープル'90」と名づけて販売を開始した（図6.3.7）。試作した新品種は食味がよく，

表6.3.2 野菜におけるプロトプラスト培養の現状

(西尾, 1989 より抜粋；江面, 2005 加筆)

科名	種名	調整	コロニー形成	植物体再生	安定技術
イネ科	トウモロコシ	○	○	○	
サトイモ科	サトイモ	○	○	○	
ユリ科	タマネギ	○	○	○	
	ネギ	○	○	○	
	ニンニク	○	○	○	
	アスパラガス	○	○	○	
ヤマノイモ科	ヤマイモ	○			
アカザ科	ホウレンソウ	○	○	○	
アブラナ科	キャベツ	○	○	○	○
	カリフラワー	○	○	○	○
	ブロッコリー	○	○	○	○
	ハクサイ	○	○	○	
	カブ	○	○		
	ダイコン	○	○		
バラ科	イチゴ	○	○	○	
マメ科	ダイズ	○	○	○	
	エンドウ	○	○		
ウリ科	キュウリ	○	○		
	メロン	○	○	○	
	スイカ	○	○		
	カボチャ	○	○		
セリ科	ニンジン	○	○	○	○
	セルリー	○	○	○	
ヒルガオ科	サツマイモ	○	○	○	
ナス科	トマト	○	○	○	○
	ナス	○	○	○	○
	ピーマン	○	○	○	
	ジャガイモ	○	○	○	○
キク科	レタス	○	○	○	○
	シュンギク	○	○		
	ゴボウ	○	○		
	フキ	○	○	○	

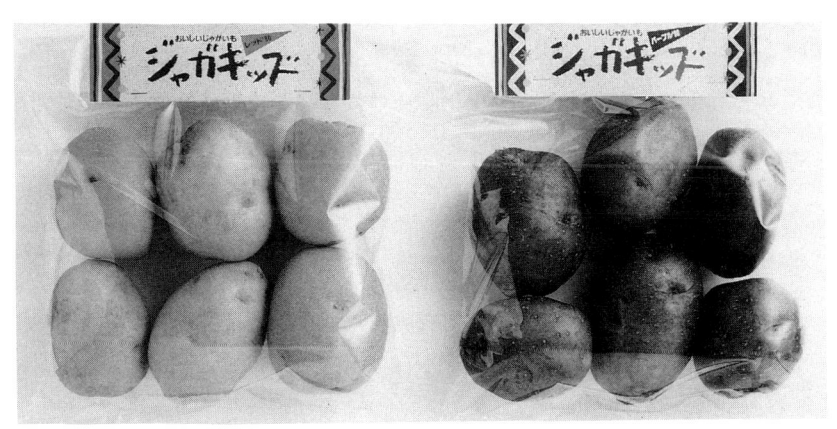

図 6.3.7　カラフルなジャガイモの新品種（左：ジャガキッズレッド'90，右：ジャガキッズパープル'90）　　　　　　　　　　　　　　　　（岡村原図）

カラフルで，市場性が高く，評価は上々とのことであった。その後も「ホワイトバロン」（ホクレン）などが育成されている。

イネのプロトクローン　イネのプロトプラスト培養は，当初大変困難なものの代表格とされていたが，三井東圧の藤村ら（1985）によって再生系が開発されてから，植物工学研究所，農業生物資源研究所，東北大学，京都大学，ノッチンガム大学，農業研究センターから相次いで報告が出され，今では比較的再生させやすい作物に分類されるにいたった。このイネの成功例はプロトプラスト培養において，よいセルライン＜活力のあるプロトプラストが単離できる細胞塊のことで，イネの場合はコンパクトで黄白色を呈し再分化能の高い細胞塊をいう＞を見いだす目をもつこと＜プロトプラストの培養の基本はプロトプラストにする前の細胞や組織の状態にあることがはっきりしてきた＞，看護培養（イネの場合はアガロースへの包埋）を行なうことの重要性が認識される契機となった。

そして，植物工学研究所の研究グループは再生したイネ'コシヒカリ'のプロトクローンから早生で短稈の系統を選抜し，新品種'初夢'を育成した（島本ら，1989）。引き続きアミロース含量が従来の品種に比べて低くなっている系統を選抜し，新品種'あみろ17'も育成した

（島本ら，1992）。三井東圧の藤村らも'ササニシキ'のプロトクローンから中生短稈で耐倒伏性にすぐれる系統を選抜し，新品種'はつあかね'を育成した（1988）。その後も三菱化学ではアミロース含量が低い食味のよい'夢ごこち'を育成した（1996）。これらはいずれも数県の農業試験場で試作され，従来の品種との比較試験が進められたが，大きな面積で栽培されるにはいたっていない。

イネの品種改良は長年にわたって国と県の研究機関が中心になって進めてきており，民間で育成したこれらの品種の供給体制は今後の課題であるが，このプロトクローンはイネの品種改良の方向に大きな波紋を投げかけた。

(2) 変異の利用が期待できるキク，メロン

キクのプロトクローン　キクは変異の現われやすい植物の1つであり，通常の栽培中にも変異が出現しやすい植物である。プロトクローンにも多くの変異の生じたことが静岡農試の実験で明らかにされた（大塚ら，1987）。彼らはキク'秀芳の力'の茎頂培養によって得られた無菌植物の葉からプロトプラストを単離して植物体に再生させたところ，草丈，葉数，節間長，花径，舌状花数のいずれについても変異が認められ，染色体数や葉形にも変異が認められた（図6.3.8，表6.3.3）。花の形質に限定すると，プロトクローンに出現した変異は今のところマイナス傾向のものであるが，もっと多数のプロトクローンを利用すれ

元株					
(2n=54)	(2n=54)	(2n=50)	(2n=49)	(2n=49)	(2n=48)

図6.3.8　キク'秀芳の力'のプロトクローンにみられた葉形の変異

（大塚ら，1987）

表6.3.3　キク'秀芳の力'のプロトクローンの生育特性（地床栽培）

(大塚ら，1987)

系統名 再分化株	草丈 (cm)	葉数 (枚)	節間長 (cm)	花径 (cm)	舌状花数 (枚)	染色体数 (本)
1－6	75.6	44.4	1.7	9.5	224.2	54
3A－2	65.6	42.4	1.5	8.9	208.2	53
3C－2	68.0	49.6	1.4	8.7	189.6	51
4－1	75.0	50.0	1.5	9.5	180.0	51
6B－1	51.5	41.2	1.3	7.7	156.2	50
元株	70.3	44.0	1.6	10.9	233.0	54

〔注〕各系統とも5株測定の平均値

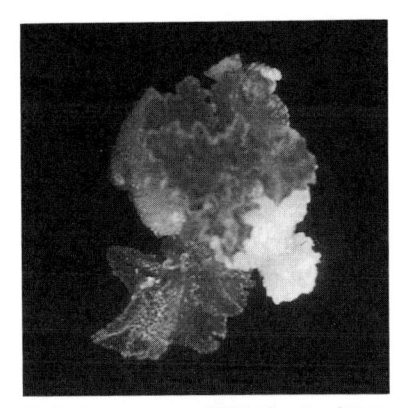

図6.3.9　メロン胚軸プロトプラストからの植物体再生
(カルスからの再分化〈培養3～4カ月後〉)
(大澤原図)

ば優良な変異の出現も期待できるとしている。

メロンのプロトクローン　メロンもプロトクローン作出の難しい作物と考えられていたが，大和農園の山中ら(1990)が最初の論文を発表して以来，野菜・茶業試験場，農業生物資源研究所，近畿大学などで相次いで成果があがった（図6.3.9）。トキタ種苗では農業生物資源研究所のグループ（著者ら）と共同でメロンのプロトクローンをハウスで栽培し，その特徴をまとめた（有山ら，1992）。それによると，①'金俵'ではコントロールと区別できないものもあったが'甘露'ではすべてが四倍体となり，果実が扁平果になった（表6.3.4），②扁平果はいずれの品種も染色体数48本で，四倍体であった，③したがってメロンのプロトクローンには品種による差はあるものの，高い確率で四倍体変異が発生すると考えられた。

表6.3.4　メロンプロトクローンの当代にみられたおもな変異形質

(有山ら，1992)

品種		葉　形	果　形	株　数	染色体
金俵	プロトクローン	正常 正常	正常 扁平	4 6	2n 4n
	コントロール	正常	正常	12	2n
甘露	プロトクローン	異形	扁平	15	4n
	コントロール	正常	正常	13	2n

〔注〕異形とは，葉縁が鋸葉状で光沢がないもの

4．今後の方向──技術の適用・応用の視点──

　このようにプロトプラストからの再生植物は，新品種や新系統の作出に利用されはじめている．すでに新品種や新品種候補のできているジャガイモやイネはもちろん，プロトクローン変異の多かったキクやメロン，さらにはここには取りあげられなかった多くの種類のプロトクローンでも，本格的な新品種育成への活用が，今進行中である．バラバラな1つひとつの細胞にしてから再度植物体を復元するこの技術は，植物の生理・生化学，発生学などのすべての基礎科学への利用はもとより，育種学や病理学などの応用場面にも有効に利用されるだろう．

　①これまで困難だった品種，系統からプロトクローンが作出されるようになるだろう．プロトプラストからの植物体再生が困難であったイネ科の植物でもノシバ（猪熊ら，1991），ベントグラス（Asanoら，1994），オオムギ（佐藤ら，1991；船附ら，1993；木原ら，1994），サトウキビ（松岡ら，1993，1994）などで緑色植物体の作出例が報告されている．また，ミヤコワスレ（中原ら，1992），リンドウ（中野ら，1993，1994），セントポーリア（星野ら，1994）などの花き類でのプロトクローンの成功もあり，今後花色変異や草型の多様化をねらった研究に利用されるだろう．

図 6.3.10 ペパーミント(左)とスペアミント(右)のプロトクローン　（佐藤原図）

ロッテ研究所の佐藤らは，新たな香りを有するミントの開発を目標にペパーミント（1993），スペアミント（1994）などのプロトプラスト培養を成功させた（図 6.3.10）。香りや医薬成分のワンポイント改良への利用は，シソ科の香料植物パチョリ（景山ら，1992）やラベンダー（辻井ら，1993）などにもみられ，このような個性的な植物への利用が増えるだろう。

②プロトプラスト培養の方法はさらに改良されて，簡便・容易になるだろう。そのことによって，培養中に生ずる変異の発生は抑制されるだろう。たとえば，イネの中でもプロトクローン作出が困難とされていたコシヒカリを用いた実験が進み，滋賀農試の神田ら（1992）は「カザミノ酸およびプロリンを添加したN6培地で前培養し，グリシンと酵母抽出物を添加したホルモンフリーのN6培地を再生培地に用いること」で効率的にコシヒカリからプロトクローンを育成したと報告した。

また，イネのプロトプラスト培養における裏ごし法などを開発して，細胞培養の汎用化を図っていた農業研究センターの大槻らの研究チームは，コシヒカリの再分化には「液体培地でのカルスをいったん寒天培地上でかためのカルスにして」それを「アンモニア態チッ素（NH_4^+）を除いた培地」で再分化させるとよいと報告した（津川ら，1993）。

このほかにも高濃度（2.4％）のアガロース培地の効果（浅野ら，1993, イネ科牧草など），エチレン生成阻害剤（チオ硫酸銀 <STS> など）の添加がエチレン生成を抑制して培養率を高めるとの報告（神戸ら，1994，シンテッポウユリ）もある。

この関係でとくに注目したいのは，福井農試の野村ら（1993）のメ

ロンプロトプラストからのダイレクトな不定胚誘導である（図6.3.11, 12）。プロトプラストからのダイレクトな不定胚誘導は，従来アルファルファ（Dijakら，1986）とニンジン（大山ら，1988）で報告されてはいたが，他の作物での例はなかった。こうした研究によってプロトクローンの誘導はますます簡便・容易となり，再生植物の変異の発生はそれだけ減少することになろう。

③プロトクローンの特性の解明が進み，的をしぼった利用が可能となるだろう。イネのプロトクローンとその自殖後代における遺伝的変

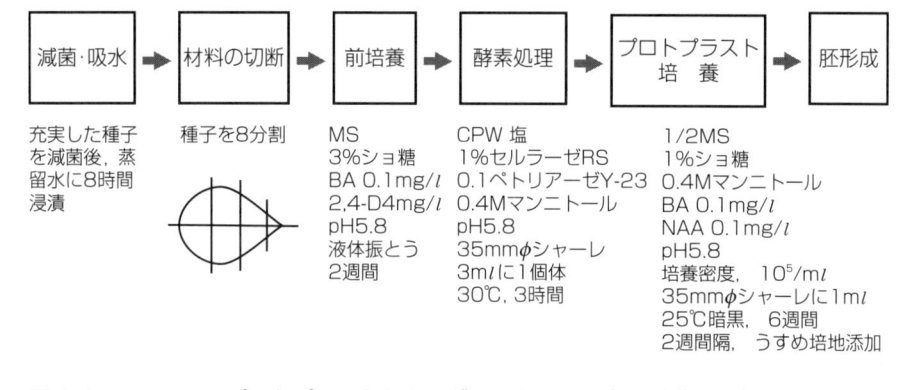

```
┌─────────┐  ┌─────────┐  ┌─────────┐  ┌─────────┐  ┌─────────┐  ┌─────────┐
│減菌・吸水│→│材料の切断│→│ 前培養  │→│ 酵素処理│→│プロトプラスト│→│ 胚形成  │
│         │  │         │  │         │  │         │  │   培養   │  │         │
└─────────┘  └─────────┘  └─────────┘  └─────────┘  └─────────┘  └─────────┘
```

減菌・吸水	材料の切断	前培養	酵素処理	プロトプラスト培養	胚形成
充実した種子を減菌後，蒸留水に8時間浸漬	種子を8分割	MS 3%ショ糖 BA 0.1mg/l 2,4-D 4mg/l pH5.8 液体振とう 2週間	CPW 塩 1%セルラーゼRS 0.1ペトリアーゼY-23 0.4Mマンニトール pH5.8 35mmϕシャーレ 3mlに1個体 30℃，3時間	1/2MS 1%ショ糖 0.4Mマンニトール BA 0.1mg/l NAA 0.1mg/l pH5.8 培養密度，10^5/ml 35mmϕシャーレに1ml 25℃暗黒，6週間 2週間隔，うすめ培地添加	

図6.3.11　メロンプロトプラストからのダイレクトな不定胚誘導の手順

(野村ら，1993)

図6.3.12　メロンプロトプラストからのダイレクトなプロトクローンの育成（左：誘導された不定胚，右：不定胚の発芽）　　　　　　　　　　　　　（野村原図）

異を調査していた石川県立農業短期大学の島田らのグループは，イネ'能登ひかり'の完熟種子より誘導した懸濁培養細胞から直接再分化させた植物体とプロトプラストを経て再分化させた植物体を栽培して比較し，プロトプラストの培養中に四倍体が生じやすいことを明らかにした（山岸ら，1993）。また，12 カ月間の長期懸濁培養では劣性変異が蓄積されることも示した。

　また弘前大学の新関ら（1993）は，マメ科牧草バーズフット・トレフォイルのプロトクローンの集団的変異を調べた。そして，ミトコンドリアと葉緑体の変異はきわめて低頻度であったが，草丈，茎の太さなどの量的形質には大きな変異が認められたこと，染色体変異は世代を重ねることによって淘汰され，再生植物体の花粉粘性が向上した，と報告している。このようなプロトクローンの特性解明の進展によってプロトクローンの育種的利用が，その効果を発揮するだろう。

[やさしいバイテク実験]

メロンのプロトプラストの観察

自分の手でプロトプラストを単離して,生きた細胞を生きたままで観察する。

メロンの無菌播種によって子葉が展開した実生(→ p.72)を材料とする。この方法だと,遠心分離機がなくてもプロトプラストの観察ができる。

プロトプラストの観察がうまくできるようになったら,プロトプラスト培養にも挑戦してみよう。

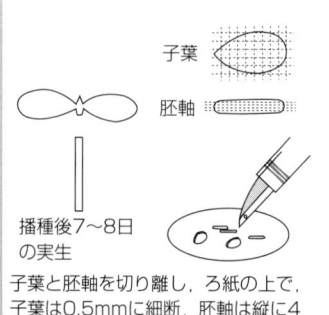

酵素液および洗浄液の組成

組　成	胚軸用 酵素液	子葉用 酵素液	洗浄液
セルラーゼオノズカ RS	2%	1%	
ペクトリアーゼ Y23	0.1%	0.025%	
マンニトール	0.4M	0.4M	0.4M
CaCl$_2$・2H$_2$O	10mM	10mM	10mM
グリシン	0.1M	0.1M	0.1M
(pH)	(5.6)	(5.6)	(5.8)

播種後7〜8日の実生

子葉と胚軸を切り離し,ろ紙の上で,子葉は0.5mmに細断,胚軸は縦に4分割する(ピンセットで裂いてもよい)

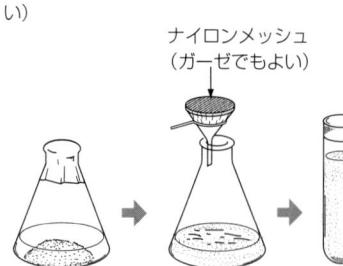

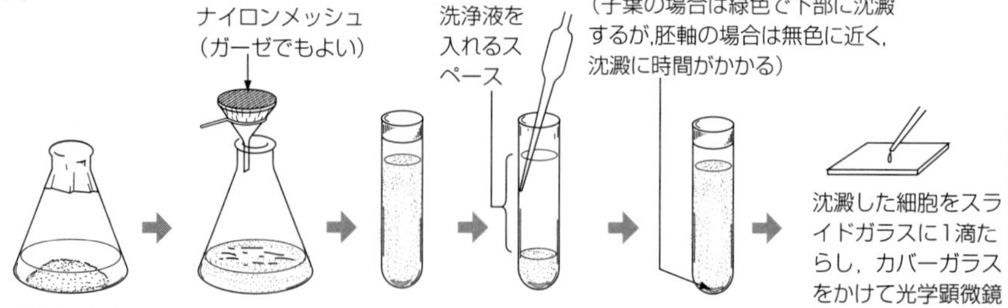

胚軸と子葉を別々の酵素液に入れて,ときどき回転させる(1〜2時間)

→ **ナイロンメッシュ(ガーゼでもよい)**
不溶物をろ過する(プロトプラストが容器の壁を伝って落ちるようにする)

→ ろ液を試験管に分注後,30分間放置する。沈澱した細胞を残し上澄み液を取り除く。洗浄液を加えて再び30分間放置する

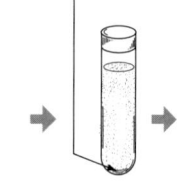

→ **洗浄液を入れるスペース**
細胞が沈澱したら,上澄み液を取り除き,再び洗浄液を加え,30分間放置する。これを2,3回繰り返す

→ **プロトプラスト**(子葉の場合は緑色で下部に沈澱するが,胚軸の場合は無色に近く,沈澱に時間がかかる)

→ 沈澱した細胞をスライドガラスに1滴たらし,カバーガラスをかけて光学顕微鏡か倒立顕微鏡で観察する。子葉のプロトプラストは美しい緑色を呈する。胚軸のそれは白っぽい丸い細胞なので見失わないようにする

4 細胞選抜，ソマクローナル変異選抜

1. 小史―技術の出発点―

　細胞やプロトプラストから植物体が再生できるようになると，その細胞に病原菌の毒素や食塩などのストレス（これらを選抜圧という）を与え，そのなかに生き残る細胞をみつけて，植物体を再生させることで，有用な形質をもつ植物が得られるのではないか，との期待が高まった。それに火をつけたのがカールソンである。彼はタバコの葯培養から得た半数体植物のプロトプラストを用い，野火病菌（シュードモナス菌）の毒素と類似した物質メチオニン・スルフォキシミンを培地に添加し，そこで生き残ったプロトプラストから野火病に抵抗性のタバコを再生したと報告したのである（Carlson，1973）。

　この先駆的な研究に刺激され，1975年から1980年代中期まで各種病原菌の毒素やストレスが細胞に与えられ，細胞選抜（cell selection）のブームが起こった。そしてサトウキビでは斑点細菌病抵抗性個体の作出（Heinzら，1977），トウモロコシではごま葉枯病抵抗性（Gengenbach，1977），トマトでは萎凋病耐性個体の作出（Shahinら，1986）などの成果が得られた。

　また，耐塩性植物の研究も活発に行なわれ，耐塩性細胞から再生したタバコは比較的高濃度の塩分の存在下で高い生存率を示した，との報告（Naborsら，1980）があった。当時1年間に細胞選抜に関連する論文は200を超え，論文ラッシュが続いたのである。

　ところが，話は，そう簡単ではなかった。耐性細胞がやっと選べても，その細胞から再生した植物は何の耐性も示さないという例が相次いだからである。また，植物再生の過程で望ましくない変異の発生例が増え，細胞レベルでの選抜とともに，再生した植物における選別法にも注意が向けられるようになった（図6.4.1）。

180　第6章　植物育種技術

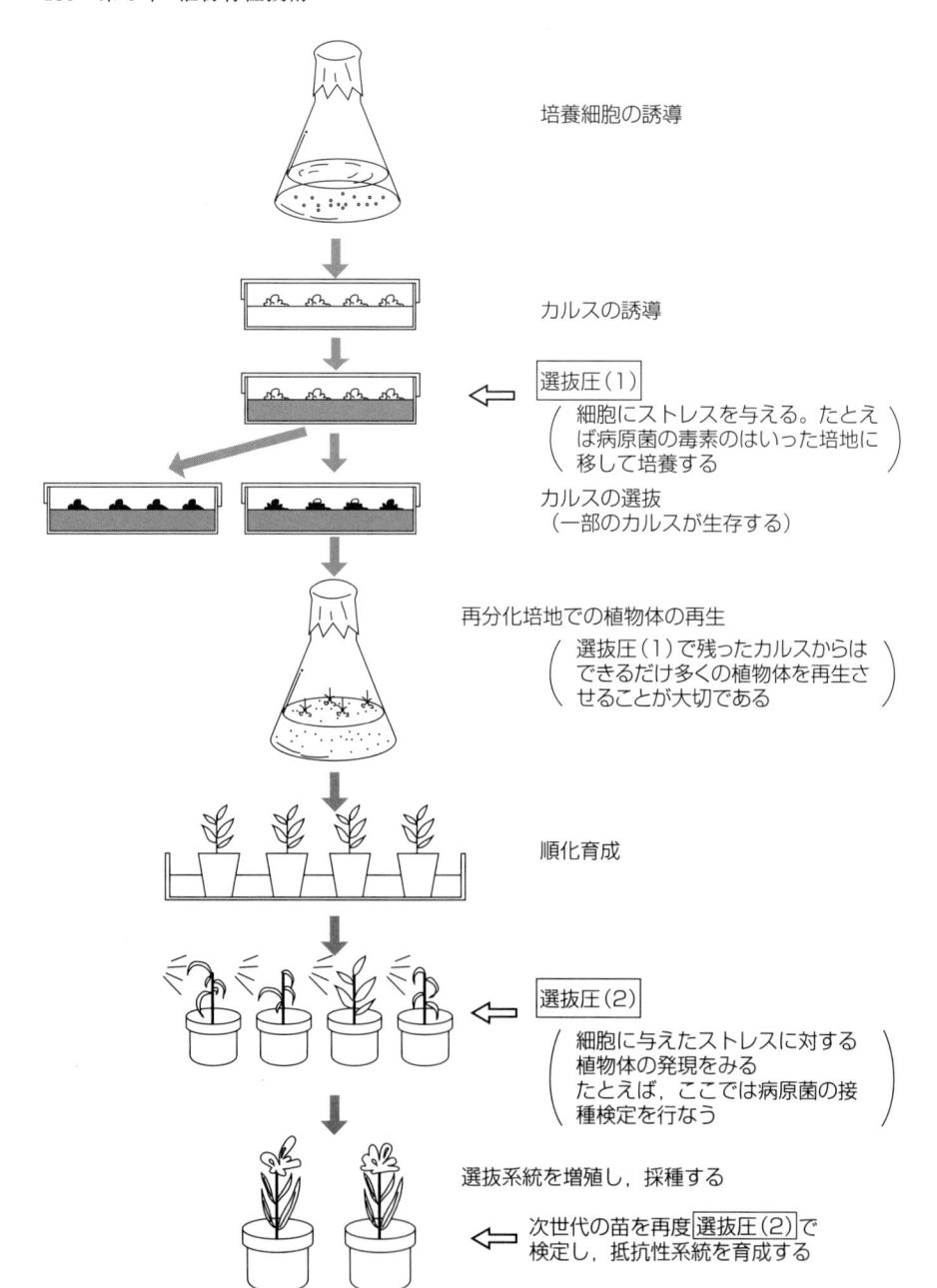

培養細胞の誘導

カルスの誘導

選抜圧(1)
（細胞にストレスを与える。たとえば病原菌の毒素のはいった培地に移して培養する）

カルスの選抜
（一部のカルスが生存する）

再分化培地での植物体の再生
（選抜圧(1)で残ったカルスからはできるだけ多くの植物体を再生させることが大切である）

順化育成

選抜圧(2)
（細胞に与えたストレスに対する植物体の発現をみる
たとえば，ここでは病原菌の接種検定を行なう）

選抜系統を増殖し，採種する

次世代の苗を再度 選抜圧(2) で検定し，抵抗性系統を育成する

図6.4.1　細胞選抜の模式図

培養によって再生した植物に生ずる変異に，ソマクローナル変異（somaclonal variation：体細胞変異）という言葉を最初に用いたのはアメリカのラルキンらであった（Larkinら，1981）。今ではこの言葉は培養細胞や組織から再生した植物に生ずる変異のすべてを表現する言葉として定着し，ペラルゴニウムのカルス培養による変異系統につけたカリクロン（calliclone）という名称（Skirvin，1977）も，ジャガイモのプロトクローンという名称（Shepard，1980）も，いずれもソマクローナル変異という言葉の一部を構成するものとなった。

そして細胞選抜技術は，細胞段階におけるストレスのかけ方や選抜方法とともに，再生した植物体そのものの選抜にも関心が向けられるようになったのである。

2. 優良変異の選抜法

組織や細胞からの植物再生系を利用した優良系統の作出には2つの経路が考えられる。1つは細胞段階に選抜圧をかける方法（ここでは細胞選抜法と呼ぶ）であり，もう1つは再生した植物体に対して選抜圧をかける方法（ソマクローナル変異選抜法と呼ぶ）である（図6.4.2）。いずれの場合も安定した植物再生系の確立が必須であり，また母集団としての変異幅を広げておくことが大切になる。

(1) 細胞選抜法

病原菌の中には病原毒素（宿主特異的毒素）を産出して，それが植物に被害を与えるフザリウムやシュードモナスなどの菌も多い。これらの菌の毒素を用いた細胞選抜は可能性が高く，実際にこの方法を用いて多くの病害抵抗性植物が育成されている。

細胞やプロトプラストの培養はすでに述べたように，1ml当たり10^5（10万個）の密度で培養することが多く，通常1シャーレ（5cm ϕ）には5ml，9cm ϕのシャーレには12mlの培養液を入れるので，1シャーレ当たり50～120万個の細胞を扱っていることになる。この細胞にまえもって放射線や紫外線，変異誘発剤（EMSなど）などを処理して

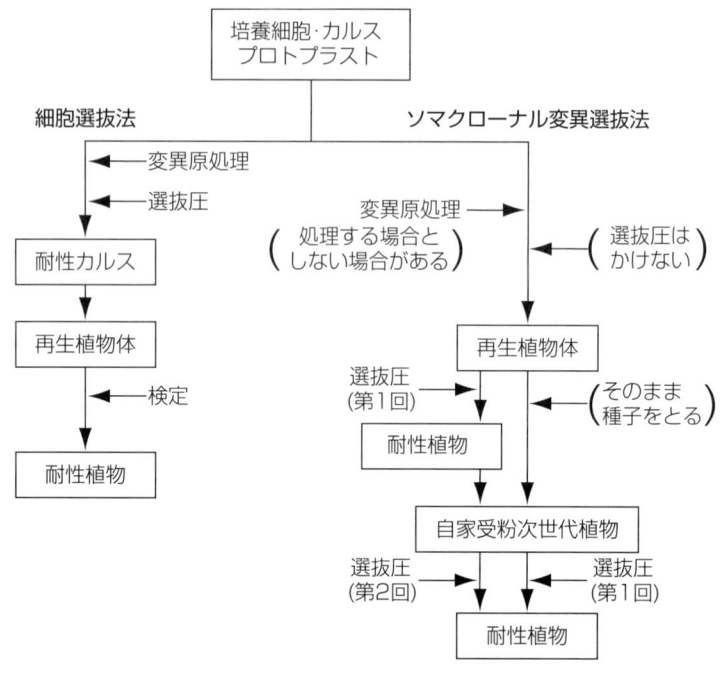

図6.4.2 細胞選抜法とソマクローナル変異選抜法 　　　（豊田, 1990を一部修正）

```
                 培養細胞・カルス
                 プロトプラスト
                        │
      ┌─────────────────┴─────────────────┐
   細胞選抜法                        ソマクローナル変異選抜法
      │
      ├← 変異原処理
      ├← 選抜圧              ← 変異原処理 →
      ▼                    （処理する場合と         ← （選抜圧は
   耐性カルス                 しない場合がある）         かけない）
      │                              │
      ▼                              ▼
   再生植物体                       再生植物体
      │                              │
      ├← 検定           選抜圧 →    │   ← （そのまま
      ▼                 （第1回）    │     種子をとる）
   耐性植物              ▼         │
                       耐性植物      │
                                    ▼
                              自家受粉次世代植物
                       選抜圧 →    │   ← 選抜圧
                      （第2回）    ▼    （第1回）
                                耐性植物
```

細胞選抜法の特徴
・対象とする耐性細胞の選抜が効果的である
・不都合な変異を併合する
・他の形質を検定できない
・病原毒素の関与しない病害では適用しにくい
・細胞レベルの性質と個体レベルの性質が一致しない場合もある

ソマクローナル変異選抜法の特徴
・多くの形質を検定できる
・次世代植物では劣性変異でも検出が可能
・選抜効率が悪い

（→ p.53），細胞群になんらかの変異を生じさせておいてから選抜圧をかける。その選抜圧には上記の病原菌毒素だけでなく，塩化ナトリウムやアルミニウムなどのミネラルを過剰に与えて，耐塩性や耐酸性の細胞を選ぶとか，農薬の除草剤などの耐性，カドミウムや水銀などの重金属耐性，低温や高温などの環境耐性細胞を選ぶ方法などが用いられる。比較的耐性細胞の得やすいのが代謝系に関与する1つの酵素の欠損で生ずる生化学的変異細胞であり，特定の培地上では生育を示さない酵素欠失の変異体が得られており，変異の選抜に利用されている（図6.4.3, Wakasaら, 1984）。

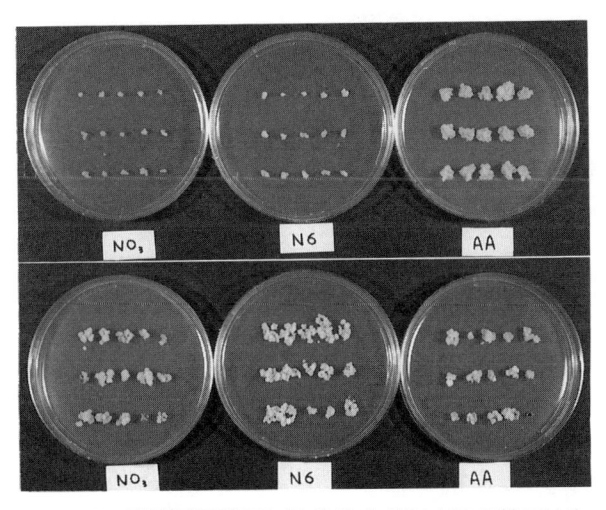

図6.4.3 硝酸還元酸素欠損（NR⁻）株はN6培地では生育しない（上：NR⁻株〈No.144〉，下：農林8号〈対照〉） （若狭原図）

しかし，当初期待されたほどには成果が生まれたとはいいがたい。それは，目的とする細胞が選抜されても，その細胞から再生した植物にその特性が現われないことが多いからである。タバコとトウガラシの培養細胞で耐冷性細胞を選抜しながら，ついにその細胞からの再生個体に，耐冷性を示す個体は1本も作出できなかった例（Dixら，1976）が有名である。そして徐々に，細胞選抜法では細胞壁や細胞膜の構造の変化など，代謝システムの異常な細胞を選ぶことが多く，染色体上に生じた遺伝的な変異細胞を選ぶことができるチャンスは少ないと考えられるようになったのである。

この少ないチャンスをつかんだ事例の1つとして，トマト青枯病の細胞選抜による青枯病抵抗性個体作出（Toyodaら，1989）について紹介する。トマト青枯病はまだ特定の毒素がはっきりしていなかったので，青枯病菌の培養ろ液をそのまま選抜圧に用いた。ろ液を処理するとカルスから細胞の遊離と褐変が進む。細胞の遊離はろ液中のペクチン分解酵素の活性によるものなので，オートクレーブ処理でこの活性を失活させるとカルスの褐変のみが生じる。この段階で，カルスが褐変しても培養を中断しないことが大切である。それは，表層部が褐変しても内部から新しいカルスの増殖が認められる場合があるからである（図6.4.4）。新たに増殖したカルスは一度，ろ液無添加培地で培養し増殖してから再度添加培地で選抜して，その選抜カルスから再生させた植物を用いて青枯病の接種検定を行なうのである。このようにし

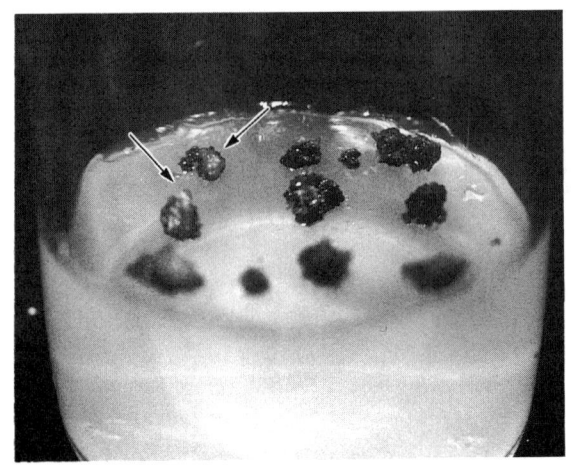

図 6.4.4　トマト青枯病菌培養ろ液添加培地で増殖した抵抗性カルス　　　　　　（豊田原図）
〔注〕褐変したカルス内部から抵抗性をもつ新しいカルスの増殖（矢印）がみられる

図 6.4.5　播種後 30 日まで青枯病抵抗性を示した選抜トマト（右）と未選抜のトマト（左）
　　　　　　　　　　　　　　（豊田原図）

て選抜した個体は初期段階で強い抵抗性を示し（図6.4.5），この実験による細胞選抜が青枯病の感染の初期段階に生産する毒素によって選抜されたことを示した。

(2) ソマクローナル変異選抜法

　細胞レベルでの選抜は行なわず，誘導した再生植物に選抜圧を加えて，ソマクローナル変異個体を選抜する方法である。まえもって細胞に放射線や化学物質を処理して変異の幅を広げておく場合と，培養中に生じる自然突然変異に期待して，その当代（R_0）の植物体または次世代（R_1）の植物体から変異を選抜する場合とがある。この方法の欠点は，細胞選抜のように 100 万とか 1,000 万の母数から選抜するわけにはいかないという点である。しかし，選抜によって残る植物があれば，それはそのまま目的とする育種素材となるので，選抜圧のかけ方を工夫すれば育種

4 細胞選抜，ソマクローナル変異選抜　185

上大変有効である。実際には対象作物の特徴に応じて育種目標，選抜法に工夫がこらされている。

一例として著者らが行なった低温肥大性メロンのソマクローナル変異の選抜法について紹介する（図6.4.6，江面ら，1994）。この研究の前提として，ソマクローナル変異の出現しやすい培養法が不定胚と不定芽の培養であることを明らかにした（→ p.52）。したがって，この不定胚・不定芽培養系から再生植物体（R_0）をハウスで栽培して四倍体と二倍体に分ける。約3割が四倍体になっているので，この株の果実は除外し，染色体的には変異のみられない7割の二倍体個体の果実（自殖果実，R_1）の種子を1次選抜に用いた。供試品種（'アンデス'）の最低発芽温度が17℃であることをまえもって調べておいたので，ここでは「15℃インキュベーター内，5日間で発芽する種子」を選抜した。発芽した種子から植物体を育て，再度自殖種子（R_2）をとり，その種子を2次選抜に用いた。2次選抜では選抜圧を強め，「14℃，7日間で発芽する種子」を選抜した（図6.4.7）。

'アンデス' と 'アムス' の低温発芽による2次選抜に残った種子数

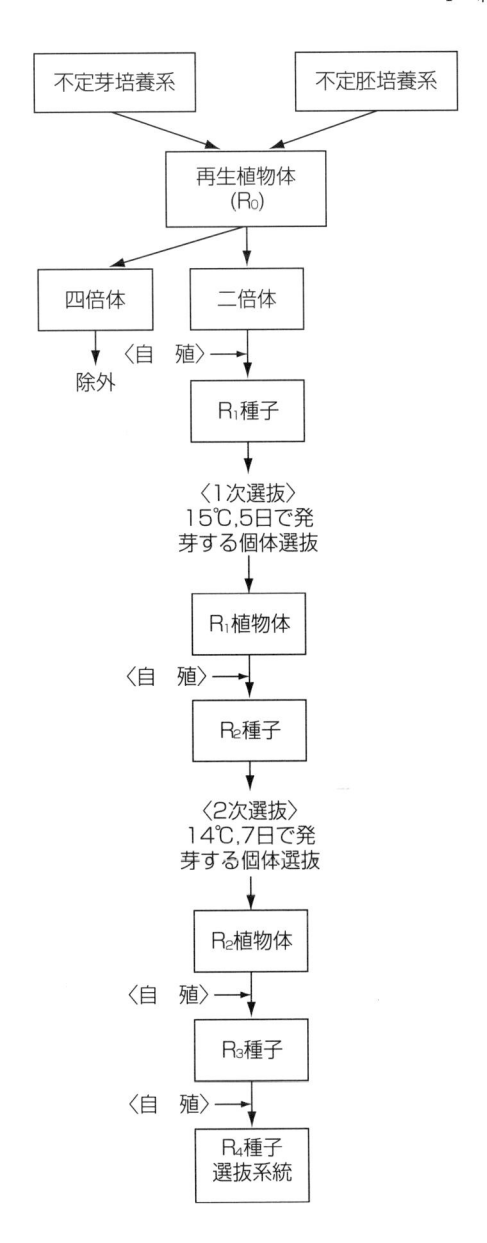

図6.4.6　低温肥大性メロンのソマクローナル変異の選抜法（江面ら，1994）

はそれぞれ113個と41個で，とくに'アンデス'では不定胚由来のものだけが2次選抜に残った（表6.4.1）。選抜はこの2段階で終わり，ここで発芽した種子を育て，自殖してR₃種子をとる。以降は自殖を繰り返し，形質の固定度を高めるとともに植物体の低温伸長性および果実の低温肥大性のすぐれたものを選抜する。この段階にいたったものは，従来の品種改良の作業に組み込まれ，優秀なものだけが残ることになる。

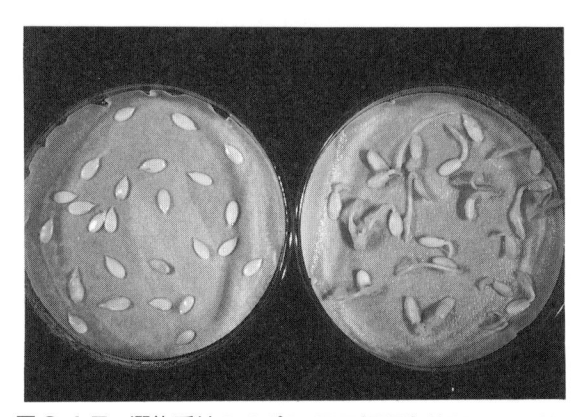

図6.4.7 選抜系統の14℃，7日処理条件下での発芽状態（左：原品種，右：選抜系統 No.45）
(江面原図)

この選抜したソマクローナル変異の選抜5系統を片親に用いてF₁系統を作成し，1994年から実用品種の育成をはじめた（以下で具体的に紹介する）。

表6.4.1 不定胚・不定芽由来のメロン自殖後代種子の低温発芽性個体の選抜
(江面ら，1994)

植物体再生法	供試品種	1次選抜*		2次選抜**	
		供試種子数	発芽数（％）	供試種子数	発芽数（％）
実生（対照）	アンデス	3,516	0 (0.0)	−	− (−)
	アムス	2,964	0 (0.0)	−	− (−)
不定胚	アンデス	9,181	110 (1.2)	3,717	113 (3.0)
	アムス	5,737	12 (0.2)	761	17 (2.2)
不定芽	アンデス	5,618	4 (0.1)	374	0 (0.0)
	アムス	7,569	13 (0.2)	1,346	24 (1.8)

〔注〕＊1次選抜は15℃，5日間で実施，＊＊2次選抜は14℃，7日間で実施

3. 選抜された変異植物の実力

　植物バイテクに関する多数の論文の中でも，細胞選抜やソマクローナル変異選抜に関する論文は遺伝子組換えに次いで多いと思われる。それらの中から新しい品種が育成・登録され，実用品種が生まれている。

(1) 実用品種に向けて改良が続く低温肥大性メロン

　ソマクローナル変異選抜法で紹介した江面ら（当時：茨城県生物工学研究所）の低温肥大性メロンについて，その後の取組みをみると，1993年までに最終的に選抜した5系統を母親にして，メロンの固定系統'アールスフェボリット'夏系，春系などと交配したF$_1$系統の特性検定と生産力検定を1994年から実施した（図6.4.8）。その結果，それらのF$_1$系統の中から培養元株に用いた'アンデス'に比べ大幅に低温肥大性のよい果実をつけ，ネットや果肉の厚さ，糖度，総合的な食味などにすぐれた系統を選抜し，'メイスター'と命名し，品種出願を行ない，2002年3月に新品種として登録された（図6.4.9）。現在，現地の農家で試作・販売を行なっている。また，さらにつくりやすい品種とするための改良を継続している。

図6.4.8　低温肥大性メロンの収穫と調査

(2) 主力品種に躍り出たフキ

　フキは栄養繁殖性野菜で，長年にわたって連作すると株が老化したりウイルスに感染したりする。そこで頭花培養によってウイルスフリー化するとともに，再生した培養幼植物体の中から試験管内

188　第6章　植物育種技術

図6.4.9　選抜系統を親にして育成した低温肥大性メロンの品種（右：'メイスター'
〈左は'アンデス'〉）　　　　　　　　　　　　　　　　　　　　　　（江面原図）

で生育の早い個体を選抜した（岩本ら，大阪府立食とみどりの総合技術センター）。この選抜系統は，在来系統に比べて，約3割増収でき，秀品率も向上していた。この系統は，2002年9月に'大阪農技育成1号'（出願時「のびすぎでんねん」）として新品種登録された（図6.4.10）。この品種は，とくに流通時の日持ち性にすぐれ，味もよいなど，消費者に歓迎され，生産地では'大阪農技育成1号'への更新が進んでいる。

図6.4.10　優良変異の試験管内選抜により育成されたフキ
（左：選抜を行なう不定芽形成から幼植物体再生段階，右：選抜・育成された品種〈左，右は在来品種〉）　　　　　　　　　　　　　　　　（岩本原図）

(3) 収穫期間が伸びた食用ギク

　山形県園芸試験場では食用ギクの主力品種である'寿'の茎葉培養により，カルス経由で得られた再生植物体の中から早生・良食味性を示す優良系統を選抜した。この系統は，'越天楽'として

2001年3月に品種登録された(図6.4.11)。培養の元系統となった品種'寿'の収穫時期は8月中旬〜10月中旬で夏秋ギクの中でも晩生であり、早期出荷向け品種が求められていた。'越天楽'は、原品種の'寿'よりも開花時期が約4週間早く、標準作型での収穫時期は7月中旬〜10月中旬である。そのため有利な販売が可能である。現在、本品種はウイルスフリー苗として食用ギク生産農家に供給されており、平坦地を中心に産地化が図られている。

図6.4.11 キク'越天楽'の花(上)と生育状態(下、左列が'越天楽'、右列は原品種'寿')
(山形園試提供)

4. 今後の方向―技術の適用・応用の視点―

①ソマクローナル変異の利用は実用的な育種技術として定着し、確実に品種を生み出すだろう。すでに述べた低温肥大性メロン品種'メイスター'、高収量、良食味フキ品種'大阪農技育成1号(のびすぎでんねん)'、早生、良食味食用ギク品種'越天楽'の作出とその実用性の証明は、各地の植物バイテクのあり方に大きなインパクトを与えるであろう。農業生物資源研究所の放射線育種場ではキクへの放射線照射とその花弁の培養によって、原品種'太平'から7系統の新品種を育成し、1995年3月に品種登録された(図6.4.12、永富、1994)。茨

図6.4.12 キク'太平'から選抜・育成された新品種(左:原品種'太平'〈円内〉と変異個体, 右上:放射線照射によって花弁に現われた変異, 右下:新品種'南風(はえ)') (永冨原図)

城県生物工学研究所でもグラジオラスの球根に放射線を照射し,誘導した花色変異を子房培養で固定する技術を開発している(霞ら, 1993, 1994)。オオムギの葯培養, 未熟胚培養, 完熟胚培養などからの短桿系統の作出(高橋, 1992, サッポロビール), カリクロンからの耐酸性ホウレンソウの作出(佐藤ら, 1993, 山形大学), 紫外線照射花粉の培養によって選抜した耐塩性ナタネ(三上ら, 1993, 岩手大学)など, 多くの有用変異体が獲得されている。最近5年間の品種登録の状況をみると, リンドウ, シクラメン, アスパラガス, カーネーション, エニシダ, シバ, スイカ, トマト, イグサ, ユリ, ショウガ, カスミソウ, トルコギキョウなどで組織培養を使った品種が登録されている。ソマクローナル変異技術は, 着実に実力を発揮しているといえる。

②個体レベルの変異体選抜により実用的な作物が生み出されるだろう。この二十数年間の失敗や成功の中から得た多くの情報によって, 個体レベルの選抜法の重要性がみえてきた。

優良変異の選抜法として, 細胞レベルでの選抜法と再分化した個体レベルでの選抜法があることはすでに記述した。細胞レベルでの選抜は, 少ない面積(たとえば, シャーレ内)で多くの細胞を選抜するこ

とが可能で，変異体の効率的な選抜法としておおいに期待された．実際に，病害，低温，高塩濃度などさまざまな環境ストレスに対する抵抗性細胞が選抜され，再分化個体が作成されてきた．しかし，実用化にいたる品種は今のところ育成されていない．一方，個体レベルで選抜したソマクローナル変異は，着実に実用品種を生み出してきている．この場合，成功のカギは，選抜母集団をいかに大きくできるかにあり，そのためには効率的な選抜法を開発する必要がある．

　③総合的な優良系統選抜への挑戦が可能になるだろう．花粉培養やプロトプラスト培養などの単細胞を操作して完全な植物体を再生する技術は，20年前はハードルの高い技術であった．そして，細胞選抜技術も植物体再生，再生植物における特性検定など1つひとつのハードルが高かったのである．今，この十数年間の技術の蓄積によって，このハードルは高いものではなくなってきた．どの作物のどの品種を用い，どの培養法を使って，どんな選抜圧をかけるのか，選抜法には何を使うのか，などについていよいよ総合的な挑戦が可能になってきたといえるのである．

コラム

新たな変異原として注目される重イオンビーム

　植物体の一部に出現した花色などの変異を組織培養によって固定して，新品種をつくり出す技術が植物バイテクの技術として開発されている。組織培養によって植物体を再生するだけでも変異体（ソマクローナル変異と呼ぶ）は出現するが，この変異の出現頻度を高めるために他の変異原処理を併用する場合もある。以前から植物に使用されている変異誘発法としては，EMS（エチルメタンスルホン酸）などの化学薬剤の処理法，ガンマー線やX線などの放射線処理法が有名であり，現在も植物の主要な変異誘発法として利用されている。

　近年，「重イオンビーム」という新しい変異誘発原の植物品種改良への利用が注目されている。重イオンビームとは，炭素やチッ素などの原子から電子を取り除いたイオン（これを重イオンと呼ぶ）を高速に加速した放射線である。重イオンビームは，以前から突然変異育種に利用されているガンマー線やX線などに比べて，エネルギーが大きい，照射位置や照射深度の精密な制御ができるなどの特徴がある。そのため，突然変異誘発効果などの生物学的効果が大きいといわれている。わが国では，日本原子力研究所高崎研究所放射線高度利用センター（TIARA）や理化学研究所加速器研究施設（RARF）で研究と利用が行なわれている。

　重イオンビームを利用した新品種の開発が本格化しており，現在，タバコ，シロイヌナズナ，ミヤコグサ，イネ，オオムギ，コムギ，ソバ，バーベナ，ペチュニア，トルコギキョウ，キク，ダリア，カーネーション，バラ，ヒノキなど多様な植物種で変異の誘発に成功している。

　たとえば，「サントリーフラワーズ」は，理化学研究所と共同で花持ちのよいバーベナの品種改良に成功し，開発された品種は'花手毬　コラールピンク'として実用化した。さらに，サフィニアなど次々と新品種を開発している。今後，重イオンビームの利用は，ますます注目されていくだろう。

5 細胞融合技術

1. 小史—技術の出発点—

　細胞壁を取り除いた裸の植物細胞であるプロトプラストからの植物体の再生は，それだけで植物の分化全能性を証明したものとして意義深いものであったが，そのほかに植物細胞のもつ新しい特性を見いだすきっかけともなった。それは近接するプロトプラストが合体して，1個の細胞になることの発見であった（Powerら，1970）。

　もともと細胞壁のない動物細胞では古くから知られていた現象であり，これを細胞融合（cell fusion）と呼んでいた。動物におけるこの分野の研究蓄積を生かして植物に適用し，ポリエチレングリコール（PEG）という界面活性剤を用いると融合効率が高まることが見いだされ，植物の種類に関係なく，プロトプラストにすればどんな細胞とでも細胞融合を誘起させることができることが明らかになった（Kaoら，1974，図6.5.1，表6.5.1）。また，栽培タバコの葉肉細胞プロトプラストと野生タバコの葉肉細胞プラストの融合細胞から植物体が得られ（Carlsonら，1972），植物バイテクは新しい局面を迎えることになったの

表6.5.1　PEGを用いて細胞融合のみられたプロトプラストの組合せ　　　　　　　　　　（Kaoら，1974）

培養細胞プロトプラスト	葉肉細胞プロトプラスト
ダイズ	オオムギ
ダイズ	トウモロコシ
ダイズ	エンドウ
ダイズ	ソラマメ
ダイズ	ナタネ
ニンジン	エンドウ
ソラマメ	オオムギ
ソラマメ	ナタネ

〔注〕葉肉細胞プロトプラスト（葉緑体がある）と培養細胞プロトプラスト（葉緑体がない）との組合せにより，融合細胞を判断している。上記の組合せでは細胞壁の再生，細胞分裂がみられる

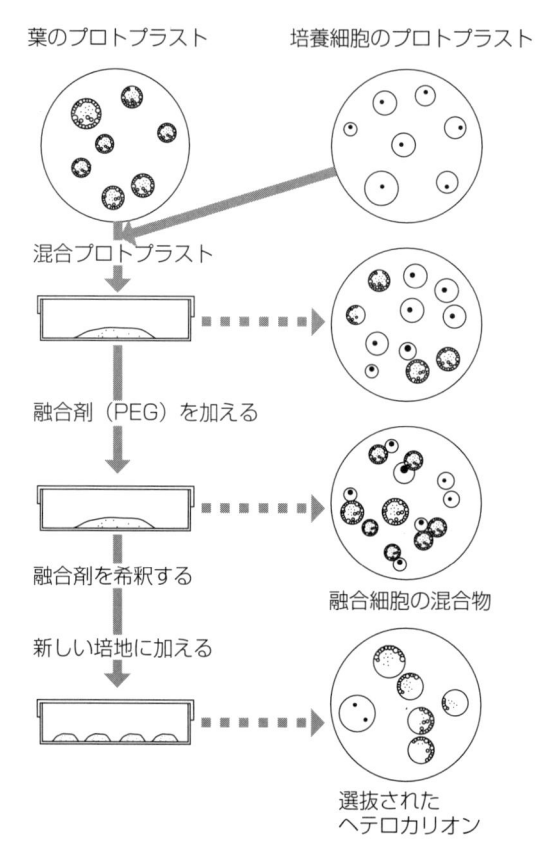

図 6.5.1　融合剤による細胞融合の基本手順
〔注〕ヘテロカリオン(heterokaryon)とは，細胞質は混合しているが核がまだ融合していない状態の雑種細胞のこと

である。この方法を用いることで，「交雑が不可能な植物の雑種も獲得されるのではないか」と期待がふくらんだのである。

その期待はすぐに実現したようにみえた。ドイツのマックスプランク研究所のメルヒャーズ博士がジャガイモ (potato) とトマト (tomato) のプロトプラストを PEG を用いて融合させ，融合細胞を分裂させて，植物体「ポマト」(pomato) を育成したからである (Melchers, 1978)。メルヒャーズ博士の研究室で研究していた長田博士が，このポマトをわが国の科学雑誌「自然」(1980 年 2 月号) のカラーグラビアで紹介してから，一気に注目を集めるところとなった。わが国の植物バイテクの研究機関である農業生物資源研究所の発足 (1983 年 12 月) も，このポマトの発表と無縁ではない。

それから二十数年が経過した。ポマトを 1 つの目標として，世界中で多くの細胞融合実験が進められ，タバコ，ジャガイモ，ニンジン，ペチュニア，レタス，イネなどを中心に 70 種を超える細胞融合による雑種個体（これを体細胞雑種と呼ぶ）が育成されている。また，融合方法についても電気刺激によって物理的に融合させる電気融合法が開

発され（Zimmermanら，1981），この分野の進展には目をみはるものがあった。

わが国は活発に細胞融合実験に取り組んだ国の1つであり，多くの体細胞雑種が育成された。愛称のついたものだけみても，①オレタチ（オレンジ＋カラタチ，1985，果樹試＜安芸津＞とキッコーマン），②バイオハクラン（レッドキャベツ＋ハクサイ，1986，タキイ種苗），③ヒネ（ヒエ＋イネ，1986，植工研），④メロチャ（メロン＋台木カボチャ，1989，サカタのタネ），⑤トマピーノ（トマト＋ペピーノ，1989，タキイ種苗）などがある（表6.5.2）。

2. 細胞融合の方法

細胞融合による植物再生の成功のためには，組み合わせる植物の少なくとも一方はプロトプラストからの植物体再生能力をもつことが必要である。このプロトプラストの培養技術を基礎として，いろいろな融合処理法，融合細胞だけの選抜法などは開発されてきた。

融合処理法 1985，6年頃まではPEGによる融合処理法が広く実施されていたが，今ではどの研究グループも電気融合装置（図6.5.2）を用いている。これは高分子化合物であるPEGによるプロトプラストの損傷を避けるために考案されたもので，交流電圧をかけてプロトプラストのパールチェーンをつくり，そこに一瞬の直流パルスを流して，細胞膜に穴をあけてとなりの細胞同士を融合させるのである（図6.5.3）。その際，自分の扱うプロトプラストの状態に応じて与える電気刺激の強さ（電圧や時間＜秒の単位＞など）を調節するのがポイントである。この方法は倒立顕微鏡でプロトプラストの状態を観察しながら操作ができること（図6.5.4），融合剤（たとえばPEG）を洗い出す手間が不用になるなど，便利で簡単な電気融合法が支持され，今ではPEGによる融合処理はほとんど姿を消したのである。

選抜法 融合した細胞の選抜法についてもいろいろと試された。初期には，分裂細胞の集塊（コロニー）の色や形状によって融合細胞とそ

表 6.5.2　野菜における細胞融合植物作出の事例　　（大澤，1990）

組合せ	研究機関		摘要	交雑親和性
レッドキャベツ＋ハクサイ	タキイ種苗・東北大	(1986, 春)	バイオハクラン	B
キャベツ＋コマツナ	植工研	(1986, 春)		B
カリフラワー＋Sinapis turgida	東北大	(1986, 春)		B
レッドキャベツ＋Moricandia arvensis	東北大	(1986, 春)		B
ニンジン＋野生種（細胞質）	植工研	(1986, 秋)	サブリッド	B
ジャガイモ＋ジャガイモ野生種	生物研	(1987, 春)		B
レタス＋レタス野生種	長野野菜花き試	(1987, 春)		A
ジャガイモ＋トマト（野生種）	キリンビール	(1987, 春)	ポマトⅡ	C
白ナス＋赤ナス	東北大	(1987, 秋)		B
キャベツ＋カブおよびコマツナ	野菜茶試	(1988, 春)		B
ナタネ＋ダイコン（細胞質）	植工研	(1988, 春)	サブリッド	A
キャベツ＋ハクサイ（細胞質）	サカタのタネ	(1988, 春)	サブリッド	B
キャベツ＋ダイコン	東北大	(1988, 春)		A
ナス＋ナス野生種	サカタのタネ	(1988, 秋)	非対称	B
トマト＋トマト野生種	野菜茶試	(1988, 秋)		B
	サカタのタネ	(1989, 春)	非対称	B
トマト＋ペピーノ	タキイ種苗	(1989, 春)	トマピーノ	C
メロン＋台木カボチャ	サカタのタネ	(1989, 春)	メロチャ	C
（ジャガイモ＋トマト）＋トマト	キリンビール	(1989, 夏)	戻し融合	C
タマネギ＋ニンニク	ピアス・京大	(1989, 夏)		B(C)
ラッキョウ＋ニラ	桃屋	(1989, 夏)		B
アスパラガス＋野生種	千葉大	(1990, 秋)		B
ナス＋ヒラナス	京都農研・野菜茶試	(1990, 秋)		B
ダイコン＋カリフラワー	野菜茶試・大和農園	(1990, 秋)		A～B

〔注〕1.　育種学会・園芸学会・植物組織培養学会等の発表要旨より作成。なお，本表にはタバコやイネ，カンキツの例を除いたが，それらの植物でも活発な研究が進められている

　　　2.　A：両者は雑交できるもの，B：胚培養をすれば雑種のできるもの，C：雑交できないもの（この分類は著者の責任で判断したものである）

の他の細胞が区別できるとの報告もあり，肉眼によるコロニーの色の選別で雑種個体を獲得していた（タバコ，長尾ら，1985）。

　しかし，この方法が使える植物は限られているので，融合させたいAとBの細胞の一方をヨードアセトアミド（IOA）処理して不活化し（不活化した細胞は融合処理を行なう時点では生きているがそのままでは数日後に死滅する），融合した細胞だけが分裂してくる方法の利用が広がった（図6.5.5，表6.5.3）。ところが，IOAによる不活化も実際にはプロトプラストの種類，単離直後の条件などでふれが大きいた

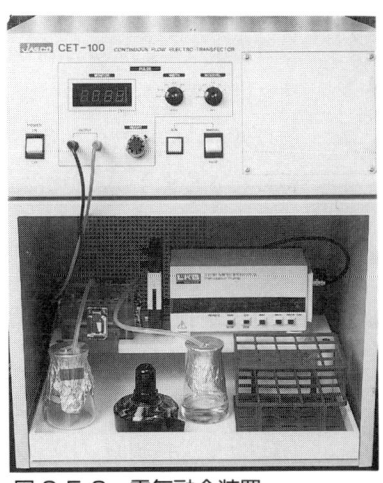

図 6.5.2　電気融合装置

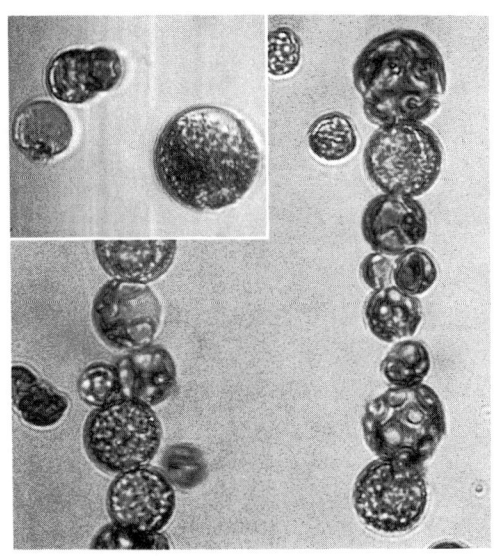

図 6.5.4　パールチェーンと融合細胞（左上）

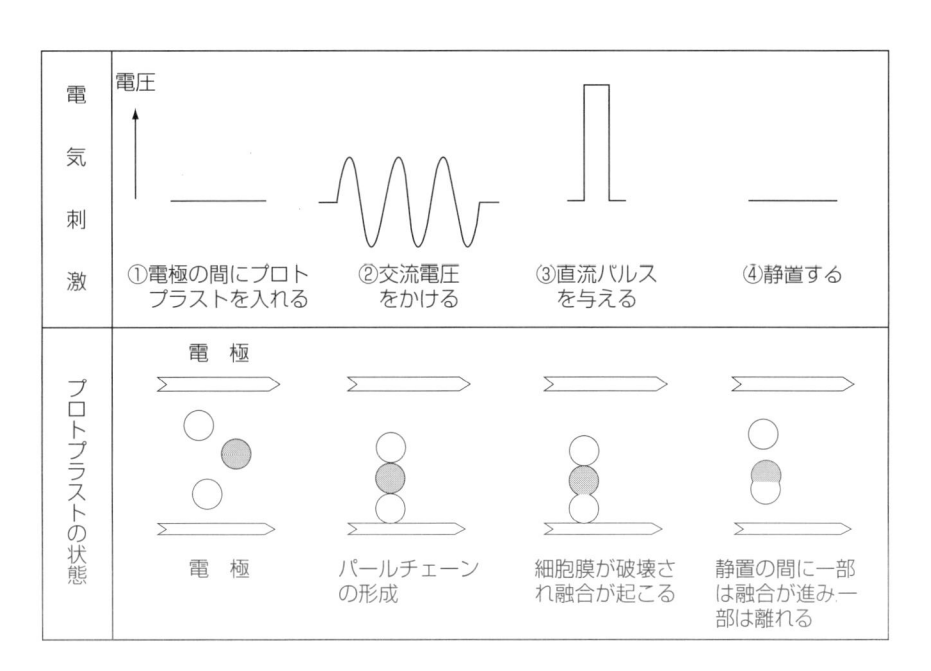

電気刺激	①電極の間にプロトプラストを入れる	②交流電圧をかける	③直流パルスを与える	④静置する
プロトプラストの状態	電極／電極	パールチェーンの形成	細胞膜が破壊され融合が起こる	静置の間に一部は融合が進み一部は離れる

図 6.5.3　電気融合法による細胞融合の基本手順

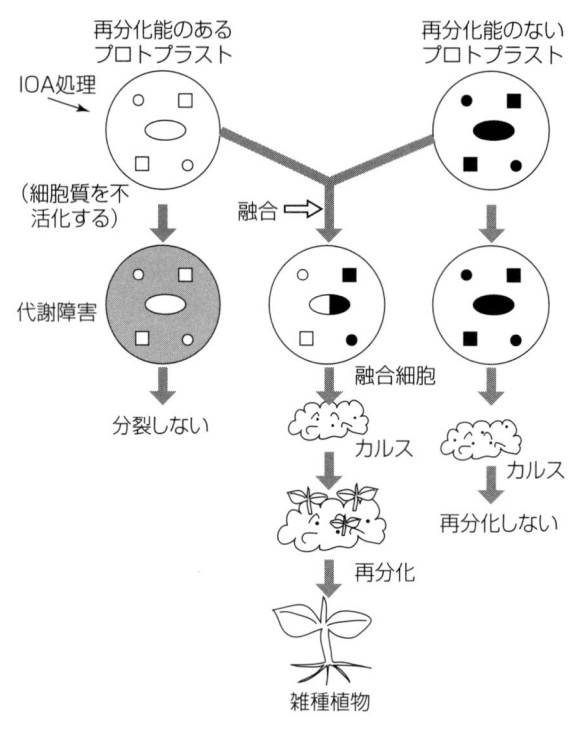

図 6.5.5　ヨードアセトアミド（IOA）処理による融合細胞の選抜法

〔注〕IOA 処理は，プロトプラストを 10mM IOA を含む W5 液に懸濁し，20〜25℃，10分間静置後，遠心分離によってプロトプラスト洗浄液で洗う（表 6.5.3 参照）

表 6.5.3　プロトプラスト融合に広く用いられる洗浄液の組成

CPW 塩			W5		
KH_2PO_4	27.2	mg/l	NaCl	9	g/l
KNO_3	101.0	mg/l	$CaCl_2 \cdot 2H_2O$	18.375	g/l
$CaCl_2 \cdot 2H_2O$	1,480.0	mg/l	KCl	0.37	g/l
$MgSO_4 \cdot 7H_2O$	246.0	mg/l	ブドウ糖	0.9	g/l
KI	0.16	mg/l	(pH 5.6)		
$CuSO_4 \cdot 5H_2O$	0.025	mg/l			
(pH 5.6〜5.8)					

〔注〕CPW 塩には 0.5M の濃度でマンニトールを加える

め「生かさぬように，でも殺さぬように」するこの方法には限界があり，融合細胞以外からの植物体も多く得られてしまうことが相次いだのであった。

そこで，磁力を利用した選別法が提案されている（Dorr ら，1994，図 6.5.6）。カナマイシンの耐性細胞（A）と感受性細胞（B）の細胞融合時の B 細胞にレクチンを付着させ，電気融合後に磁場を通過させると，磁場にはレクチンの付着した AB か B か BB のみが付着するので，その細胞をカナマイシンの添加培地で培養すると AB 融合細胞のみが分裂を開始する，というわけである。彼らはこの方法で，ジャガイモの細胞融合の選別率を 28% から 82% にまで高めたと発表し，磁力選別法（MACS）と名づけた。

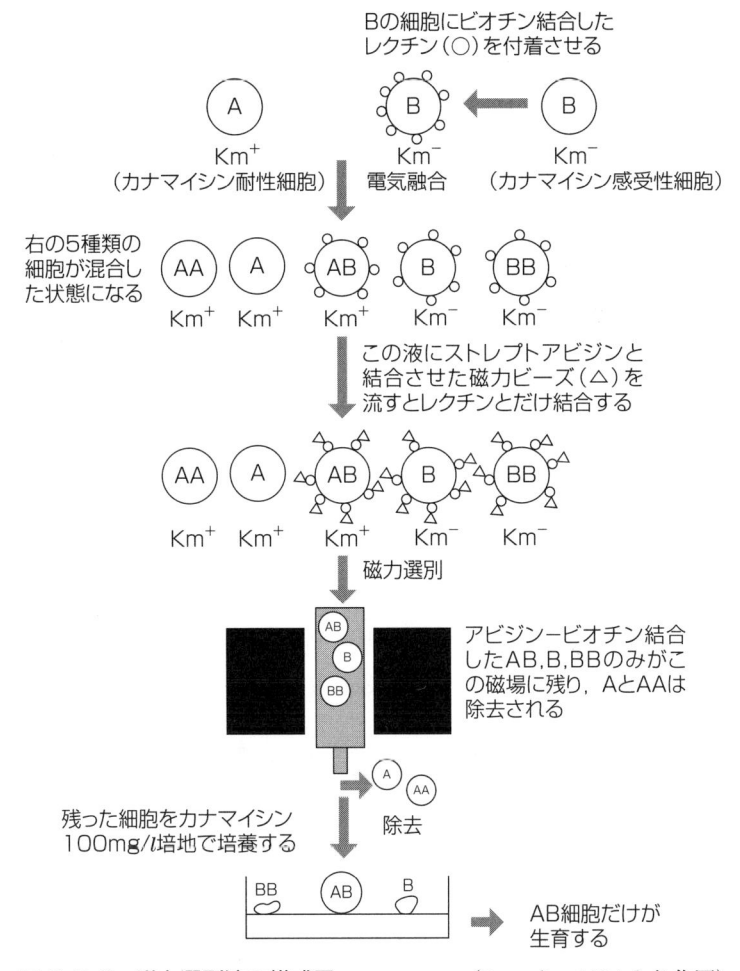

図 6.5.6　磁力選別法の模式図　　　　　（Dorr ら，1994 より作図）

〔注〕ビオチン：ビタミン B 複合体の 1 つで，ビタミン H ともいう。レクチン：細胞複合糖質（糖類）と結合することによって分裂誘起などの効果をおよぼす物質の総称。アビジン：卵白中のタンパク質の 1 つ。アビジン−ビオチン結合反応は生化学反応の検出に用いられる。カナマイシン（Km）：広く使用されている抗生物質の 1 つで，植物の細胞や組織は一部の例外を除いてカナマイシン 100 mg/l の添加培地では生き残れない

3. 細胞融合植物の実力

(1) 実用化の難しさを示すポマト，トマピーノ

　細胞融合のブームの火つけ役となったポマトの現実は厳しいものであった。ポマトは花の色や葉の形などが両者の中間を示したものの，地下部の塊茎はイモにならず稔性がなく種子をつけないため，種子による維持や「橋渡し植物」としての利用もできないままなのである（図6.5.7）。幸い接ぎ木による維持は可能なので，栄養体によって個体を維持している。

　このようにポマトは細胞融合植物の実用化の難しさを示す事例となっており，同様にトマピーノもちょうどポマトと同じ状態で，種子がとれず接ぎ木によって個体を維持している。これらの植物の栄養繁殖による増殖苗の利用場面が新たに開拓されるとおもしろいのだが。

(2) 雑種致死してしまったヒネ，メロチャ

　先に紹介した代表的な融合植物のうち，ヒネとメロチャはすでに世の中に存在していない。ヒネはフラスコ内で2～3cmになった時点で雑種致死を生じ，生育を停止してしまったという。メロチャも分裂細

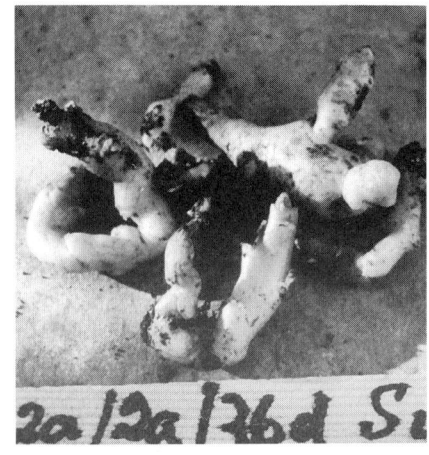

図6.5.7　接ぎ木によって維持されている「ポマト」(左)と「ポマト」のイモ(右)　（長田原図）

胞および茎葉の初期生育の段階まではカボチャの遺伝子が残っていたのであるが，完全な個体になった時点ではメロンそのものになってしまい，カボチャの遺伝子はすべて生育途中に欠落してしまったのである。このように縁の遠すぎる細胞融合個体は植物体として維持することも困難であることがはっきりしたのである（→ p.39）。

(3) 新しい育種素材として期待されるオレタチ

オレタチは期待のもてる融合植物である。育成後5年目に1個だけ初着果し，その翌年（1993年）には9個の果実をつけた（図6.5.8）。まだ果皮は厚いが，初着果のときのゴツゴツが少しうすれてきて，果実の外観がよくなっているという。カンキツ類にはこのほかにもシュウブル（温州ミカン＋ネーブル），マーブル（マーコット＋ネーブル）などの体細胞雑種が得られている。これらは稔性のある花粉を形成し，種子も形成されるため，新しい育種素材（中間母本）として期待されている。カンキツ類は胚培養などによる雑種育成についての蓄積も豊富であり，これら細胞融合による雑種も，雑種致死を示さない程度の比較的近縁なもの同士の組合せなのである。

図6.5.8 果実の外観がよくなってきたオレタチの果実　（小林原図）

(4) 実用化されたナス体細胞雑種，青菜の体細胞雑種

ナスの台木である'羽曳野育成1号'（岩本ら，2003：大阪府育成）は実用化された数少ない体細胞雑種の1つである（図6.5.9）。ナスを長年同じ畑で栽培すると土壌病害が発生し，大きな被害を受ける。通常，これを避けるために台木（病気に強い近縁種）に接ぎ木をする。ところが，病気に強い台木は果実の収量や品質が劣り，逆に果実の収量や品質がよい台木は病気に弱

い。そこで，両者の台木を細胞融合し，よい形質をあわせもたせたものがこの新品種である。この成果は，細胞融合が実際に役立つ技術であることを実証した点でも意義の大きなものである。

　山形県でも新種の野菜「山形みどり」(2003) を育成している。これは，山形青菜とハクサイ（中間母本農1号）の細胞融合によって生まれた漬物に適する野菜であるが，山形県のオリジナル新野菜として期待されている。

図 6.5.9　細胞融合によって育成されたナス台木（左：体細胞雑種，中：カレヘン，右：アカナス）　（岩本原図）

4. 今後の方向—技術の適用・応用の視点—

　①比較的近縁な種間雑種での利用が実用化されるだろう。胚培養などで雑種の得られる範囲の，比較的近縁な種間雑種は細胞融合後の植物体が維持され，育種素材としても利用しうるので，この実用化を目指した細胞融合の利用が広がっていくだろう。たとえばそれは，ペパーミント＋ジンジャーミント (1993)，ナス＋台木'カレヘン' (1994) などである。優良系統の作出にはこの程度の組合せによる融合が有効であり，現実にジャガイモでは栽培種と野生種の融合で葉巻ウイルスと軟腐病抵抗性をあわせもつ複合抵抗性素材ができている（入倉ら，1993）。

　②遠縁な組合せでは非対象細胞融合がいっそう進展するだろう。遠縁な植物の組合せでは融合細胞が得られても，その分裂から再分化の過程で片方の染色体が脱落してしまう。かろうじてぎりぎり植物体が再分化しても，完全な植物体にはいたらず，次代の子孫をとることはもちろん，当代を維持することもままならない。したがって，単純に遠縁な植物の核ゲノムを1対1の割合で融合させる細胞融合（対称融合ということもある）は一部の例外を除き，ほとんど実施されなく

なった。

そして，細胞融合の主流は，一方の細胞や核の細胞質の一部を融合相手にする，非対称細胞融合になっている（図6.5.10）。たとえばそれは，ナタネ＋ダイコン（1988），キャベツ＋ハクサイ（1988），トマト＋トマト野生種（1989），カリフラワー＋ダイコン（1992），トールフェスク＋イタリアンライグラス（1994），疫病抵抗性ジャガイモの作出

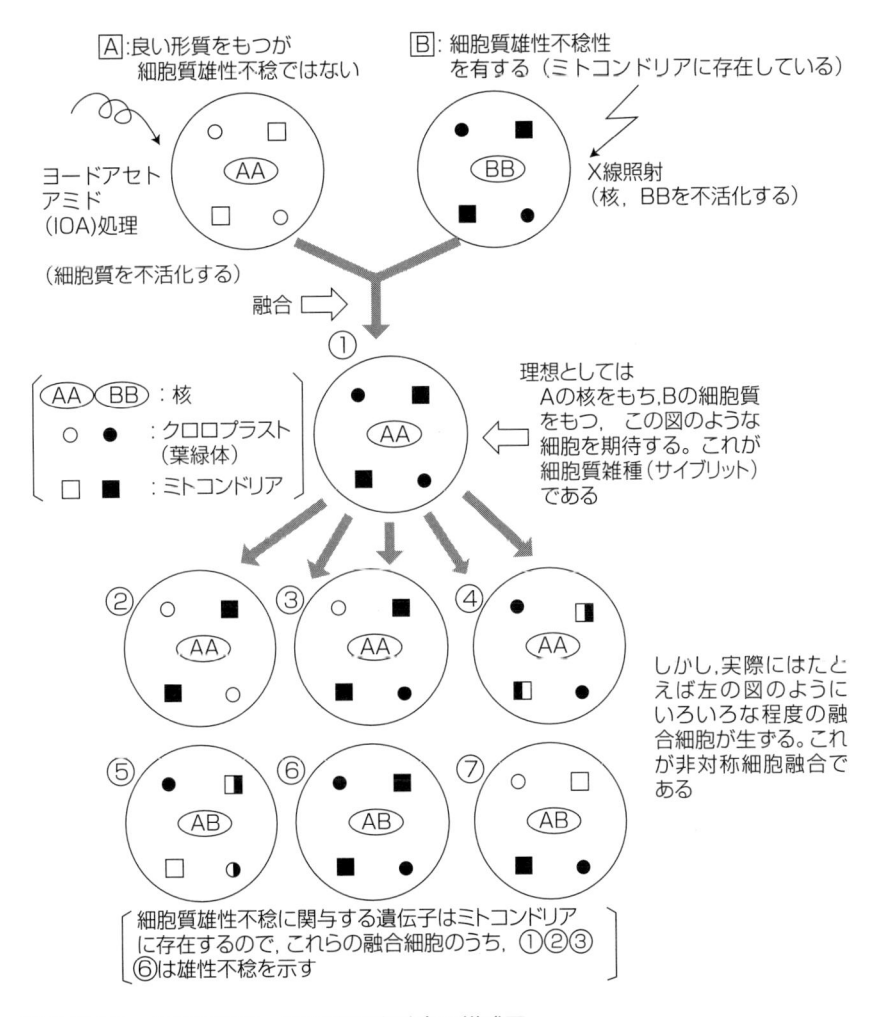

A：良い形質をもつが細胞質雄性不稔ではない
B：細胞質雄性不稔性を有する（ミトコンドリアに存在している）

ヨードアセトアミド（IOA）処理
（細胞質を不活化する）

X線照射
（核，BBを不活化する）

融合
①

AA BB：核
○ ●：クロロプラスト（葉緑体）
□ ■：ミトコンドリア

理想としては
Aの核をもち，Bの細胞質をもつ，この図のような細胞を期待する。これが細胞質雑種（サイブリット）である

② ③ ④

しかし，実際にはたとえば左の図のようにいろいろな程度の融合細胞が生ずる。これが非対称細胞融合である

⑤ ⑥ ⑦

細胞質雄性不稔に関与する遺伝子はミトコンドリアに存在するので，これらの融合細胞のうち，①②③⑥は雄性不稔を示す

図6.5.10 細胞質雑種，非対称細胞融合の模式図

図6.5.11 メロンとメロン野生種（メトリフェラス）の細胞融合によって誘導した奇形の茎葉(大澤原図)

(1994)などに利用されているのである。

③変異の幅を拡大する手段として活用されていくだろう。近縁なものの細胞融合であっても，細胞融合で育成される植物は交雑で育成される植物とは細胞質が異なっており，また融合処理から分裂，コロニー，植物再生の過程で変異が生ずる機会も多いため，変異の幅を拡大する手段として有効であることがわかってきた。たとえば，キャベツ＋ダイコン（1998），メロン＋メロン野生種（図6.5.11，1991），トマト＋トマト野生種（1993），キャベツ＋ダイコン（1993）などで変異が拡大されたとの報告がある。

④栄養繁殖性作物での利用が広く試みられていくだろう。栄養繁殖性作物では融合個体そのものをそのまま栄養繁殖して利用しうるので，もっともっと取り組まれてよいと思われる。とくにニンニク，ラッキョウ，ヤマイモ，サトイモ，フキ，サツマイモなどのように普通の状態では交雑の困難な材料での細胞融合は，実用的価値が高いと思われる。たとえば，タマネギ＋ニンニク（1989），ラッキョウ＋ニラ（1989），サツマイモ＋サツマイモ野生種（1992, 1993），ジャガイモ＋ジャガイモ野生種（1993, 1994）など報告が認められる。

このように細胞融合の研究が活発に行なわれた結果，その限界や利点，方向性も明確になってきたといえよう。私たちは，新しい育種素材を得る手段を手にしたのだから，あとはどこまでそれを有効に使いこなすかである。細胞融合で何をしたいのか，そのためにはどんな材料を使ったらよいのか，それこそがポイントなのである。それを抜きに「テクノロジー」ばかり追いかけてもそれは徒労といわなければならない。

> コラム

甘くなかった試験管内受精技術

多様な種や属をもつメロンやスイカなどのウリ科野菜をターゲットにして，相互の交雑親和性の研究と試験管内受精技術の開発に精力を注いだ時期(1985～1989)があった。実験はおもしろく，メロンの受精の瞬間を顕微鏡でとらえたときの感動は今も鮮明である。

そして，メロンやスイカでは，未受精の胚珠のそばにただ花粉粒を置いても，珠孔の中に花粉管が侵入するわけではないこと，しかし，花粉管の進行方向に合わせて顕微鏡下で1つひとつの胚珠の珠孔部分を向けてやると，おもしろいように胚珠に花粉管を侵入させることができること，この胚珠をピンセットでつまむと，花粉管と花粉粒がそのまま引っ張られて移動し，か細い花粉管がじつにじょうぶであること，一度珠孔から胚珠に侵入した花粉管がはずれることはないこと，などを確かめたのである。この時点では試験管内受精技術は，新しい育種技術の切り札になると夢がふくらんだのであった。

ところが，この実験のその後は甘くなかった。受精させたと思われた胚珠は，ある程度まで肥大したものの，それ以上の発育は示さなかったのである。そこで，この胚珠を蛍光色素で染色して調べたところ，花粉管は胚珠から侵入しただけで胚のうの周りを素通りしており，受精していなかった(写真左)。

その改善法として，①花粉には花柱から出てきた花粉管を用いる，②胚珠には受精のシグナル伝達時間を考慮して受粉後12時間後の未受精胚珠を用いる，などの工夫によって10～12％の受精させた胚珠を獲得することができるようになった(写真右)。しかし，この受精卵細胞を培養可能な大きさの胚にまで発育させることができず，再び壁につき当たったのである。この技術開発は5年後に中断のやむなきにいたったが，植物の受精現象の深遠さの一端を垣間みて，ある面では妙に納得できるものであった。

それにしても，花粉粒がそばにあれば簡単に受精する，タバコやペチュニアの胚珠の節操のなさはどうなっているのであろうか。

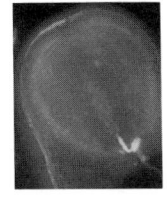

▲侵入した花粉管が素通りした胚珠(左)と受精した胚珠(右)

6 遺伝子組換え技術

　1980年代の後半から新しい育種技術としておおいに期待されたのが，遺伝子組換え技術である。この技術が期待された大きな理由は，目的の形質に関する遺伝子のみを導入できること，生物の種の壁を越えて遺伝子を導入できることにある。その意味で遺伝子組換えは「究極の育種技術」と考えられ，実用化に向けた研究が急速に進められた。その結果，すでに商品化された遺伝子組換え作物が世界各地で栽培されるようになった。同時にこの急速な遺伝子組換え作物の普及に対しては，環境への影響などの社会的な懸念も生まれている。ここでは，この技術の実態と今後について述べる。

1. 小史―技術の出発点―

　すべての生命活動の設計図である遺伝子の本体DNAの2重らせん構造がワトソンとクリックによって明らかにされたのは1953年である。以来50年，多くのめざましい発見と成果が報告され，この分野は分子生物学という新たな学問領域を生んだ。遺伝子組換え技術は，この分子生物学の研究手段として発展してきた。そして，DNAを修復する合成酵素の発見（Cellertら，1967）や，DNAを切断する制限酵素（→p.242 図7.3.3参照）の発見（Smithら，1971）によって遺伝子組換えが現実のものとなり，大腸菌にヒトのインスリンをつくらせることもできるようになった（Itakuraら，1979）のである。

　高等植物への遺伝子組換えが世界ではじめて報告されたのは，タバコによる研究である（Zambryskiら，1983）。これはアグロバクテリウム・ツメファシエンス（*Agrobacterium tumefaciens*，最近 *Rhizobium radiobactor* に学名変更）という土壌細菌のもつ遺伝子組換えの働きを利用したものであった。その後，1980年代後半から1990年代はまさに，植物の遺伝子組換えの10年であったといえよう。1989年にはわが国

図6.6.1 遺伝子組換えトマト（右）と宿主トマト（左） （農業生物資源研究所提供）

初の遺伝子組換えトマト（図6.6.1）に期待どおりのウイルス抵抗性が付与されたとの報告があり，その後も精力的な研究が進められた。

そして現在では，すでに商業作物として遺伝子組換え作物が利用されているトウモロコシ，ダイズ，ナタネ，ワタ，トマトなどに加え，イネ，コムギ，オオムギ，ジャガイモ，サツマイモ，メロンなどの主要な栽培植物，さらには，花き，果樹においても遺伝子組換え体の作出の報告があり（表6.6.1），遺伝子導入法も土壌細菌を用いた方法以外に新しい方法が多数開発されている。

2. 植物遺伝子組換えの方法

遺伝子組換え技術を利用して新しい品種や育種を作出するには大きく分けて，①有用遺伝子の単離，②遺伝子の導入と植物体の育成，③遺伝子組換え植物の評価という3つのステップを踏むことになる。

なお，以上の組換えDNA実験は，遺伝子組換え生物等規制法（2004年2月19日施行）に従って実施しなければならず，実験に従事するものはその法律をよく理解していなければならない（この法規制にもとづいて組換えDNA実験を行なう場合の実施の手順については後述する。→ p219）。

(1) 有用遺伝子の単離

ひとくちに有用遺伝子といっても一様ではなく，多収性，耐冷性，耐病性など永年の育種目標であった形質のほか，味や香り，花色などの形質も重要な育種目標である。では，こういった形質を支配する遺伝子を単離することができるのだろうか。以前は，これらの目的遺伝

表 6.6.1　遺伝子組換えに成功している植物
（農水省バイテク課調査，1994.4；江面加筆訂正，2005.2）

分類	わが国でも成功している植物	わが国ではまだ成功していない植物
普通作物 豆類 工芸作物 (19種)	イネ, コムギ, オオムギ, ジャガイモ, ダイズ, アズキ, タバコ, ナタネ, コウゾ, カンゾウ, ベラドンナ, クワ, テンサイ	ササゲ, アマ, ワタ, ヒマワリ, サトウキビ, ラッカセイ
牧草 飼料作物 (10種)	トールフェスク, ベントグラス, クリーピングベント, バーズフット・トレフォイル, トウモロコシ	イタリアンライグラス, オーチャードグラス, パニカム, アルファルファ, シロクローバー
野菜 (22種)	メロン, キュウリ, トマト, ナス, キャベツ, ブロッコリー, レタス, アスパラガス, ニンジン, イチゴ, ユウガオ, ハクサイ	カリフラワー, セロリー, 西洋カボチャ, タマネギ, エンドウ, インゲンマメ, チコリー, スイカ, ピーマン, ダイコン
果樹 (13種)	リンゴ, カンキツ, カラタチ, ブドウ, カキ, キウイフルーツ	モモ, アンズ, プラム, クルミ, パパイア, ナシ, クリ
花き (12種)	キク, カーネーション, バラ, トルコギキョウ, ペチュニア, ファレノプシス, トレニア, シャクナゲ, シンテッポウユリ, キンギョソウ, ユリ（オリエンタル系）	デンドロビウム
林木 (12種)	ポプラ, 交雑ヤマナラシ, ユーカリ	アメリカメギ, ダグラスファー, カリビアマツ, ラジアータマツ, テーダマツ, カラマツ, ドイツマツ, スギ, ヒノキ

〔注〕合計で88種, そのうち日本でも成功している植物は50種

子を単離することは容易ではなかった。その最大の原因は，①目的の形質を発現するメカニズムが理解されていないために，形質を支配している遺伝子を特定できない，②目的の形質が1つの遺伝子によって制御されている場合は少なく，遺伝子群（ポリジーン，polygene）によって制御されている場合が多いので，結果的に導入すべき遺伝子を特定できない，などであった。

　もちろん，ポリジーン支配の形質でも，その中に決定的なカギを握る遺伝子がある場合もある。たとえば「花弁の色素の合成経路にかか

わる遺伝子群のうち，特定の1個の遺伝子を導入することで花の色を変えた」報告（Meyerら，1987）である。多収性のように，その形質に関与する遺伝子を単離すること自体が困難な形質もあるが，花色などのように，遺伝子組換え技術の育種目標に適した形質もある。

しかし，ここ十数年にわたる分子遺伝学やゲノム研究の目覚ましい発展は，多くの有用遺伝子の単離を可能にしてきた。たとえば，「緑の革命」を引き起こしたコムギの半矮性遺伝子が分子遺伝学の手法を駆使して単離された（Pengら，1999）。わが国の植物分野においては，1991年からイネゲノムプロジェクトが進められている。これは50年余りにわたって交雑と遺伝学的手法で作成されてきた染色体地図上の遺伝子に，分子生物学的手法で決定されたDNAの塩基配列の，どの部分が相当するかを特定するもので，2004年12月に全ゲノム塩基配列の解読が終了した。その間，病害抵抗性や形態形成などにかかわる多くの有用遺伝子が単離された。そして，今まさにこれらのゲノム情報をフルに活用した作物改良がはじまろうとしている。

著者らのかかわるウリ科作物に目を向けると，地道に進めてきた分子遺伝学的な研究が功を奏し，この作物にとってきわめて重要な4つの遺伝子，つる割れ病抵抗性遺伝子（Fom-2），灰色かび病抵抗性遺伝子（eR），メロンネクロティックスポットウイルス抵抗性遺伝子（$mnsv$），そしてアブラムシ抵抗性遺伝子（Vat）が過去2年の間に相次いで単離された（Cucurbitacea 2004より）。他の有用遺伝子も次々に単離されるだろう。そして，今後，これらの遺伝子の育種利用が急速に進むと考えられる。

実際に遺伝子組換えに使用されている遺伝子のうちで，育種上有用な形質を付与したものの一部をあげてみた（表6.6.2）。これらの中でBt毒素タンパク質遺伝子とグリホサート抵抗性遺伝子は，すでに商業化されている遺伝子組換え作物で広く利用されている。

(2) 遺伝子の導入と植物体の育成

おもな遺伝子の導入方法を表6.6.3に示したが，それぞれに長所，短

表 6.6.2　単離されている育種上有用な遺伝子

単離されている遺伝子	発現する形質	対象作物
1. TMV, CMV, RSV などの各種ウイルスの外被タンパク質遺伝子	それぞれのウイルス病の抵抗性付与	タバコ, ペチュニア, イネ, メロン, トマトなど
2. 卒倒病菌(バチルス菌)のBT毒素タンパク質遺伝子	鱗翅目昆虫を中心とする殺虫性	タバコ, イネ, シバなど
3. ササゲのトリプシンヒビター(プロテアーゼ分解酵素)遺伝子	オオタバコガが葉を食害しなくなる	タバコ
4. ポリガラクツロナーゼ抑制遺伝子	呼吸を抑制して日持ちをよくする	トマト
5. イネアレルゲン抑制遺伝子	低アレルゲン米の育成	イネ
6. rol. C(わい化)遺伝子	草丈のわい化	タバコ, トルコギキョウなど
7. グリホサート抵抗性遺伝子	除草剤抵抗性	ダイズ, タバコなど
8. デルフィニジン合成酵素遺伝子(3'5'ヒドロキシラーゼ)	青色の発色(期待)	バラ
9. キチナーゼ遺伝子	うどんこ病(期待)	イチゴ
10. カロチノイド合成酵素遺伝子	黄色の発色(期待)	シクラメン, セントポーリア

〔注〕 8.9.10. の遺伝子による有用形質の発現は今後に期待されているものである

表 6.6.3　植物のおもな遺伝子導入法とその特色

	導入法	長所	短所
間接法	アグロバクテリウム法(ツメファシエンス, リゾゲネス)	・適用できる組織培養法の範囲が広い	・単子葉植物など感染しにくい植物種がある
直接法	エレクトロポレーション法	・植物種を選ばない	・プロトプラスト再分化系が必要 ・装置が必要
	パーティクルガン法	・植物種を選ばない	・装置が必要 ・再生植物体のキメラ化が起こる
	PEG(ポリエチレングリコール)法	・装置を必要としない ・植物種を選ばない	・プロトプラスト再分化系が必要

所があり目的の植物や設備などに応じて適した方法が選ばれる。大きく間接法と直接法に分けて考えることができる。

間接法 間接法のうち，もっとも重要なのはアグロバクテリウム法である。アグロバクテリウム・ツメファシエンスは，野菜，果樹など多くの植物の根や茎にこぶ（図6.6.2, 腫瘍のことでクラウンゴールという）をつくる根頭癌腫病の原因となる細菌で，細胞の中に自己複製できる環状DNA（Tiプラスミドと呼ばれる）をもっている。このプラスミド上にはT-DNAとvirと呼ばれる2つの領域がある（図6.6.3）。T-DNA上には，植物ホルモンとオパインと呼ばれるアミノ酸を合成する遺伝子が存在しているため，

図6.6.2 **クラウンゴール**（ナシの根） （澤田原図）

＜植物ホルモン合成遺伝子＞
iaaM（トリプトファンモノオキシゲナーゼ）
iaaH（インドールアセトアミドヒドロラーゼ）
ipt（イソペンテニルトランスフェラーゼ）

T-DNA ca.20kb

＜オパイン合成遺伝子＞
オクトピン型
ノパリン型
アグロピン型

LB RB

vir領域 ca.42kb

virA
virB1-11
virC1-2
virD1-5
virE1-3
virF
virG
virH
virJ
ORF1-5

Ti プラスミド ca.200kb

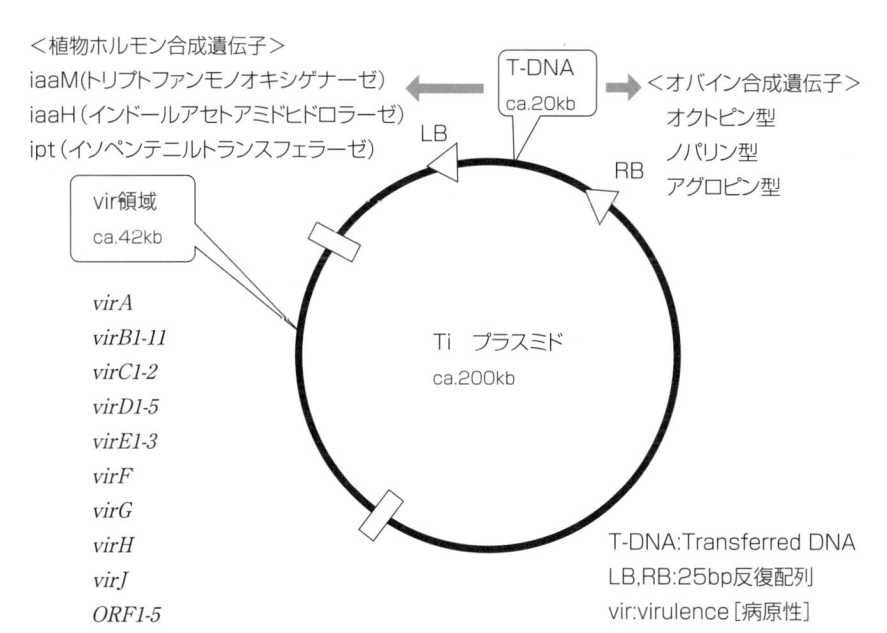

T-DNA:Transferred DNA
LB,RB:25bp反復配列
vir:virulence[病原性]

図6.6.3 **アグロバクテリウムがもつTiプラスミド** （江面原図）
〔注〕「ca.200kb」はこのプラスミドの大きさが20万塩基であることを示す

この部分が植物細胞に送り込まれると，植物細胞は，細菌のDNAを自分のDNAと誤解して読み取り，植物ホルモンとオパインを生産するのでこぶができてしまう。つまり，この細菌のもつTiプラスミドは，自分が生き延びるために，日常的に「遺伝子組換え」を行なっていたのである（図6.6.4）。vir上にはT-DNAを植物細胞に送り込むのに必要とされる各種のタンパク質をコードする遺伝子が座上している。

このT-DNAと呼ばれる領域の遺伝子を抜き取り，その代わりに人間にとって有用な遺伝子と入れ換えて遺伝子組換えを行なうのである。現在育成されている遺伝子の組換え植物の多くはこの方法によるものである（図6.6.5）。また，シロイヌナズナなど一部の植物でのみ可能であるが，遺伝子導入に組織・細胞培養技術をまったく使用しない遺伝

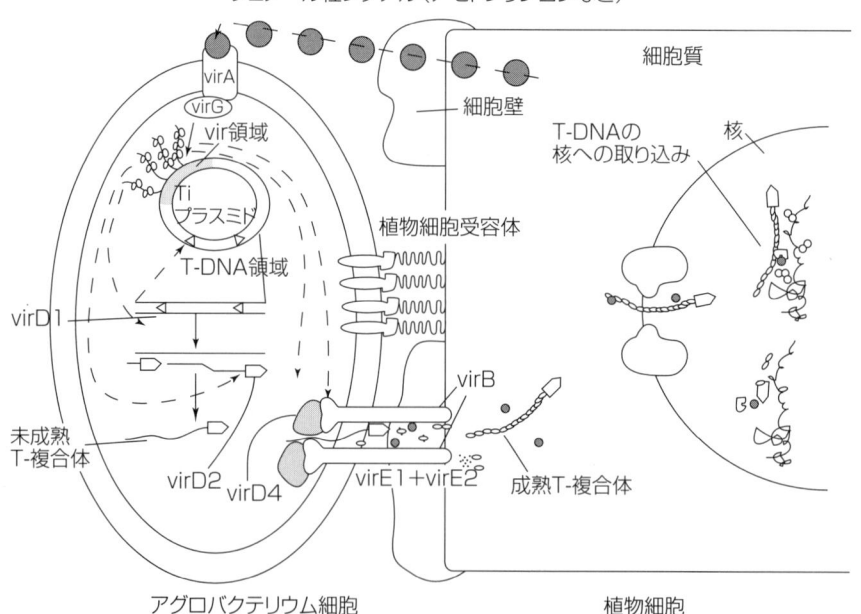

図6.6.4　アグロバクテリウムが植物細胞へ遺伝子を組込む仕組み　　（江面原図）
〔注〕アグロバクテリウム内のTiプラスミド上のvir領域にある遺伝子からつくられる各種タンパク質（virA, virB, virD1, virD2, virE1, virE2, virGなど）の働きによりTiプラスミド上のT-DNAは転写され，さらに植物細胞に運び込まれ，最終的に植物ゲノムに組み込まれる

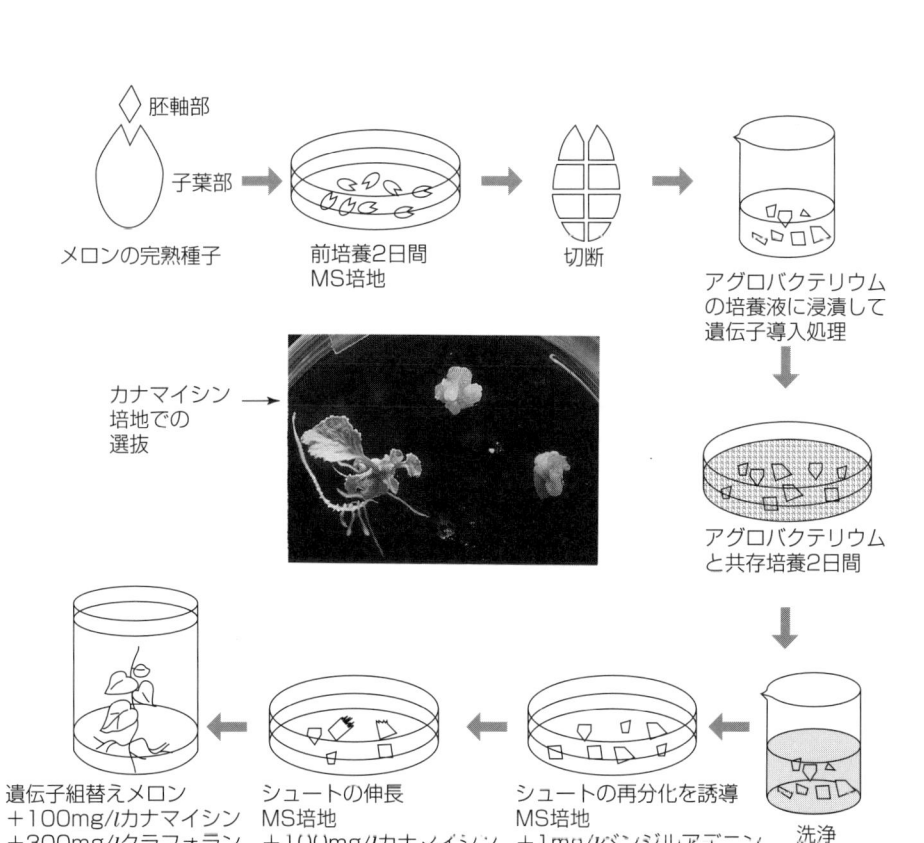

図 6.6.5　アグロバクテリウム法によるメロンの遺伝子組換えの手順　　　（吉岡原図）
〔注〕＊形質転換体選抜用抗生物質　＊＊アグロバクテリウム除菌用抗生物質

子導入法（in planta 法という）も開発されている。

　アグロバクテリウム・ツメファシエンスと同じ機構で遺伝子組換えを行なうものに，アグロバクテリウム・リゾゲネス（*Rhizobium rhizogenes* と学名変更）という土壌細菌がある。腫瘍化を引き起こす Ti プラスミドの代わりに，毛状根を誘導する Ri プラスミドをもっており，組換えられた植物は毛状根が盛んに発生する。このほかカリフラワーモザイクウイルスなどの植物ウイルスもその感染力と増殖力から初期には遺伝子の運び屋（ベクター）として利用されたが，現在ではほと

んどアグロバクテリウム法に代わっている。

直接法 エレクトロポレーション法，パーティクルガン法に代表される直接的方法は，アグロバクテリウムに感染しない植物のために開発された方法であったが，その簡便さによって，今では多くの植物種で使用されている。

エレクトロポレーション法は，DNAの存在する溶液にプロトプラストを入れ，瞬間的な電気パルスによって穴をあけDNAを取り込ませる方法である。細胞内にはいったDNAは，ある確率で染色体に取り込まれる。このプロトプラストから植物体を再生させて遺伝子組換え植物を育成する（図6.6.6）。

パーティクルガン法は，タングステンや金の微小粒子（径$1 \sim 5$ μm）にDNAをまぶし，これを散弾銃のような装置でカルスなどの植物組織に向かって発射する（図6.6.7）。粒子は植物の細胞膜をつき抜け，表面にまぶしたDNAとともに細胞内にはいり込む。この細胞から，植物体を再生させて遺伝子組換え植物を育成する。

このほか，PEGでプロトプラストとDNAを直接融合させるPEG法や，シリコンカーバイドの針で微細な穴をあけて，そこからDNAを進入させるシリコンカーバイド法などもある。

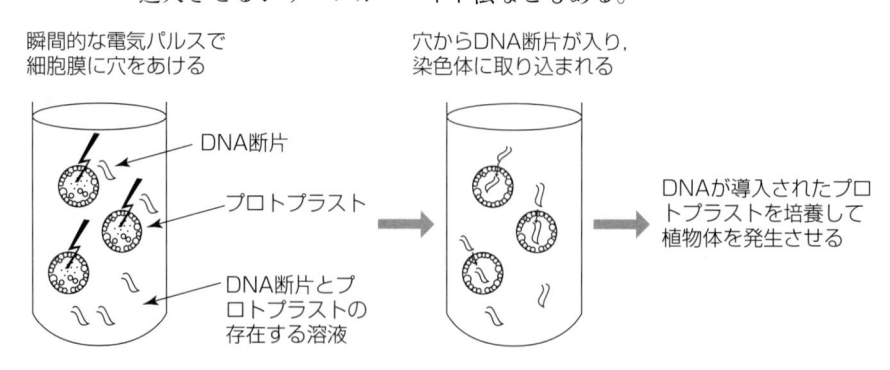

図6.6.6 エレクトロポレーション法による遺伝子導入の模式図

(3) 遺伝子組換え植物の評価

 遺伝子組換え技術を育種技術として考える場合，遺伝子組換えによって育成された植物に対しての正しい評価が重要である。この場合の評価は，遺伝子組換え植物の形質の評価と，安全性の評価の2つに分けて考えることができる。

遺伝子組換え植物の形質の評価　第一の問題は，導入した遺伝子の働きによって目的とした形質が現われるか否かである。この判定は容易ではない。遺伝子組換えはともすると，遺伝子を導入さえしてしまえば目的の形質をもつ植物が得られると考えられがちであるが，実際はそうではない。育成した遺伝子組換え植物の間で，目的の形質の発現の仕方にかな

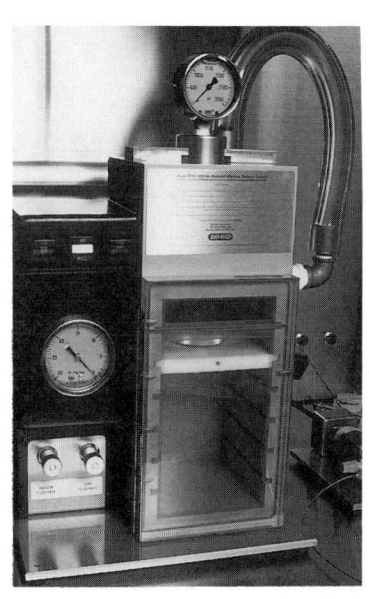

図6.6.7　パーティクルガンの装置

りの差異がある(表6.6.4)。この原因は，組み込まれた遺伝子の染色体上の位置による違い（位置効果）であるともいわれているが，はっき

表6.6.4　形質転換メロンの自殖後代のCMV発病程度の違い

(Yoshiokaら，1993)

親系統*	予備選抜**	接種後の発病の推移*** (発病個体数／供試個体数, －：未調査)			
		3日	5日	7日	10日
C1	－	4／5	5／5	5／5	5／5
C2	－	2／7	7／7	7／7	7／7
M5	－	0／5	2／5	2／5	－
M6	－	1／6	5／6	5／6	－
M7	－	4／5	4／5	4／5	5／5
M5	＋	0／3	0／3	0／3	0／3
M7	＋	1／5	3／5	3／5	4／5

〔注〕　＊　C：非形質転換体，M：形質転換体
　　＊＊　－：無選抜，＋：100mg/l カナマイシン添加培地上で発芽させて選抜
　＊＊＊　各々の個体に2μg/mlの濃度のCMVを接種

りした解析はまだなされてはいない。染色体上の特定の位置に目的遺伝子を導入する相同組換え法の開発が行なわれているが，植物では実用レベルに達していない。今のところ，組換え植物を数多く育成して，その中から目的の形質をもつものを選抜していくしかないのである（図6.6.8）。そのため，遺伝子組換え植物を数個体育成して，目的の形質が発現していないからといって，導入遺伝子が効果的でないと結論づけてしまうのは性急で，細胞における遺伝子の発現様式が多様であることをつねに認識しておくことが大切である。

安全性の評価 安全性の評価は，環境に対する安全性と人に対する安全性（食品として利用する場合）の2つの視点で実施される。育成した遺伝子組換え植物の環境に関する安全性評価は，関係6省（財務，文部科学，厚生労働，農林水産，経済産業，環境）が共同で2004年2月19日に定めた「遺伝子組換え生物等の使用等による生物の多様性の確保に関する法律」にもとづいて行なわれる。人に対する安全性は，厚生労働省が定めた組換えDNA技術応用食品の安全性審査の基準に従って行なわれる。この基準では，導入遺伝子から生産されるタンパク質の人に対する安全性を中心に審査が行なわれる。

組換え植物は，図6.6.9に示した3つの隔離段階，つまり閉鎖系実験，

図6.6.8 **遺伝子組換えによって育成した多数のメロン（左）とCMV抵抗性試験のメロン（右）**
（右の写真の右側が抵抗性を示したもの，左側は抵抗性を示さなかったもの）

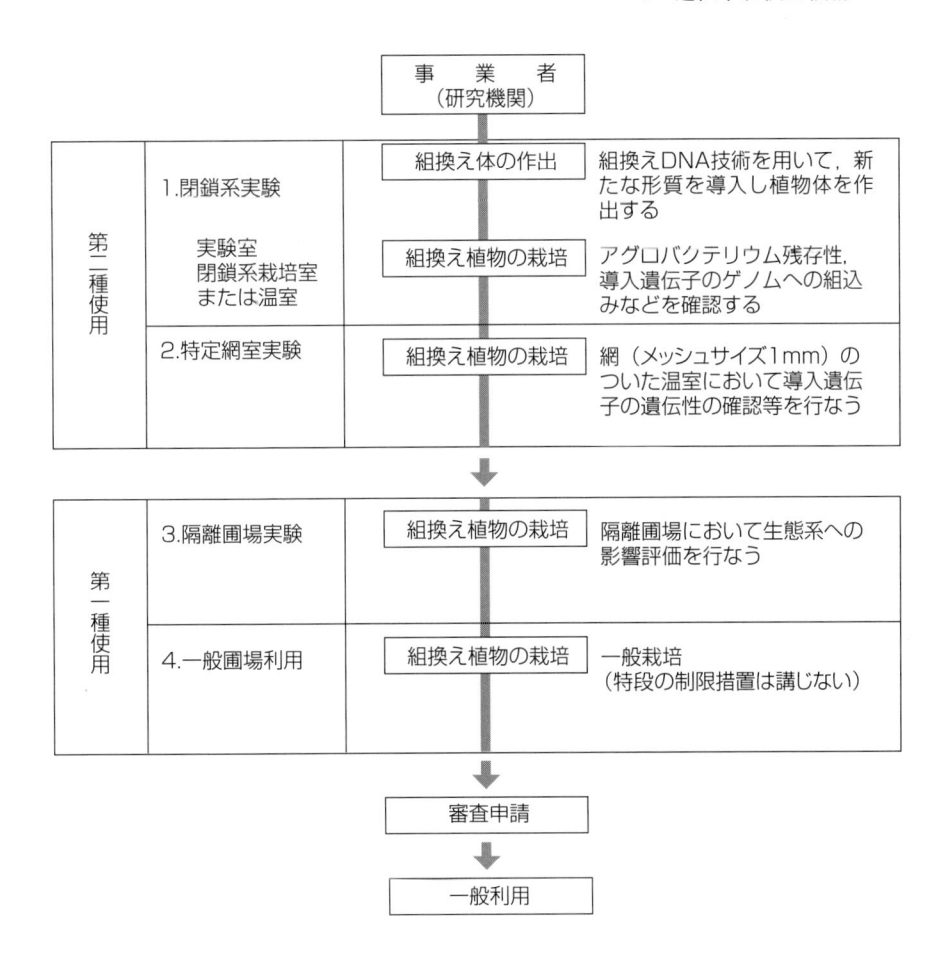

```
                    ┌─────────────┐
                    │  事業者     │
                    │ (研究機関)  │
                    └──────┬──────┘
                           ▼
┌─────┬──────────────┬──────────────────┬─────────────────────┐
│     │ 1.閉鎖系実験 │ 組換え体の作出   │ 組換えDNA技術を用いて，新
│     │              │                  │ たな形質を導入し植物体を作
│ 第  │ 実験室       │                  │ 出する
│ 二  │ 閉鎖系栽培室 ├──────────────────┼─────────────────────
│ 種  │ または温室   │ 組換え植物の栽培 │ アグロバクテリウム残存性,
│ 使  │              │                  │ 導入遺伝子のゲノムへの組込
│ 用  │              │                  │ みなどを確認する
│     ├──────────────┼──────────────────┼─────────────────────
│     │ 2.特定網室実験│ 組換え植物の栽培 │ 網（メッシュサイズ1mm）の
│     │              │                  │ ついた温室において導入遺伝
│     │              │                  │ 子の遺伝性の確認等を行なう
└─────┴──────────────┴─────────┬────────┴─────────────────────┘
                                ▼
┌─────┬──────────────┬──────────────────┬─────────────────────┐
│ 第  │ 3.隔離圃場実験│ 組換え植物の栽培 │ 隔離圃場において生態系への
│ 一  │              │                  │ 影響評価を行なう
│ 種  ├──────────────┼──────────────────┼─────────────────────
│ 使  │ 4.一般圃場利用│ 組換え植物の栽培 │ 一般栽培
│ 用  │              │                  │ （特段の制限措置は講じない）
└─────┴──────────────┴─────────┬────────┴─────────────────────┘
                                ▼
                         ┌─────────────┐
                         │  審査申請   │
                         └──────┬──────┘
                                ▼
                         ┌─────────────┐
                         │  一般利用   │
                         └─────────────┘
```

図6.6.9 組換え植物の栽培試験の実施手順

　特定網室実験，隔離圃場実験を終えたあと完全な開放系である一般圃場での利用試験に移行することになっている。現在の法律では，なんらかの導入遺伝子の拡散防止措置を講じている閉鎖系実験と特定網室までの組換え体の利用を第2種利用，特段の拡散防止措置を講じない隔離圃場と一般圃場での組換え体の利用を第1種利用と呼ぶ。

　第1ステップの閉鎖系温室（図6.6.10，上）は，排水，空調のすべてにおいて隔離されているもので，温室からの排水は高圧滅菌後，処理される。空気もすべてフィルター滅菌される。当然，試験に用いら

れた植物体や鉢などはすべて滅菌される。著者らのメロン研究では，この閉鎖系温室において花粉の飛散，形態の変化，開花特性の変化，有毒物質の生産の有無などについて調査が行なわれた（田部井ら，1994）。

第2のステップは，特定温室である（図6.6.10，下）。ここは，通常のガラス網室に前室，および高圧滅菌器が備え付けられたもので，排水は，すべて高圧滅菌後処理されることになっている。また，部屋全体が昆虫や小動物の侵入を防ぐためにネット（メッシュサイズ1mm）で覆われ，空気の出入りは自由に行なわれる条件となっている。温室の周囲1m以上を雑草が生えないようにコンクリートで固めるか，砂利を敷く。ここでは，導入遺伝子によって付与した形質以外の他の形質が，非組換え植物と異なるか否かについてさまざまな角度から調査される。

図6.6.10 閉鎖系温室（上）と非閉鎖系温室（下）

第3のステップが，隔離圃場実験である（図6.6.11）。これは隔離された圃場であり，まず，近くに交配可能な植物体がないようにする。地下は小動物（モグラやネズミ）などが侵入できないように壁を築いて隔離されているが，地上は通常の圃場と同じである。

以上のような環境下で，栽培に関する徹底した安全性の評価が行なわれるわけである。日本ではじめて安全性評価に供試されたのは，タバコモザイクウイルス（TMV）の外皮タンパク質遺伝子を組み込んだ

図 6.6.11　模擬的環境（隔離圃場）でのメロンの調査

遺伝子組換えトマトであった。このトマトは，第4段階の一般圃場での栽培まで行なわれた。

(4) 組換え DNA 実験実施の手順

組換え DNA 実験安全委員会の設置　組換え DNA 実験を実施しようとする機関は，組換え DNA 実験安全委員会（以下，安全委員会）を設置しなければならない。この委員会は，組換え DNA 実験計画（以下，実験計画）の審査，実験施設の承認，実験従事者の教育と健康管理などを行なう。また，組織ごとに組換え DNA 実験安全主任者（以下，安全主任者）を任命し，円滑な実験の実施を図る必要がある。

○安全主任者は，各組織内の実験責任者が実験計画をつくる際に適切な助言・指導（第1種利用実験か，第2種利用実験か，実験のレベルは適切かなど）を行ない，また実験施設が基準どおりに設定（P1，P2，P3 など）されているかどうかを管理する。

○組換え DNA 実験責任者（以下，実験責任者）は，安全主任者の助言を受けながら実験計画を作成し，安全委員会に審査申請を行なう。安全委員会は，申請された実験の種類（機関実験か，大臣確認実験か），実験計画の妥当性（拡散防止レベルは適切かなど）を判断し，実験の実施を許可する。実験責任者は，安全委員会の許可が出た時点で実験を開始することができる。

　その他，詳細については，遺伝子組換え生物など規制法を参考にするか，各組織の安全主任者にうかがってほしい。

3. 遺伝子組換え植物の実力

　アメリカでタバコの形質転換体第1号が作出されてから20年がたって，この間多くの遺伝子組換え植物が作出された。それらの中で，1994年，日持ち性を改良した遺伝子組換えトマト「フレーバー・セイバー」がアメリカで商品化され，遺伝子組換え作物の食品としての利用がはじまった。そして1996年から，アメリカで除草剤耐性や害虫抵抗性をもつ遺伝子組換え作物の商業目的栽培が開始された。国際アグリバイオ事業団（ISAAA）の報告によると，1996年時点での世界の遺伝子組換え作物栽培総面積は170万haであったのに対し，2003年には40倍の6,770万haにまで拡大している。この面積は，じつに日本の耕地面積の13倍以上に匹敵する。また2002年と比較して栽培面積が15％伸びており，栽培開始から7年間連続で2桁の増加を続けている。ここでは，商品化された遺伝子組換え植物とそれをめぐる課題について取りあげる。

(1) 商品化第1号となった「日持ちのよいトマト」

　収穫後日持ちのよいことは，農産物に高い付加価値をつける。トマトのような果実ならなおさら，日持ちのよいことは重要な育種目標であろう。トマトの果実における成熟過程の研究から，収穫後の追熟に関する酵素反応が明らかとなり，このうちの1つの反応を触媒する酵素，ポリガラクチュロナーゼの遺伝子の発現を抑制することで，貯蔵性の高い遺伝子組換えトマトが作出された(1988)。この遺伝子の発現抑制は，目的とする遺伝子の相補的配列をもった遺伝子（アンチセンスRNA）の導入により行なわれたものである。このトマトは，食品化に向けたさまざまな安全性評価が行なわれ，米国FDA（食品医薬品局）の認可を得て1994年6月から，遺伝子組換え作物の商品化第1号として「フレーバー・セイバー」という名称で，カルジーン社から販売されることになった。しかし，現在では販売されていない。日本でもこの品種を育種親に日持ちのよいトマトが開発されたが，やはり社

会情勢の変化により商品化にはいたっていない。この品種は，遺伝子組換え技術の有効性を社会に示した点で意義があった。

(2) 遺伝子組換え作物の栽培が世界的な広がりをみせている

作物別に遺伝子組換え作物の栽培面積をみると，ダイズが一番多く（世界の組換え作物栽培総面積の61%），次いでトウモロコシ，ワタ，ナタネの順で，これらの世界の作付面積全体に占める割合は，ダイズ55%，ワタ21%，ナタネ16%，トウモロコシ11%となっている（2003年，表6.6.5）。また，これら組換え作物の栽培面積は前年と比較して増加傾向にある。

導入した形質の特性別でみると，除草剤耐性を付加させたものがもっとも多く（世界の組換え作物作付面積の73%），次いで害虫抵抗性（Bt作物，図6.6.12）を付加させたもの（18%），除草剤抵抗性と害虫抵抗性を両方付加させたもの（8%）となっており，現在，商業目的で栽培されている遺伝子組換え作物の99%がこれらの特性もつ作物である。

遺伝子組換え作物を栽培している国は，2002年の16カ国から2003年には2カ国（ブラジルとフィリピン）増えて18カ国となり，上位6カ国

表6.6.5 世界の遺伝子組換え作物の栽培面積
（ISAAA2003報告より作成）

	栽培面積（万ha）	世界の作付面積に対する遺伝子組換え作物の割合
ダイズ	4,140 (61%)	55%
トウモロコシ	1,550 (21%)	11%
ワタ	720 (11%)	21%
ナタネ	360 (5%)	16%
計	6,770	

〔注〕（ ）内は全体の遺伝子組換え作物の栽培面積に占める割合

図6.6.12 アメリカでのBt作物の例（左：組換えBtトウモロコシ，右：非組換えトウモロコシ〈害虫の小さな食痕がみられる〉）　　　（江面原図）

表 6.6.6　遺伝子組換え作物の国別栽培面積
（ISAAA2003 報告より作成）

	栽培面積 （万 ha）	
アメリカ	4,280	(63%)
アルゼンチン	1,390	(21%)
カナダ	440	(6%)
ブラジル	300	(4%)
中国	280	(4%)
南アフリカ	40	(1%)
計	6,730	

〔注〕（　）内は国別の割合

が全体の99％を占めている（表6.6.6）。また，遺伝子組換え作物を栽培している農業人口も600万人（2002年）から700万人（2003年）に増加している。ISAAAは今後5年間で25カ国以上，1,000万戸の農家が遺伝子組換え作物を栽培し，その栽培面積は1億haに達すると予測している。日本では，現在（2004年）までに6種56品種の遺伝子組換え作物が食品として利用することが可能になっているが，現段階では，試験栽培を除いて遺伝子組換え作物の商業栽培は行なわれていない。

（3）わが国でも花き分野で進む商品化

日本での遺伝子組換え作物の商品化は，食品以外の花き分野で先行しており，サントリー（株）とオーストラリアのフロリジーン社は1995年に紫色のカーネーションを開発し，1997年から商業販売を開始した。これは，わが国で商品化された最初の遺伝子組換え作物である。カーネーションはフラボノイド3',5'-水酸化酵素遺伝子を欠損しているので，紫色の色素アントシアニジンが蓄積せず，紫色の品種がなかった。そこで，この酵素遺伝子をペチュニアから単離して導入・発現させ，アントシアニジンを合成できるようにすることで，紫色の品種作出を可能にした。このカーネーションは，「ムーンダスト」シリーズと呼ばれ，スプレー咲きや一輪咲きの5品種が販売されており，国内外で人気が高い（図6.6.13）。

図6.6.13　組換えカーネーション「ムーンダスト」シリーズ　　（サントリー提供）

そのほかにも，ジヒドロフラボノール-4-リダクターゼ耐性遺伝子やカルコン合成酵素遺伝子を導入した色変わり組換えトレニアや，1-アミノシクロプロパンカルボン酸合成酵素遺伝子を導入して日持ちを向上させた組換えカーネーションが出番を待っている。花きの品種改良に遺伝子組換え技術を活用することについては，社会からの懸念も比較的少なく，現在，バラ，キク，トルコギキョウなどで遺伝子組換えを利用した新品種の開発が行なわれている。この技術が花きの育種技術として定着するかどうかは，有用な遺伝子が単離されるかどうかにかかっている。

(4) 遺伝子組換え作物の普及にともなう環境への影響懸念

遺伝子組換え作物の栽培面積が拡大する中，遺伝子組換え作物が潜在的にもつかもしれない環境におよぼす影響が懸念されている（Daleら，2002）。直接的な環境への影響懸念としてはBt毒素といった遺伝子組換え作物が生産する新規物質によってもたらされる影響（Loseyら，1999）や，雑草化（Ammannら，2000），遺伝子組換え作物が保有する導入遺伝子の拡散があげられる。遺伝子組換え作物が保有する導入遺伝子が拡散する原因の1つは花粉飛散による非組換え作物もしくはその近縁種との交雑と，遺伝子組換え作物の種子の飛散が考えられる（Daniell，2002）。

遺伝子組換え作物の花粉を媒介とした導入遺伝子の拡散に関してDaleら（2002）は，①遺伝子組換え作物の花粉の飛散距離，②遺伝子組換え作物と近縁種の開花時期の一致性，③遺伝子組換え作物と近縁種の交雑親和性，④近縁種の生態特性という4つの基本的な要因をあげている。花粉を媒介とした導入遺伝子の拡散の評価は，これら4つの項目について調べ総合的に判断する必要がある。

花粉の飛散距離に関して，作物の間で比較した報告がある（Lutmanら，1999）。また，数学的なモデルにより花粉の飛散距離を予測する試みもあるが，一般的に，生物間の距離が離れると交雑可能性は低下するが，風や虫といった要因も含むため交雑の可能性が0となる距離

を決定するのは難しい。ある種の作物では数キロメートル離れた場所でも交雑が確認されたという報告もある（Sqireら，1999）。雑草や野生化した種との交雑親和性は，ナタネ，オオムギ，コムギ，豆類を含むさまざまな種とその近縁種について報告がある（Ellstandら，1999）。

　もう1つの導入遺伝子の環境への流出の原因として，遺伝子組換え作物の種子の拡散があげられる。Daniell（2002）は遺伝子組換え作物の種子が収穫時，輸送時，定植時に流出し，それらが発芽・成長して繁殖すれば導入遺伝子の拡散につながると危惧している。ただし遺伝子組換え作物が自生できるか，また自生した際に集団を維持できるかによって環境への影響度合いは変わってくる。日本でも種子のこぼれによって組換え作物（セイヨウナタネ）が野外で生育している例が報告されている。

　導入遺伝子の拡散が即座に環境へ悪影響をおよぼすとは短絡的にはいえない。導入遺伝子の拡散による環境への影響は，新規導入遺伝子の性質や交雑可能な雑草の生物学的・生態学的特徴に依存するからである。除草剤耐性を獲得した雑草は農業の環境外ではほとんど選択圧がかからないため耐性をもたない雑草との競合が起こるとは考えにくい。しかしながら，特定の害虫や環境ストレスに対して耐性をもった雑草は特定の選択圧に対して有利になる。この点に関して，害虫抵抗性をもつ遺伝子組換えナタネはコナガを曝露した環境では温室での実験的な環境内もしくはフィールド調査においても非組換えナタネより有利であったという報告もある（Ramachandranら，2000）。今後さらに実地調査を行なうなどして導入遺伝子の拡散による環境へのリスク評価を進めていく必要がある。

4．今後の方向―技術の適用・応用の視点―

　①遺伝子組換え技術本来の特性を生かした個性的な組換え植物が開発されるだろう。当初，遺伝子組換え技術は，従来の品種改良ではつくり出せない新しい植物が開発できる可能性があるということでおおいに期待された。最初の遺伝子組換え植物が作出されてから20年余

りがたち，技術が集積してきている。2004年には「夢の植物」といわれバラ育種にたずさわる人々の長年の夢であった「青いバラ」がサントリーから発表された（図6.6.14）。この「青いバラ」は，パンジーから取り出したフラボノイド3',5'-水酸化酵素遺伝子を導入して作出されたもので，さらに花色の改良を進め，商品化が目指されている。

人の健康を守る組換え植物の開発も進められている（表6.6.7）。食品アレルギーやコレステロール蓄積

図6.6.14 発表された「青いバラ」（サントリー提供）

の解明が進み，その知見を生かした低アレルギーイネや，低コレステロールダイズの開発が進んでいる。医薬品などの機能性物質を生産する組換え植物の開発も進められている。感染症予防のワクチンを生産

表6.6.7 組換え植物を用いた有用物質の生産事例

（高岩文雄，1999年より抜粋）

有用物質	用途	導入植物
ヒト血清アルブミン	血液製剤	ジャガイモ
血液凝固因子	血液製剤	タバコ
エンケファイン	鎮痛剤成分	ナタネ
アンジオテンシン転移酵素阻害ペプチド	高血圧抑制	タバコ
コレラ毒素B鎖	経口ワクチン	ジャガイモ
AIDSウイルスエピトープ	ワクチン	タバコ
ポリヒドロキシブチレン	生分解性プラスチック	ナタネ，ワタ，ダイズ
フィターゼ	リン酸分解	ナタネ，トウモロコシ
フェリチン	鉄貯蔵	タバコ，イネ，レタス

するバナナや糖尿病を予防する成分を生産するイネなどである。著者らも，アフリカ原産のミラクルフルーツに含まれる機能性タンパク質であるミラクリン（糖尿病の食事療法やダイエットに利用が期待されいている機能性物質）を生産する野菜の開発を行なっている（図6.6.15）。また，環境ホルモンを分解する組換え植物や生分解性プラスチックを生産する組換え植物などの開発も進められている。これらの多様な組換え植物が開発されてこそ，遺伝子組換え技術の本当の実力を発揮したことになるだろう。

②遺伝子組換え技術に対する社会的理解が進むだろう。遺伝子組換え作物がもつかもしれない環境影響に対する懸念にこたえるために，技術的に2つの取組みが行なわれている。1つ目は，環境中に花粉を介して拡散した導入遺伝子が周辺の植物と交雑するのか，もし交雑した場合に果たして定着するのかどうか，さらに定着した場合にその環境に対して大きな影響をおよぼすのかどうかなどの研究が国内外で実施されている。2つ目は，花粉を介した組換え植物からの遺伝子拡散を生物学的に防止する技術の開発である。組換え花粉の発達を抑制して雄性不稔化する技術や花粉発芽を抑制して交雑を抑制する技術がこ

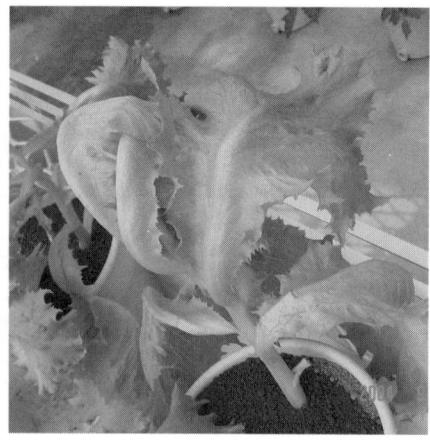

図6.6.15 機能性物質を生産する組換え植物の開発例（左：機能性物質〈ミラクリン〉を含むミラクルフルーツ，右：ミラクリンを生産する遺伝子を導入した野菜〈レタス〉）
(江面原図)

れにあたる。葉緑体に組み込んだ遺伝子は，一般に母性遺伝するため，花粉を介して導入遺伝子が拡散しないと期待される。しかし，現在までのところ，葉緑体に遺伝子を組み込む技術が利用できる植物は，タバコ，トマト，ジャガイモなどに限られており，今後，いっそうの技術開発が必要である。

一方，若い世代の遺伝子組換えに関する理解を促進する取組みも行なわれている。組換え DNA 実験規則の法制化にともなって，中学校，高校での遺伝子組換え実験の実施が可能になった。現在，全国の大学にある遺伝子実験施設では，中学・高校で生徒の指導にあたる教員を対象として講習会を実施し（図 6.6.16），遺伝子組換えに対する一般の理解を促進する活動を実施している。これらの取組みの継続により，遺伝子組換え植物に対する理解は一歩一歩進むであろう。

③**研究者としての自覚がよりいっそう求められるだろう。**可能性のみえてきた実用的な遺伝子組換え植物の育成と，それを用いた現実の品種育成の努力が大切になっている。そして，このような技術開発に関係する者として，これらの技術のもつ危険性についても自覚しておく必要があると考える。いわゆる「遺伝子汚染」への警鐘に対して，

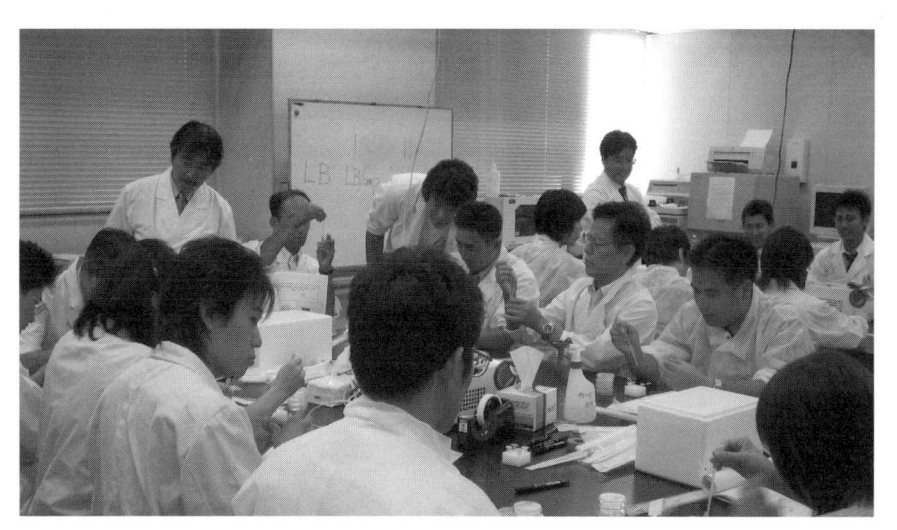

図 6.6.16　中学・高校の教員を対象とした遺伝子組換え実験の講習会

研究者としてはもちろん，一人の人間として社会的な影響力や責任を認識して取り組んでいくことの大切さを痛感している。

　そして同時に，作物が長年にわたる交雑と選抜によって人工的につくられた「奇形化した植物」であるという事実もしっかりと認識しておきたいと思う。野生植物の姿からみれば，イネもメロンもダイコンも，ほとんどの栽培植物はその長い歴史の中で人間が，人間の都合のよい所だけを肥大化させて利用してきた奇形化した植物なのである。この非常に長い植物改良の歴史の中に人類は今，新たに遺伝子組換え植物をその仲間に入れたのである。

　④何のためにDNAを操作するのかの自覚が必要となろう。以上のように，DNA操作という武器を手に入れたこれからの植物育種は，新しい段階へとはいったことはたしかである。しかし，十分に認識しておきたいことは，私たちの生活に有益な植物を作出することが目的なのであって，決してDNAを操作することが目的なのではないということである。美しい生命の惑星としての地球の環境保護や資源確保などが重要視されている今，何が大切なのかを明確にしながら研究を進める必要があろう。技術に埋没することなく，これらの技術を活用して，21世紀を切り拓きたいものである。

第7章

個体識別技術

　植物の育種や品種分類などの場面では，植物体を識別する必要が生じる。外見の形態による識別が容易であれば問題はないが，識別が困難な場合や幼苗のうちに識別しなければならない場合もある。以前から行なわれていた識別法は，染色体観察により違いを検出する方法やアイソザイムなどのタンパク質の変異を検出する方法であったが，最近はDNAによる識別法により，塩基配列の差異によって個体識別ができるようになってきた。

1 形態・染色体による個体識別

1. 小史―技術の出発点―

　個体識別の基本は，各個体の示す形態的な違いを注意深く観察することが基本である（図7.1.1）。しかし，形態的特徴は環境の影響を受けやすく，個体識別が困難な場合もある。また，形態的な違いでは判定できない遺伝的変異や遺伝的類縁関係などを識別することはできない。そこで以前からこれらの問題を解決する個体識別法として染色体観察が行なわれてきた。ソマクローナル変異として倍数体や異数体が出現することはすでに紹介したが，染色体を観察することによってこれらの変異個体（mutant）の識別が可能である。また，染色体の大きさや形は種によって顕著に違う場合があり，これらの雑種は染色体観察により判別することができる。

　以前は，押しつぶし法により染色体の観察が行なわれていた。新し

図 7.1.1 個体識別の基本となる形態の観察（左：長ナス〈在来種〉，右：中長ナス，果実の形だけでなく，葉の大きさや草姿なども異なる）

い根の根端を固定したのちに，塩酸処理を行ない，やわらかくなったところで2枚のスライドグラスの間に挟んで押しつぶし，酢酸オルセインや酢酸カーミン染色液で染色して観察する方法である。染色体が小さい植物や数が多い植物では観察しやすい試料を作成するのに熟練が必要である。このような点を解決するために，酵素解離法が開発され，誰でも容易に染色体観察試料が作成できるようになった。

2. 酵素解離法による染色体観察

　以下著者らが，メロンやイチゴの変異体識別に使用した方法（図7.1.2）を紹介する。

材料採取と前処理　メロンやイチゴの幼植物から根端部を採取し，水を入れたバイアルビンに入れ，冷蔵庫で一晩低温処理する。この処理により染色体が収縮し観察しやすくなる。続いて，エタノール：酢酸（3：1）固定液に入れて，1時間固定する。再び，水洗いする。

酵素処理　酵素液（4%セルラーゼオノヅカ RS ＋ 1%ペクトリアーゼ Y23 ＋ 7.5mM KC1 ＋ 7.5mM EDTA・2NA（pH 4.0））を滴下し，37℃で1時間処理する。この時間は植物の種類よって調節する。

解離処理　続いて，水で酵素液を洗い流し，ろ紙で余分な水分を吸着する。水分が乾かないうちにエタノール酢酸固定液を1滴滴下し，素早く根端組織を解離する。解離後，半日以上乾燥する。

1　形態・染色体による個体識別　231

1 材料採取と前処理

① 幼植物から根端を8〜10mmの長さに切り取る（分裂層，根冠）

② 根端を試験管やバイアルビンに入れて水を加え，冷蔵庫（4〜5℃）の中に一晩おく（染色体を収縮させて観察しやすくする）

③ エタノール酢酸液に入れて1時間処理する（細胞分裂を停止させる）処理後再び根端を水中にもどす

2 酵素処理

④ 酵素液を滴下する

⑤ 吸水させたろ紙を敷いたシャーレに，スライドガラスを入れる（酵素液の蒸発を防ぐ）37℃で1時間以上処理する

3 解離処理

⑥ 酵素液の洗浄　スライドガラスを傾けて，スライドガラスの上方よりピペットで蒸留水をゆっくり流す。根が流れ落ちないようにていねいに行なう

⑦ ろ紙で水分を吸い取る

⑧ 根端のみを残し，他は切り捨てる

⑨ エタノール酢酸固定液を1滴，滴下する

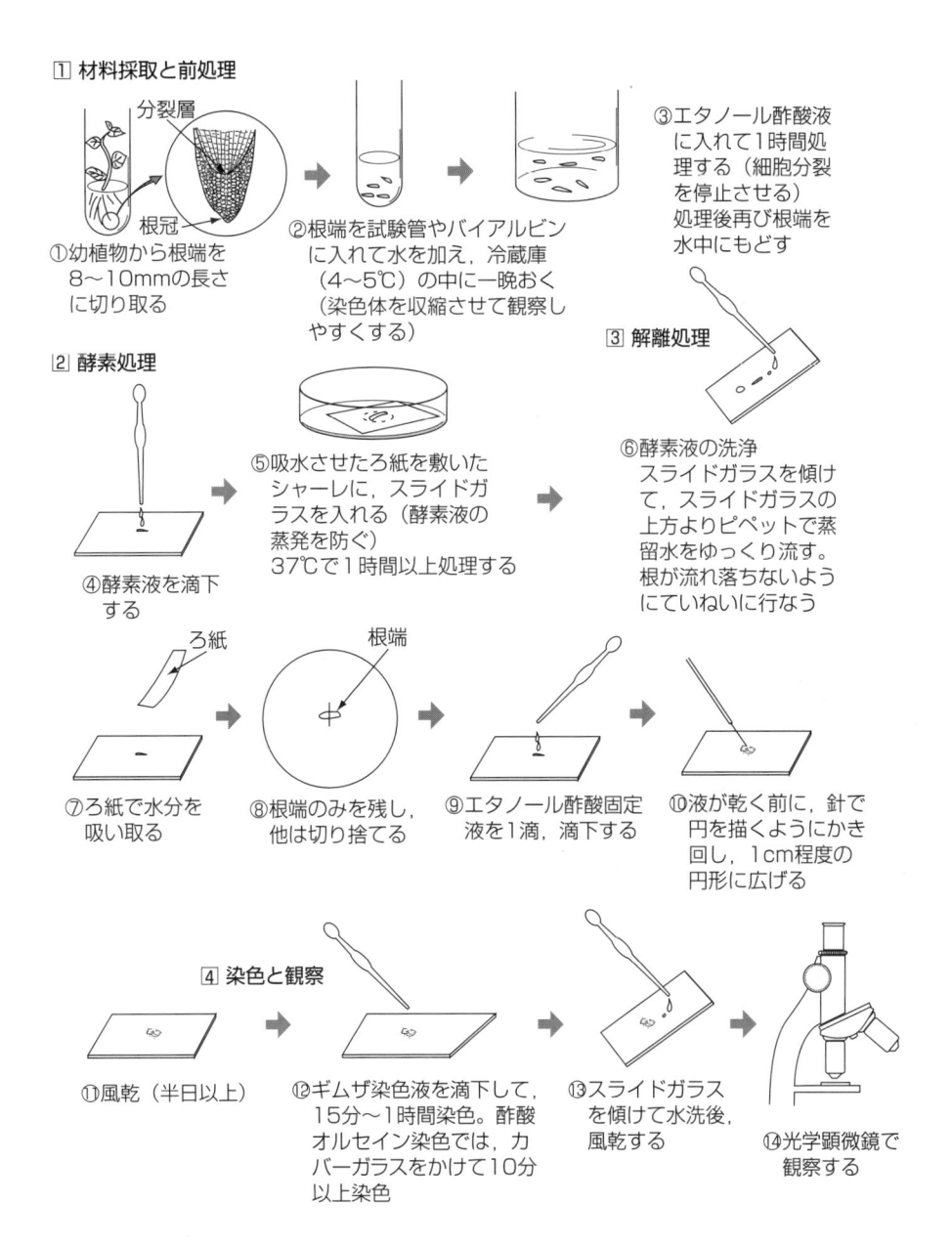

⑩ 液が乾く前に，針で円を描くようにかき回し，1cm程度の円形に広げる

4 染色と観察

⑪ 風乾（半日以上）

⑫ ギムザ染色液を滴下して，15分〜1時間染色。酢酸オルセイン染色では，カバーガラスをかけて10分以上染色

⑬ スライドガラスを傾けて水洗後，風乾する

⑭ 光学顕微鏡で観察する

図7.1.2　酵素解離法による染色体観察の手順

染色と観察　市販のギムザ染色液をリン酸緩衝液で5〜10％に希釈して，15分から1時間染色する。酢酸オルセインや酢酸カーミン染色液を使用してもよい。スライドを水洗いし，乾燥する。通常の染色体数は，メロンは二倍体（2n = 24本，→ p.51 図 2.4.2），イチゴは八倍体（2n = 8x = 56本）である。分裂を活発に行なっている根端に出合わないと，染色体数の確認ができないので，根気よく観察することが大切である。

3. 染色体観察法の今後

　染色体観察法は，今後も個体識別法の1つとして利用されていくであろう。最近では，大きさや形の違いで識別できない染色体を識別できる GISH（genomic in situ hybridization）法が開発されており，よい染色体試料を作成する技術はますます重要になっていくと思われる。

コラム

ゲノム研究によって明らかになりつつある変異発生の本質

　大量増殖技術と再生植物の変異の問題について再度触れておくと，植物バイテクが生きている細胞や組織を生きたままで取り扱う以上，変異の発生は避けて通れないのではないだろうか。今後とも変異発生の制御技術は進展するだろうが，最終的にはいつでも変異は起こるものと覚悟しておくことも必要なのだと考える。

　最近ではヒトゲノムの解析をはじめとするゲノム研究の進展により，生物のゲノムが予想以上にダイナミックに変化していることが明らかになりつつある。たとえば，数十万年，数百万年といった非常に長い時間の中でみると，自然界においても DNA が「種の壁」を越えて移動していることがわかってきた。こうした発見は，変異がいつでも起こりうることを示唆しているとともに，長い長い時間，世代を重ねながら生きてきた生物のもつ柔軟さを示すものと考えられるのである。

2 アイソザイムによる個体識別

1. 小史―技術の出発点―

　形態的な違いでは判定できない遺伝的変異や遺伝的類縁関係などを識別する一般的な方法としては，アイソザイム（isozyme）による判定が古くから行なわれてきた。1959年にマーカートらが，同一の生体反応を触媒するタンパク質が，電気泳動によって複数に分かれることを見いだし，これがアイソザイムの最初の発見となった（Markertら，1959）。そして，アイソザイムは語源的にはiso（等しい）とenzyme（酵素）の合成語として，「同一の触媒作用を示す，異なったタンパク質分子からなる酵素群」と理解されるにいたった。その後，アイソザイムは，次々に改良が進められ，遺伝的変異の指標の検出に広く用いられるようになっている。

2. アイソザイムによる個体識別法

　植物体の葉から汁液をとると，その溶液には，多くのタンパク質が含まれ，当然いくつかのアイソザイムが含まれている。この溶液をポリアクリルアミドゲルで電気泳動し，含まれているタンパク質を分子量の大小などといった性質の違いで分離する。その後，特定のアイソザイムを識別する活性染色を行なう。この活性染色によって，目的のアイソザイムはすべて染色され，複数のバンドとして検出される（図7.2.1, 2）。

　このようなバンドパターンは，植物の種間や品種間で特徴的であり，このパターンの違いを利用して系統的分類などがなされている。一例として，細胞融合個体のアイソザイムによる識別法（図7.2.3）とポマトにおける実例を示した（図7.2.4）。融合前の植物Aと植物Bのそれぞれに特異的なバンドパターンを示す酵素を確認しておき，融合処理

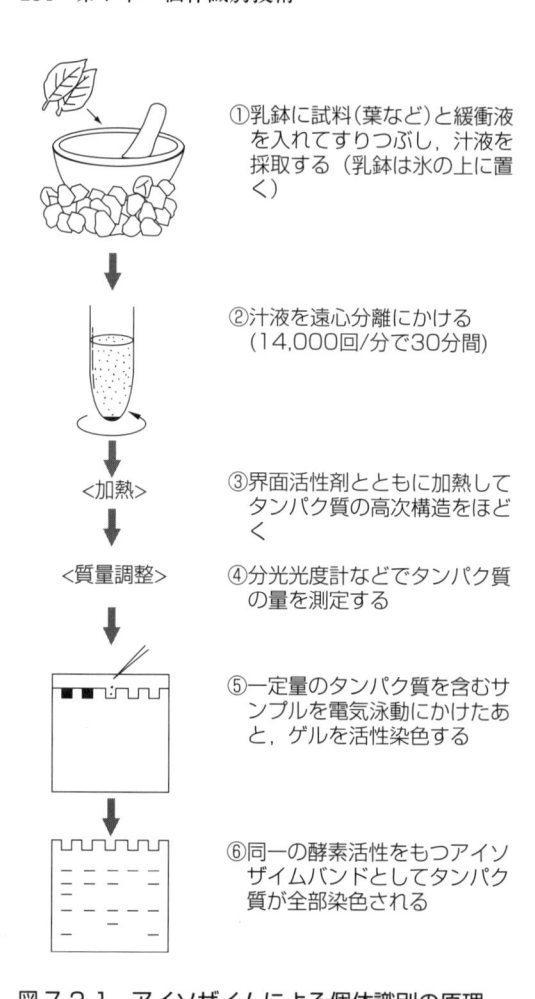

後，得られた植物体が両方のバンドパターンをあわせもてば，A，B両細胞の融合個体であると確認できる。

このようにアイソザイムによる識別は，電気泳動と活性染色という簡便な方法の組合せであり，電気泳動装置さえあれば行なうことができる。現在広く利用されている植物用のアイソザイムは20種ほどにのぼっており，そのうちの代表的な10種のアイソザイムを示した（表7.2.1）。それぞれの特性に応じた利用方法が工夫され，簡便で迅速な識別法として定着している。

しかし，アイソザイムによる識別は，その植物がつくっている特異なタンパク質を検出しているので，植物体の生育条件や生育ステージによって，その酵素活性が異なることも多く，決定的な証拠になりにくいという限界もある。

① 乳鉢に試料（葉など）と緩衝液を入れてすりつぶし，汁液を採取する（乳鉢は氷の上に置く）

② 汁液を遠心分離にかける（14,000回/分で30分間）

＜加熱＞
③ 界面活性剤とともに加熱してタンパク質の高次構造をほどく

＜質量調整＞
④ 分光光度計などでタンパク質の量を測定する

⑤ 一定量のタンパク質を含むサンプルを電気泳動にかけたあと，ゲルを活性染色する

⑥ 同一の酵素活性をもつアイソザイムバンドとしてタンパク質が全部染色される

図7.2.1　アイソザイムによる個体識別の原理

3. アイソザイムによる個体識別の今後

アイソザイムによる識別法は，今後とも系統分類や品種群分化などの有力な武器である。しかし，アイソザイムによる分類や識別は，遺伝変異そのものを扱っているのではなく，その表現形としての変化を扱っているため，必ずしも遺伝変異を正確に反映しているとはいいが

2 アイソザイムによる個体識別　235

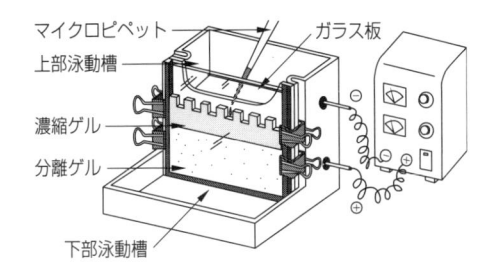

① マイクロピペットで試料をていねいに凹部に入れる．試料はショ糖で重くしてあるので，泳動用緩衝液とは混ざらない
② 上下の泳動槽に泳動用緩衝液を入れ，上部を陰極，下部を陽極として泳動を開始する．タンパク質は，負に帯電しているので，陽極に向かって移動する．分子量の小さいものほどはやく移動する
③ 通電は普通 20mA 前後とし，1〜1.5 時間（試料によって異なる）行なう
④ ガラス板からゲルをていねいに取りはずし，固定，染色，脱色の過程を経て結果が現われる
⑤ 試料は，そのタンパク質（酵素）の分子の大きさと電荷にもとづいて分離され，適当な染色剤によってバンド状の形で検出される

図 7.2.2　ポリアクリルアミドゲル電気泳動槽とそのしくみ

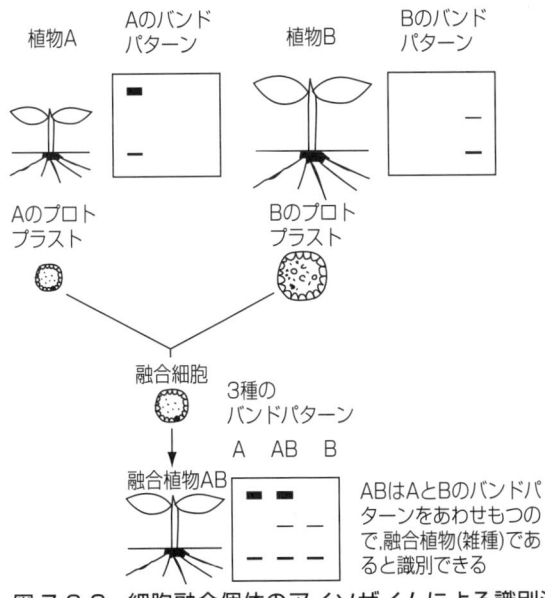

図 7.2.3　細胞融合個体のアイソザイムによる識別法の模式図

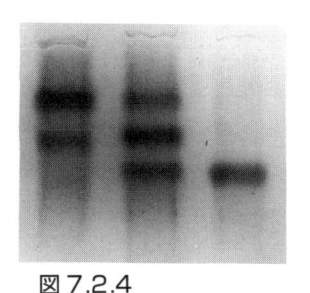

ABはAとBのバンドパターンをあわせもつので，融合植物（雑種）であると識別できる

図 7.2.4
リンゴ酸脱水素酵素によるアイソザイムパターン
（左：ジャガイモ，中：ポマト，右：トマト）

（岡村原図）

表 7.2.1　おもな植物用アイソザイム

(青木ら,「最新電気泳動法」1987 より作成)

アイソザイム名（略号）	特　徴	検出された植物
1. アルコール脱水素酵素（ADH）	植物界に広く分布する pH8.0 で青紫色を呈す	トウモロコシ，イネなど
2. リンゴ酸脱水素酵素（MDH）	植物界に広く分布する オキザロ酢酸で活性が抑制される	インゲン，トウモロコシ，ホウレンソウ，ジャガイモ，コムギなど
3. グルタミン酸脱水素酵素（GDH）	植物界に広く分布する pH8.0 で青紫色を呈す	インゲン，ナデシコ，コムギ，イネ，ダイズなど
4. 酸性フォスファターゼ（Acp）	植物界に広く分布する	多数
5. パーオキシダーゼ（Px）	植物界に広く分布する 老化組織でバンドが増加し，変化しやすい	インゲンなど多数
6. エステラーゼ（Est）	若い組織に多く存在する pH7.0 でこげ茶色から赤紫色を呈す	オオムギなど
7. アスパラギン酸アミノ転移酵素（GOT）	植物界に広く分布する pH7.5 で緋赤色を呈す	コムギ，カボチャ，トウモロコシなど
8. カタラーゼ（Cat）	植物界に広く分布するがバンドの保存困難なのでただちに撮影が必要	多数
9. α-アミラーゼ（α-Amy）	植物界に広く分布する。青紫色の地に無色の活性帯が現われる	オオムギ，トウモロコシなど
10. β-グルコシダーゼ（β-Glu）	広くは分布しない 紫外線下に蛍光として検出する	アブラナ科植物

たい。たとえば，生育ステージの違いやサンプルを抽出した部位（葉や根など）の違いによって，バンドパターンが変動することは以前から知られていた。また，培養細胞の再分化にともなう各種アイソザイムの変動も報告されており（岡ら，1991），このような点に注意して利用する必要がある。そのことによって，以前から進められている品種の系統分類や品種群分化を明らかにする有力な武器になるのである。

[やさしいバイテク実験]

簡便で安価な植物体からの DNA 抽出

基本原理

　植物の組織には多糖類が多く含まれており，ゲノムDNA抽出のさいに混入し，その後の制限酵素処理，PCR反応，DNA精製を困難にする。この多糖類を除去し，植物体からDNAを単離する方法としてCTAB法がある。CTAB（セチルトリメチルアンモニウムブロマイド，certyotrimethylammonium bromide）は陽性の洗剤である。CTABは低イオン強度のとき核酸と酸性多糖類を沈澱させ，高イオン強度のときには，タンパク質や酸性多糖類と複合体を形成する特徴をもっている。また，低イオン強度のとき，DNAの相補鎖復元を高める働きをもつ。植物のゲノムDNA抽出はCTABのこの特性を利用している。ここではCTAB法によるタバコのゲノムDNA単離を例に，植物からのDNA単離法を紹介する。

操作手順

　①乳鉢に0.1〜0.2gの植物組織（タバコの本葉）を入れ，液体チッ素により，種々の酵素の働きを抑えながら，植物組織を粉砕する。

　②粉砕した植物組織を1.5mlチューブ（エッペンドルフチューブ）に移し，約300μlの2%CTAB液(100mM Tris-HCl<pH8.0>+20mM EDTA<pH8.0>+1.4M NaCl+2% CTAB)を加える。転倒混和後，65℃に熱したヒートブロックにチューブを移し，30分間加温する。

　2%CTAB液のTris-HCl(pH8.0)は緩衝液（トリス-塩酸緩衝液），EDTA(pH8.0，エチレンジアミン四酢酸)は酵素DNaseの働きに必要なMg^{2+}を除去するキレート剤（植物抽出液中にはDNAを分解する酵素DNaseが含まれているので，この作用を抑えないと抽出操作中にDNAが分解されてしまう），NaClは高イオン強度保持剤である。このとき，核酸は可溶化し，タンパク質，酸性多糖類はCTABと複合体を形成している。転倒混和は物理刺激によるゲノムDNAの切断を避けるためである。

　③等量のCIA（クロロホルム／イソアミルアルコール；24:1）を加え，5分間ゆるやかに攪拌し，遠心分離（12,000rpm，15分間）を行ない，上層の水層を新しいチューブに移す。CIAはタンパク質変性剤であり，水層とCIA層の間に変性タ

ンパク質の層ができる。タンパク質，酸性多糖類CTAB複合体は変性タンパク質層にとどまり，上層の水層をとることで核酸だけを分離できる。タンパク質除去を高めるため，この過程は2回行なう。

④1〜1.5倍量の1%CTAB液(50mM Tris-HCl<pH8.0>+10mM EDTA<pH8.0>+1% CTAB)を加え，転倒混和後1時間室温で静置し，遠心分離（8,000rpm，10分間）する。1% CTAB液にはNaClが含まれず，低イオン強度状態になり，核酸は沈殿する。

⑤上澄みを捨てて400 μl の1 M CsCl（塩化セシウム）を加え，沈殿を完全に溶かす。100%エタノールを800 μl 加え，転倒混和後，20℃で20分間以上静置し，遠心分離（12,000rpm，5分）する。エタノールは核酸の水酸基を奪い，負に帯電させる。ここにCs$^+$が配位し，核酸は沈殿する。この段階で核酸が糸状にみえてくる（写真）。

⑥上澄みを除き，70%エタノールを400 μl 加え，洗浄する。遠心分離（12,000rpm，5分）後，上澄みを除き，真空乾燥機で乾固する。

⑦20〜50 μl のTEバッファー(10mMTris-HCl<pH8.0>+1mM EDTA<pH8.0>)に乾固したDNAを溶かす。TEバッファーは緩衝剤Tris-HCl（pH8.0），EDTA（pH8.0）から成り，DNAを安定的に保存する。

この方法では一部のRNAもいっしょに抽出されてしまう。RNAの混入が気になる場合，RNaseA（5 μ g/ml）を含むTEバッファーを加え，37℃で1時間処理し，フェノール抽出（3回）によりRNaseタンパク質を除去し，エタノール沈澱（⑤〜⑦のステップ）を行なう。この方法により，50 μ g程度のDNAが単離できる。

以上，簡便で安価なDNA抽出法を紹介したが，現在では，コストが気にならなければ，目的に応じてさまざまなDNA抽出キットが市販されている。

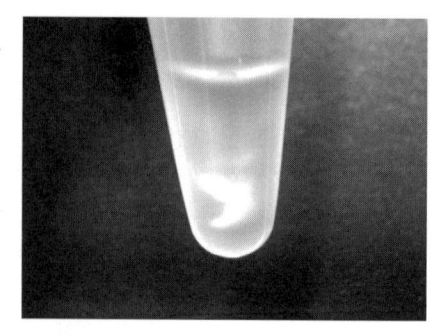

糸状にみえる核酸

3 DNAによる個体識別

1. 小史—技術の出発点—

　遺伝子の本体がDNAであることが示され，分子生物学的な手法が簡便化されるにつれ，ゲノムDNA中に刻まれた遺伝的変異，つまりDNA多型（DNA polymorphism）を用いた個体識別法の開発がはじまった。特定の個体がもつ特徴的なDNA多型をDNAマーカーと呼び，個体識別に利用される。たとえば，うどんこ病に強いメロンの系統が特徴的に示すDNA多型は，うどんこ病抵抗性のDNAマーカーになる。現在までに，表7.3.1に示すようなDNA多型を利用した多様な個体識別法が開発されている。この技術は，DNAの配列に起こる変異を制限酵素切断部位の変化を直接検出するRFLP（restriction fragment length polymorphism，制限酵素断片長多型）法（Botsteinら，1980），特異的に増幅したDNA断片によって検出するPCR（polymerase chain reaction，ポリメラーゼ連鎖反応）法（図7.3.1, Mullisら，1987）およびその両者を組み合わせた方法に類別される。

　DNA多型による個体識別技術は，育種において広く使われようとしている。その威力を，メロンの育種を例に示す（図7.3.2）。メロンの形質の中で，「果実が甘い」とか「ネットがきれい」という形質は，従来は果実を収穫するまで栽培して識別可能である。そのため，従来のメロン育種では広い温室や熟練した栽培技術をもった育種家が必要であった。しかし，これらの形質に連鎖したDNAマーカーがあれば，発芽した苗の子葉の一部からDNAを抽出して，それらのDNAマーカーの有無を調べることで，果実収穫まで栽培しなくても，それらの形質の識別が可能になり，育種にかかる労力や時間を大幅に減らすことができる。また，DNAによる識別技術は，品種識別にも広く用いられるようになっている。イネの偽装表示の検査にDNAマーカーが用

表 7.3.1　DNA 多型を利用した各種の個体識別技術

(江面, 2005)

名　称	技　術　の　概　要
RFLP (restriction fragment length polymorphism) 制限酵素断片長多型	制限酵素で切断したゲノム DNA 断片の長さが，個体または系統間で異なる場合がある．この DNA 断片の長さの違いを RFLP という．ゲノム DNA を制限酵素で切断し，これらの断片を電気泳動によって長さ順に分け，ナイロンフィルターに転写する．これに標識づけした別の DNA 断片を相同な塩基配列部分に結合させ，DNA の断片の長さの違いをバンドの位置の違いとして多型を検出する方法である
RAPD (random amplified polymorphic DNA) 増幅 DNA 断片多型	任意に設定した 10 塩基程度の長さのプライマーを用いてゲノム DNA を鋳型として PCR を行なったときに現われる多型．プライマーが結合するゲノム DNA の塩基配列が異なっている場合や，増幅される領域に塩基配列の挿入や欠失がある場合，バンドの有無や大きさの変化として多型を検出できる
STS (sequence-tagged site) 配列タグ部位	ゲノム DNA 上の特定の領域に設定された配列部位を示す．この配列部位を PCR によって増幅し，その増幅産物をアガロース電気泳動にかけることによって，DNA 多型をバンドの有無や位置の違いとして検出する
SSR (simple sequence repeat) 単純反復配列	ゲノム DNA の塩基配列には CACACA のような 2 から 3 塩基の単位が反復する繰り返し配列が散在しており，この塩基の繰り返しの数は個体または系統によって異なっている．この繰り返し数の違いを DNA マーカーとして利用するのが SSR マーカーである．繰り返し部分の塩基配列を PCR で増幅し，得られた増幅産物を電気泳動あるいは DNA シークエンサーにかけることによって，DNA 多型をバンドの位置の違いあるいは塩基配列数の違いとして検出する
SNP (single nucleotide polymorphism) 一塩基多型	ゲノム DNA 中の 1 個の塩基置換によって生ずる DNA 多型．ゲノム全体に均一に分布していること，近縁系統間でも頻度が高いことから DNA マーカーとしてすぐれている．SNP 部分およびそれに隣接する塩基配列を PCR で増幅し，得られた増幅産物中の SNP 部分に取り込まれた塩基の種類を偏光蛍光分析器で検出する
AFLP (amplified fragment length polymorphism) 増幅断片長多型	ゲノム DNA を制限酵素で処理し，切断サイトに塩基配列が既知のアダプターを結合する．アダプター配列＋数塩基を結合したプライマーを用いて PCR を行ない，増幅されてくるバンドにより多型を検出する．近縁種間でも多型を得られやすい
CAPS (cleaved amplified polymorphic sequence)	特異的な 1 対の PCR プライマーによって増幅されたゲノム DNA を制限酵素で切断して得られる多型を検出する方法である．目的とする種ですでに配列決定が行なわれている遺伝子を対象に CAPS マーカーの検索を行なう場合が多い

3 DNAによる個体識別 241

図7.3.1 PCR装置

DNAマーカーによる識別

従来法による識別

図7.3.2 DNAマーカーと従来法による識別（メロンの形質評価）　　（江面原図）

いられているのは周知の事実である。

2. DNA による個体識別法

① RFLP 法

RFLP とは，制限酵素で切断した DNA 断片の長さの違いを利用した解析法のことである。自然界でのさまざまな原因によって生じた DNA の変異は，制限酵素の切断部位がずれる原因となる（図 7.3.3）。その結果，ある特定の制限酵素で切断した DNA 断片が，個体や種によって異なることになる。こうしてできた DNA 断片の長さの違いを指標（マーカー）にして分析する方法が，RFLP 法である。RFLP 法

制限酵素名	左の制限酵素が特定に切断する部位
BamH I	5´ ──G|GATCC── 3´ 3´ ──CCTAG|G── 5´
Eco RI	5´ ──G|AATTC── 3´ 3´ ──CTTAA|G── 5´
Hind III	5´ ──A|AGCTT── 3´ 3´ ──TTCGA|A── 5´

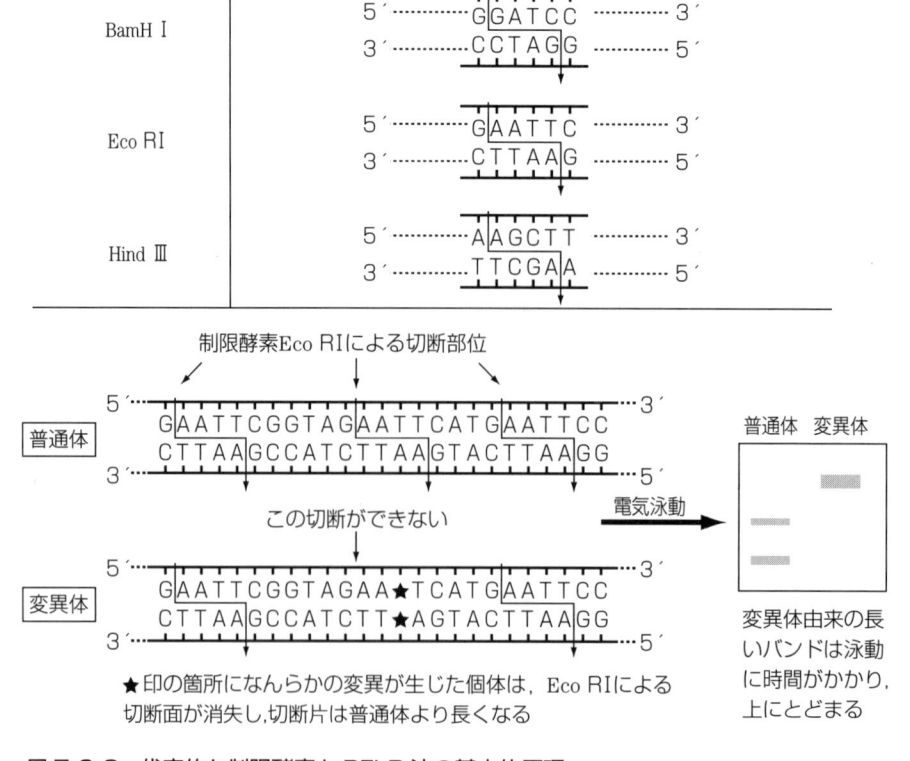

制限酵素 Eco RI による切断部位

普通体
5´ GAATTCGGTAGAATTCATGAATTCC 3´
3´ CTTAAGCCATCTTAAGTACTTAAGG 5´

この切断ができない → 電気泳動 →

変異体
5´ GAATTCGGTAGAA★TCATGAATTCC 3´
3´ CTTAAGCCATCTT★AGTACTTAAGG 5´

★印の箇所になんらかの変異が生じた個体は，Eco RIによる切断面が消失し，切断片は普通体より長くなる

変異体由来の長いバンドは泳動に時間がかかり，上にとどまる

図 7.3.3　代表的な制限酵素と RFLP 法の基本的原理

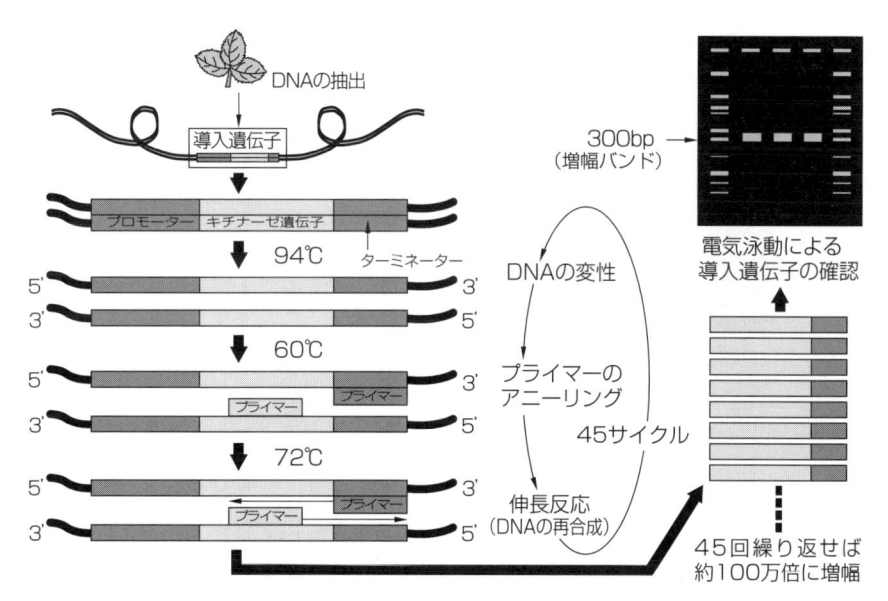

図7.3.4 PCR法の原理（遺伝子組換えイチゴの識別の例）　　　　（岩本原図）

は，動物の研究分野で開発されたもので，中国残留日本人孤児の親子判定に用いられ，従来の血液型による判定に比べ決定的な証拠となったことはよく知られている。

② **PCR法**（図7.3.4）

2本鎖であるDNAを94℃で処理すると，2本鎖が解離して1本鎖に変性する。次に，プライマーと呼ばれる合成開始用の短いDNAといっしょにして温度を下げると，プライマーは相補的な配列をもったDNAに特異的に結合する（この過程をアニーリングと呼ぶ。アニーリング温度は設計したプライマーによって決まる）。今度は，温度を72℃まであげると，DNA合成酵素（DNAポリメラーゼ）が働いて，プライマー部分を起点としてDNAが合成され，2本鎖DNAになる。この操作を45回繰り返すと，プライマーとプライマーに挟まれたDNA領域が100万倍に増幅する。

この方法は，いたってシンプルな原理であり，それゆえにさまざまな応用が可能となっている。当初PCR法は大腸菌のDNAポリメラー

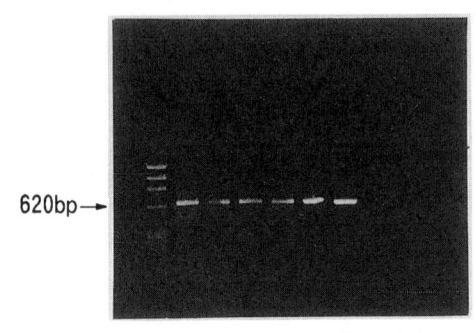

図 7.3.5　PCR 法を用いた導入遺伝子（620bp）の判定
（吉岡原図）

ゼを用いていたので耐熱性が弱く，大変煩雑であったが，現在では耐熱性細菌（Taq）のDNAポリメラーゼが使われるようになり，操作は簡便で用途が広がっている。この方法によって乾燥した1滴の血液，10ml程度のうがい水から得られる頬の粘膜細胞，抜け落ちた1本の髪の毛，わずかな精液といった微量なサンプルから個人を特定できるようになり，犯罪捜査に広く使用されはじめ，このDNAによる識別が身近なものになっている。著者らは，このPCR法を遺伝子組換えメロンの育成時に，その導入ゲノムDNAの判定に用いた（図7.3.5）。

③ RAPD 法

PCR法を用いて，識別したい個体に特異的に現われる増幅バンドをマーカーとして用いる方法が，RAPD（random amplified polymorphic DNA，ランダムに増幅された多型DNAという意味）法である。この方法は，RFLP法に比べ数段簡便であるため，その利用が広がっている。RAPD法による個体識別の原理は，図7.3.4に示したPCR法のプライマーの配列を任意のものにし，識別したい2つのサンプルに現われるバンドの違いを検索することからはじまる。つまり，特定の遺伝子を増幅するのではなく，多型になって現われるなら，どこを増幅してもよいわけである。2つのサンプル間で，必ず多型（バンドの違い）が現われるプライマーを決定したら，その多型をマーカーに識別を開始する。ランダムな配列のプライマーをはじめ，DNA操作関連のキットは，現在すでに市販されており（Operon Technolgies社など），簡単に入手できるようになっている（図7.3.6）。

実用例としては，果樹などの比較的成長の緩慢な木本植物において，適切なRAPDマーカーがあれば，形態での判定が可能となる生育ステージをまたずに正確な評価を下すことができる。つまり，育種場で

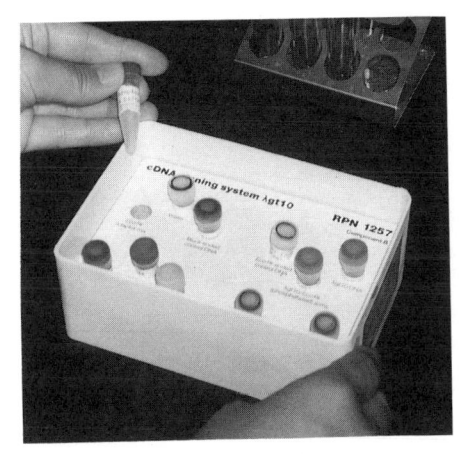

図 7.3.6 市販のプライマーキット

の多くの労力と時間・空間の節約になるわけである。実際，最近の報告では，ウメ，アンズ，スモモ，モモなどのスモモやモモ亜属（島田ら，1994，図7.3.7），カンキツ品種（加々美ら，1994），リンゴ（原田ら，1991；星ら，1994）など果樹類の品種・系統分類にRAPDマーカーが頻繁に用いられている。

RAPD法は，PCRプライマーを鋳型DNAにアニーリングする際に通常のPCR法に比べて低い温度で行なうので，プライマーが非特異的に結合してしまうことがあり，増幅されるバンドの再現性が問題になることがしばしばある。この問題を解決するために，個体識別可能なバンドとして同定されたバンドの塩基配列をDNAシークエンサー（DNA自

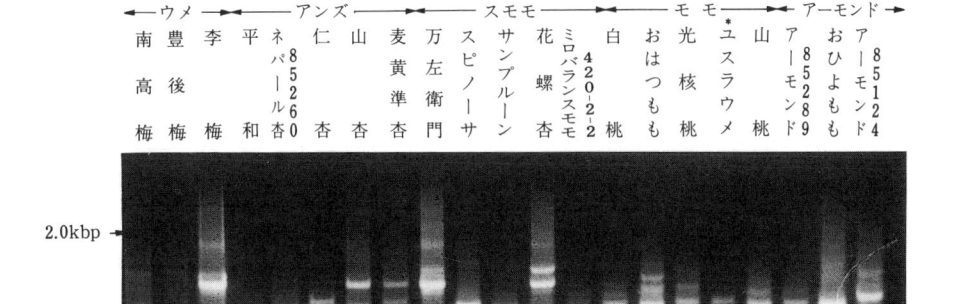

図 7.3.7 RAPD法によって得られたウメ，アンズ，スモモ，モモなどバンドパターンの例
(島田ら原図)

〔注〕＊ユスラウメはサクラ亜属に入れられているが，スモモ亜属，モモ亜属とも近いので，このグループに入れて検討してみた

動塩基配列決定装置，図7.3.8）を用いて決定し，そのバンドに特異性の高いプライマーを設計することができる。このプライマーを用いれば，目的バンドのみを特異的に増幅することができる。このようにして開発されたDNAマーカーをSTSマーカーと呼ぶ。

図7.3.8　操作中のDNAシークエンサー

④その他の個体識別法

以上紹介したDNA多型を利用した3つの個体識別法のほかにも多数の手法が開発されている。いずれもより近縁な個体間の違いを識別する目的で開発されてきている。その一部は表7.3.1に示したSSR，SNP，AFLPおよびCAPS法などである。以前は，同じ作物の品種間の違いを識別することは困難とされていたが，これらの技術を用いることにより最近ではそれが可能になっている。

たとえば，CAPS法を用いて，イチゴの品種識別が可能になっている。CAPSとは，特定領域のDNAをPCR法により増幅して，増幅されたDNA断片を制限酵素処理することで得られるDNA多型を示す。イチゴの4種類の遺伝子（*APX*, *CHI*, *F3H*, *OLP*）をPCR法により増幅し，増幅された4つの遺伝子を複数の制限酵素で切断してみたところ，制限酵素認識部位が品種によって異なり，多型が認められた（図7.3.9）。これらの多型を組み合わせることにより，イチゴ13品種（'とよのか''女峰''とちおとめ''章姫''さちのか''アイベリー''レッドパール''濃姫''サンチーゴ''ピーストロ''アイストロ''紅ほっぺ''けいきわせ'）の品種識別が可能となった（図7.3.10）。このイチゴ品種識別図によれば，まず，APX-MluI（A，B，C）を用いると，

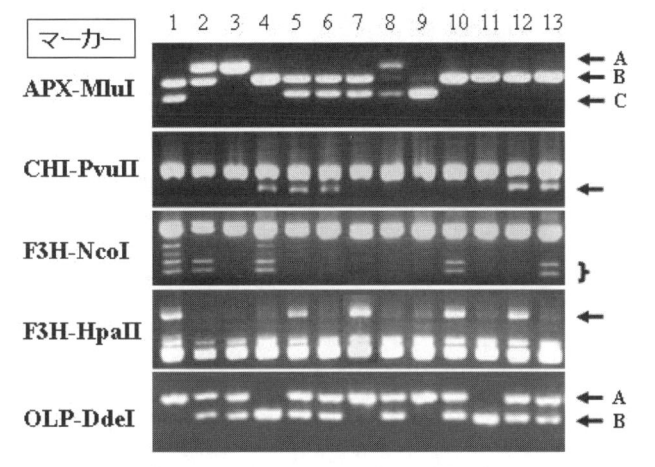

3 DNAによる個体識別　247

図7.3.9　DNAマーカーとイチゴ13品種における多型パターン　（野菜茶業研究所提供）

1）とよのか　2）女峰　3）とちおとめ　4）章姫　5）さちのか　6）アイベリー　7）レッドパール　8）濃姫　9）サンチーゴ　10）ビーストロ　11）アイストロ　12）紅ほっぺ　13）けいきわせ

A，B，Cの3つのマーカーの有無により，2つを有するもの（AB，BC，AC），Aのみを有するもの（A），Bのみを有するもの（B），Cのみを有するもの（C）の4グループに分けられる。次に，CHI-PvuⅡマーカーの有無によって分けられ，F3Hの各マーカーの有無によってさらに分けられ，最後にOLP-DdeⅠマーカーの有無によって分けられる。たとえば，'さちのか'は，APX-MluI（BC），CHI-PvuⅡ（+），F3H-NcoⅠ（-），F3H-HpaⅡ（+），OLP-DdeⅠ（+）であり，類似する他の品種と区別できる。

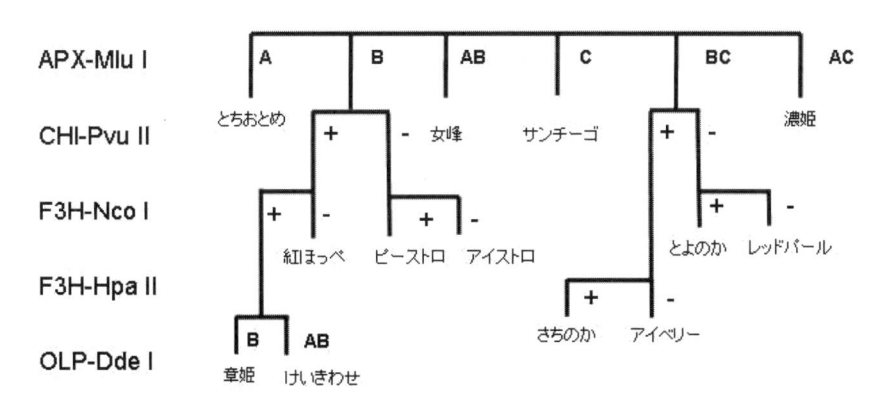

図7.3.10　DNA多型にもとづくイチゴ品種識別図　（野菜茶業研究所提供）

3. DNAによる個体識別の今後

① DNAによる識別にも落とし穴がある。DNAによる識別や分類は，遺伝子そのものの変異を検出しているという点において，アイソザイムによる識別法よりも原理的には本質的である。しかし，PCR法を利用したRAPD法はPCR反応の感度が高すぎ，ほんのわずかのミスも一気に増幅してしまうので，そのことに起因する不安定さが問題である。つまり，植物体の変異によってではなく，酵素や機械，人間の操作ミスといった2次的な原因で反応が大きく変化してしまうことがあるのである。とくに，RAPD法を用いて識別を行なう場合，こうした理由によるバンドパターンの変化について，厳密な再現性の確認が必要である。

② DNAによる個体識別法の応用場面はさらに広がるだろう。RAPD法を用いた研究で，カンキツの体細胞変異の検出に利用したもの（加々美ら，1994），不定胚由来シクラメンの個体識別に利用したもの（山口ら，1994），F_1種子の純度検定に利用したもの（橋詰ら，1993）などがあり，その応用場面は広がっている。最近では，DNAによる品種識別法をビジネスとして実用化している企業もある。たとえば，茨城県つくば市にある植物ベンチャー企業では，イネの品種鑑定を行なっており，日本で普及しているほとんどに相当する80品種近い品種でDNA鑑定が可能になっている。

日本国内に植物バイテクが広がった大きな理由は，この技術を駆使して地域特産作物の新品種を育成することにあった。すでに紹介してきたように，植物バイテクの技術を使って，着実に新品種が生まれている。そして，今，開発されたそれらの新品種の所有権を守るために品種識別技術がまさに必要になっている。DNAによる品種識別技術は，そのような場面でも力を発揮しつつある。また，種苗メーカーも自社品種を守るために品種識別技術が必要になっている。このような状況の中でDNAによる個体識別はいっそう重要性を増すだろう。

> コラム

琥珀(こはく)に封じ込められたDNAから恐竜はよみがえるか

　今から約6,500万年前に絶滅したとされる恐竜は，今なお根強い人気があり，恐竜映画の製作・公開も絶えることはない。著者の印象に残っている恐竜映画の1つは，スピルバーグ監督の「ジュラシックパーク」である。この映画の極めつけは，恐竜のゲノムDNAを操作して現代によみがえらせるという点であろう。恐竜のDNAをどうやって入手するのだろう，と疑問をもたせておいて見事な回答を用意していたのである。それは琥珀に封じ込められた蚊から血を吸い取ってDNAを解析するというアイデアであった。たしかに，樹木の樹脂が化石化した琥珀には，生身に近い形で昆虫が保存されている例が現実に知られており，ジュラ紀の地層の琥珀の中に恐竜の血を吸ったばかりの蚊が閉じ込められる可能性は十分にありうるのだ。映画の中で遺伝学者ヘンリー・ウー博士が琥珀の中の蚊から血液を吸引するシーンは，見ている者を「その気」にさせるのに十分なものであった。

　しかし，バイテクに関係してきた著者の目からみて，この映画とマイケル・クライトンの原作には，いくつかの大きな誤解のあることを指摘しないわけにはいかない。そのうちで決定的な1つのことに触れておきたい。それは，血液からDNAを抽出してその塩基配列を明らかにすることは，たしかに可能であるが，それだけではただの紙くずのようなものであり，肝心なのは「その遺伝子が機能しうる生きた細胞の存在」なのだという点である。それは今，どこにも存在していないのだ。映画では未受精のダチョウの卵に恐竜のDNAを注入して働かせることになっているが，そんなことで恐竜のDNAが機能するものではない。

　テクノロジーは急速に進んでいるようにみえるが，それでも私たちは生命のほんの一部の修復や改良ができるようになっただけであり，新たな生命を生み出したり，よみがえらせたりする力は与えられていないのである。映画の中で数学者イアン・マルカム博士が「自然の力を甘くみてはいけない。生命を閉じ込めることも，コントロールすることもできはしないのだ」と述べるところがあったが，この，科学や知識の限界に謙虚であれ，という彼の主張には深い共感を覚えた。

参考文献・引用文献一覧 (代表的なものを ABC 順に示す)

全体に関連するもの
1. Evans, D. A. et al.(1984～87)：Handbook of Plant Cell Culture vol. 1-5，マクミラン出版(New York)
2. 原田　宏(1989)：『植物バイオテクノロジー・その展開と可能性』(NHK ブックス 581) 日本放送出版協会
3. 原田　宏・駒嶺　穆(1979)：『植物細胞組織培養』，理工学社
4. James, C. A.(2003) ISAA Briefs No. 30
5. 鎌田　博・原田　宏(1985)：『植物バイオテクノロジー』(中公新書 787) 中央公論社
6. 古在豊樹(1999)：『閉鎖型苗生産システムの開発と利用』，養賢堂
7. 駒嶺　穆ら(1990)：『植物バイオテクノロジー事典』，朝倉書店
8. 松原謙一・中村桂子(1990)：『生命のストラテジー』，岩波書店
9. Mantell, S. H. et al.(清水　碩ら訳)(1987)：『植物バイオテクノロジー』，オーム社
10. 中村桂子(2004)：『ゲノムが語る生命』(集英社新書)，集英社
11. 西　貞夫ら(1990)『最新バイオテクノロジー全書1～8』，農業図書
12. 農林水産技術会議事務局(1991)：『研究文献解題～植物バイテク編～』，農林統計協会
13. 大澤勝次・今井　裕(2003)：『食の未来を考える』，岩波書店
14. 大澤勝次・久保田　旺(2003)：『植物バイテクの実際』，農文協
15. Ridley,M.(2004)：『やわらかな遺伝子』，紀伊國屋書店
16. 東北大学農学部農学科(1990)：『最新農学実験の基礎』，ソフトサイエンス社
17. 山田康之ら(1984)：『植物細胞培養マニュアル』，講談社

第1章　植物バイテクの体系と原理
1. 江上信雄・安富佐織(1990)：『総合生物学』，裳華房
2. 江面　浩(2004)：『新編農学大事典』1660-1662，養賢堂
3. Haberlandt, G.(1902)：Sitz-Ber. Mat. Nat. KL. Kais. Acad. 111, 69-92（英訳）The Bot. Rev. 35, 59-88(1969)
4. 今堀宏三(1982)：『いのちを考える』，大阪書籍
5. 中村桂子(1989)：『生命科学と人間』(NHK ブックス 587) 日本放送出版協会
6. Reinert, J.(1958)：Naturwissenschaften 45, 344-345
7. Steward, F. C. et al.(1958)：Am. J. Bot. 45, 705-7-8
8. Watson, J. D. and Crick, F. H. C.(1953)：Nature 171, 737

第2章　植物バイテクの基礎
1. Cajlachjan, M. C.(1938)：Comp. Rend.(Doklady) Acad. Sci. 18, 607-612
2. Ezura, H. et al.(1992)：Plant Science 85, 209-213
3. Ezura, H. and Oosawa, K.(1994)：Plant Tissue Culture Letters 11, 26-33
4. 福田裕穂ら(2004)：『新版植物ホルモンのシグナル伝達』，1-243，秀潤社
5. Garner, W. W. and Allard, H. A.(1920)：Jour. Agr-Res. 18, 553-607
6. 日向康吉(1983)：『作物育種の理論と方法』，175-180，養賢堂
7. 石倉成行(1987)：『植物代謝生理学』，249-266，森北出版
8. 松尾孝嶺ら(1974)：『育種ハンドブック』，42-50，養賢堂
9. 大澤勝次(1988)：農業および園芸 63, 92-96, 274-278

10. 大澤勝次・小林孝治(1987)：農耕と園芸 42(11), 82-85
　11. 太田保夫(1987)：『植物ホルモンを生かす』, 40-44, 農文協
　12. Skoog, F. and Miller, C. O.(1957)：Symp. Soc. Exp. Biol. 11, 118-131
　13. Skoog, F. and Tsui, C.(1948)：Amer. J. Bot. 85, 782-787
　14. 王　博仁・Hu, C. Y.(1988)：『植物組織培養の世界』, 90-94, 柴田ハリオ

第3章　植物バイテクの基本技術
　1. Chu, C. C. et al.(1975)：Sei. Sin. 18, 659-668
　2. Gamborg, O. L.(1968)：Exp. Cell Res. 50, 151-158
　3. Linsmaier, E. M. and Skoog, F.(1965)：Physiol. plant. 18, 100-127
　4. Murashige, T. and Skoog, F.(1962)：Physiol. plant. 15, 473-479
　5. Ohira, K. et al.(1973)：Plant Cell Physiol. 14, 1113-1121
　6. 大澤勝次(1977)：化学と生物 15, 559-570
　7. 斉藤朋子・松島　久(1992)：植物細胞工学 4, 49-55
　8. 佐野　浩(1990)：アグリビジネス 5, No. 21, 49-68

第4章　植物増殖技術
　1. Dijaks, M. et al.(1986)：Plant Cell Reports 5, 468-470
　2. Dirks, R. et al.(1989)：Plant Cell Reports 7, 626-627
　3. Ezura, H. et al.(1993)：Plant Cell Reports 12, 676-680
　4. Homma, Y. et al.(1991)：Japan. J. Breed. 41, 543-551
　5. Hussey, G. et al.(1983)：Ann. Bot. 49, 707-719
　6. 石井　勝(1988)：農業および園芸 63, 279-282
　7. Kamada, H. et al.(1992)：Plant Tissue Culture Letters 10, 38-44
　8. 古在豊樹・宮下好恵(1992)：組織培養 18, 470-473
　9. 国武久登ら(1994)：園学雑 63(別1), 246-247
　10. Morel, G. andMartin, C.(1952)：Compt. Rend.(Paris) Acad. Sci. 235. 1324-1325
　11. Morel, G.(1960)：Amer. Orchid Soci. Bull. 29, 495-497
　12. 森　寛一ら(1969)：農事試報 13, 45-110
　13. Murashige, T.(1974)：Ann. Rev. Plant Physiol. 25, 135-166
　14. 西平隆彦ら(1992)：園学雑 61(別1), 204-205
　15. 大越一雄(1987)：『植物組織培養アトラス』, 220-251, R&D プランニング
　16. 大澤勝次(1980)：農業および園芸 55, 199-206
　17. 大澤勝次(1990)：『最新バイオテクノロジー全書 2』, 69-84, 農業図書
　18. 坂本立弥(1992)：『図解組織培養入門』, 30-31, 誠文堂新光社
　19. 下西　恵ら(1993)：植物組織培養 10, 17-24
　20. Tanaka, R. and Ikeda, H.(1983)：Japan. J. Genet. 58, 65-70
　21. 谷口研至(1990)：植物細胞工学 2, 249-255
　22. White, P. R.(1943)：A handbook of Plant Tissue Culture, ロナルド (New York)
　23. 山本雄慈・松本　理(1994)：園学雑 63, 67-72

第5章　植物保存技術
　1. 江面浩(1990)：茨城園試研報, 15. 64-69
　2. 江面浩(1991)：茨城園試研報, 16. 27-31
　3. Ishikawa, M. et al.(1991)：Ann. Meet of Japan Plant Physiologist, 96
　4. 鎌田　博(1985)：『クローン植物大量生産の技術』, 48-57, シーエムシー

5. ライオン株式会社(1986)：公開特許公報（A）昭 61-40708, 37-40
6. Murashige, T.(1978)：『Frontiers of Plant Tissue Culture』, 15-26, カナダ
7. 西村繁夫・田平弘基(1990)：『野菜の組織・細胞培養と繁殖』, 299-308, 農業図書
8. 庭田英子(1992)：育雑 42（別1）, 326-327
9. 小川理恵ら(1993)：育雑 43（別1）, 199
10. 大澤勝次(1989)：『新しい品種を求めて』, 38-49, 農林水産情報協会
11. プラントジェネティック社(1984)：公開特許公報(A)昭 59- 102308, 53-62
12. 酒井　昭(1987)：『凍結保存－動物・植物・微生物』, 朝倉書店
13. 酒井　昭(1991)：農業および園芸 66, 1223-1229
14. Sakai, et al.(1990)：Plant Cell Reports 9, 30-33
15. 鈴木誠一ら(1991)：植物組織 8, 193-197
16. 鈴木光輝ら(1994)：育雑 44（別1）, 274
17. 高木洋子ら(1994)：育雑 44（別1）, 273

第6章　植物育種技術
①胚培養，胚珠培養，子房培養
1. 雨宮　昭ら(1956)：農技研報 D6, 1-40
2. Asano, Y. and Myodo, H.(1977)：J. Japan. Soc. Hort. Sci. 46, 267-273
3. 西　貞夫ら(1959)：育雑 8, 215-222
4. 西　貞夫(1982)：現代化学 No. 136, 31-37
5. Nomura, Y. et al.(1994)：Breeding Science 44, 151-155
6. 大澤勝次(1988)：『最新植物工学要覧』, 140-157, R&D プランニング
7. Smith, P. G.(1944)：Proc. Amer. Soc. Hort. Sci. 44, 413-416
8. Zenkteler, M.(1984)：『Cell Culture and Somatic Cell Genetics of Plants』, 269-275

②葯培養，花粉培養，偽受精胚珠培養
1. Bajaj, Y. P. S.(1978)：Indian J. Exp. Biol. 16, 407-409
2. Dunwell, J. M.(1986)：『Plant Tissue Culture and its Agricaltural Application』 375-404(London)
3. 江面　浩ら(1991)：園学雑 60(別1), 366-367
4. Guha, S. and Maheshwari, S. C.(1964)：Nature 204, 497
5. Guha, S. and Maheshwari, S. C.(1966)：Nature 212, 97-98
6. Keller, W. A. et al.(1975)：Can. J. Genet. Cytol. 17, 655-666
7. Kuzuya et al.(2003)：J. Exp. Bot., 54. 1069-1074
8. 釘貫靖久ら(1994)：園学雑 63(別1), 230-231
9. 中田和男・田中正雄(1968)：育雑 43, 65-71
10. Niizeki, H. and Oono, K.(1968)：Proc. Jpn. Acad. 44, 554-557
11. 大川安信(1988)：農業および園芸 63, 141-145
12. 大澤勝次(1986)：『育種学最近の進歩 27』, 19-32, 啓学出版
13. 佐藤　毅ら(1993)：育雑 43(別1), 45
14. Sauton et al.(1987)：Agronomie, 7, 141-147.
15. 下坂欽也ら(1994)：園学雑 63(別1), 222-223

③プロトプラスト培養
1. 有山昌宏ら(1992)：育雑 42(別2), 68-69
2. Cocking, E. C.(1960)：Nature 187, 962
3. 藤村達人ら(1985)：育雑 35(別2), 48-49
4. 長田敏行(1986)：『プロトプラストの遺伝工学』, 7-24, 講談社

5. Nagata, T. and Takebe, I.(1971)：Planta 99, 12-20
  6. 新関　稔ら(1993)：育雑 43(別2), 78
  7. 西尾　剛(1989)：『野菜の組織・細胞培養と育種』, 189-210, 農業図書
  8. 野村幸雄ら(1993)：育雑 43(別1), 15
  9. 大塚寿夫ら(1987)：静岡農試研報 32, 53-59
 10. 大槻義昭(1990)：『実験映像マニュアル（イネ）』, 農林水産情報協会
 11. 佐藤　洋ら(1994)：育雑 44(別1), 89
 12. Takebe, et al.(1961)：Plant & Cell Physiol 9, 115-124
 13. 山中寿子ら(1990)：植物組織培養 7, 103-107

④細胞選抜，ソマクローナル変異選抜
  1. Carlson, P. S.(1973)：Science 180, 1366-1368
  2. 江面浩・大澤勝次(1994)：植物組織培養学会シンポジウム（石川）, 62-65
  3. Gengenbach, B. G. et al.(1977)：Proc. Natl. Acad. Sci. 74, 5113-5117
  4. Jones, P. W.(1990)：『Plant Cell Line Selection』, 113-149, VCH. Weiheim
  5. Larkin, P. J. and Scowcroft, W. R.(1981)：Theor. Appl. Genet. 60, 197-214
  6. 永富成紀ら(1994)：育雑 44(別1), 292
  7. Nabors, et al.(1980)：Z. Pflanzenphysiol. 97, 13-17
  8. 大野清春(1985)：『植物培養細胞の変異と選抜』, 111-177
  9. Shepard, J. F. et al.(1980)：Science 28, 17-24
 10. Takahashi, H. et al.(1992)：J. Japan. Soc. Hort. Sci. 61, 347-351
 11. 豊田秀吉(1990)：『野菜の組織・細胞培養と育種』, 163-188, 農業図書
 12. Toyoda, H. et al.(1989)：Plant Cell Reports 8, 317-320
 13. Wakasa, K. et al.(1984)：J. Plant Physiol. 117, 223-231

⑤細胞融合技術
  1. Carlson, P. S. et al.(1972)：Proc. Natl. Acad. Sci. 69, 2292-2294
  2. Dorr, I. et al.(1994)：Bio/Technology 12, 511-515
  3. 入倉幸雄ら(1993)：育雑 43（別2）, 7-8
  4. Kao, K. N. et al.(1974)：Planta 115, 355-367
  5. Kobayashi, et al.(1985)：Theor. Appl. Genet. 71, 1-4
  6. Melchers, G. et al.(1978)：Carlsberg Res. Commun, 43, 203-218
  7. 長田敏行(1980)：自然 35 (3), 26-36
  8. 大澤勝次(1990)：『農業におけるバイオテクノロジー』, 69-94, 農村青少年振興会
  9. Power, J. B. et al.(1970)：Nature 225, 1016
 10. 山口淳子・志賀敏夫(1989)：育雑 39（別1）, 28-29
 11. Zimmerman, U. et al.(1981)：Planta 151, 26-32

⑥遺伝子組換え技術
  1. Amnann et al.(2000)：J. Plant Disease, 17, 19-29
  2. Dale et al.(2002)：Nature Biotechnology, 20, 567-574
  3. Daniell(2002)：Nature Biotechnology, 20, 581-586
  4. Ellstand et al.(1999)：Ann. Rev. Ecol. System. 30, 539-563
  5. Fischhoff et al.(1987)：Bio/Technology 5, 807-813
  6. 伊藤洋ら(1990)：化学と生物 28, 182〜196
  7. Losey et al.(1999)：Nature, 20, 214
  8. Lutman(1999) BCPC Symp. Proc. No. 72
  9. Mariani, C. et al.(1990)：Nature 347, 737〜741
 10. 松田　泉・塩見正衛(1992)：研究ジャーナル 15 (8), 26-31

11. Meyer, P. et al.(1987)：Nature 330, 677-678
12. Murata, N. et al.(1992)：Nature 356, 710-713
13. 大橋祐子(1991)：農業および園芸 66, 458-466
14. Peng et al.(1999) Nature, 400, 256-261
15. Powell, P. A. et al.(1986)：Science 232, 738-743
16. Ramachandran et al.(2000) Agro. J., 92, 360-374
17. Sqire et al.(1999)： BCPC Symp. Proc. No. 72.
18. 田部井豊ら(1994)： 育雑 44, 207-211
19. 田中秀明(1987)：『生命の糸を織る』, 丸善
20. 渡辺 格(1986)：『生命科学の世界』, NHK 市民大学テキスト
21. 吉岡啓子ら(1989)：育雑 39(別 2), 6-7
22. Yoshioka, K. et al.(1992)：Japan. J. Breed. 42, 277-285
23. Yoshioka, K. et al.(1993)：Japan. J. Breed. 43, 629-634
24. Zambryski, P. et al.(1983)：EMBO J. 2, 2143-2150

第 7 章　個体識別技術

1. 青木幸一郎・永井裕(1978)：『最新電気泳動法』, 581-632, 廣川書店
2. Botstein, D. et al.(1980)：Amer. J. Hum. Genet. 32, 314-331
3. 真木寿治(1997)：『改訂 PCR Tips』, 1-218, 秀潤社
4. Markert, et al.(1959)：Proc. Natl. Acad. Sci. U.S. 45, 753-758
5. Mullis, K. B. and Faloona, F.(1980)：Meth. Enzymol. 155, 335
6. 中村郁郎(1991)：植物細胞工学 3, 57-62
7. 佐々木卓治(2001)：『植物のゲノム研究プロトコール』, 1-245, 秀潤社
8. 島田武彦ら(1994)： 園学雑 63(別 1), 82-83
9. Williams et al.(1990)：Nucleic Acids Res. 18, 6531-6535
10. 山口将憲ら(1994)：育雑 44(別 1), 117
11. Yamamoto, M. et al.(1993)：Japan. J. Breed. 43, 355-365

著者略歴

大澤　勝次（おおさわ　かつじ）

1943年　東京都に生まれる。
1967年　北海道大学農学部卒業。農林省園芸試験場，農林水産省野菜試験場，農林水産省農業生物資源研究所，茨城県農業総合センター生物工学研究所長，農業生物資源研究所生物工学部長，北海道農業試験場地域基盤研究部長，北海道大学大学院農学研究科教授を経て
2007年　北海道大学名誉教授
　　　　（農学博士）

主な著書
「食の未来を考える―健康と食を問い直す生物学―」（共著）2003，岩波書店
「生きものとつくるハーモニー①作物」2001，農文協
「遺伝子組換え食品―新しい食材の科学―」（共著）2000，学会出版センター
「バイオテクノロジーの農業哲学」（共著）1996，農文協　ほか，多数

江面　浩（えづら　ひろし）

1960年　茨城県に生まれる。
1982年　筑波大学第二学群生物学類卒業。1986年筑波大学大学院博士課程生物科学研究科中退。茨城県園芸試験場，茨城県農業総合センター生物工学研究所，イギリス・ジョン・イネス・センター客員研究員，筑波大学農林学系遺伝子実験センター助教授を経て
2005年　筑波大学大学院生命環境科学研究科・遺伝子実験センター教授
　　　　（農学博士）

主な著書
「新編 農学大事典（農業におけるバイオテクノロジー・野菜）」（共著）2004，養賢堂
「メロン，スイカ　最新の栽培技術と経営」（共著）2002，全国農業改良普及協会
「植物種苗工場」（共著）1993，化学工業日報社
「図解 花のバイオ技術―増殖・育種とその関連技術―」（共著）1992，誠文堂新光社
ほか，原著論文多数

新版　図集・植物バイテクの基礎知識

2005年3月25日　第1刷発行
2023年5月30日　第8刷発行

著　者　　大澤勝次　江面　浩

発行所　一般社団法人　農山漁村文化協会
郵便番号　335-0022　埼玉県戸田市上戸田2-2-2
電話 048(233)9351(営業)　048(233)9355(編集)
FAX 048(299)2812　振替 00120-3-144478
URL https://www.ruralnet.or.jp/

ISBN978-4-540-04232-4　　　　　製作／㈱河源社
〈検印廃止〉　　　　　　　　　　印刷／㈱新協
ⓒ大澤勝次・江面　浩 2005　　　製本／笠原製本㈱
Printed in Japan　　　　　　　　定価はカバーに表示
乱丁・落丁本はお取り替えいたします。

──── 農文協・図書(テキスト)案内 ────

栽培植物の進化—自然と人間がつくる生物多様性—
　　　G.ラディジンスキー著　　藤巻　宏訳　A5判　300頁　3,333円＋税
　　野生の祖先種には見られない栽培植物（作物）の多様性は，栽培により作られ，人間との関わりの違いによって作物ごとに特徴がある。そうした野生植物の馴化や栽培条件下での進化の過程や仕組みを詳細に解明。

野菜の生態と作型—起源からみた生態特性と作型分化—
　　　　　　　　　　　　山川　邦夫著　A5判　420頁　4,300円＋税
　　野菜の生態と環境反応，起源からみた特性と品種分化，作型の成立条件と分化，環境調節技術の基本，野菜ごとの作型の成り立ちと主要作型の特徴など，総合的な技術の全体像が把握できる類のないテキスト。

新版 図集 野菜栽培の基礎知識
　　　　　　　　　　　鈴木　芳夫編著　A5判　280頁　2,700円＋税
　　野菜の生育の姿と生理，栽培管理の要点，栽培の実際まで，豊富な図解で興味深く解説。新版では，施設・養液栽培の生育と管理，品質・鮮度保持技術，特産的な野菜（各論では27種を紹介）などを加えてさらに充実。

新版 図集 果樹栽培の基礎知識
　　　　　　　　熊代　克巳　鈴木　鐵男著　A5判　264頁　2,600円＋税
　　高品質安定生産に必要な果樹の生理と管理の基本を，豊富・精緻な図解で興味深く解説。新版では，光合成などの最新データ，施設栽培の基本と実際，キウイフルーツ，スモモ，各樹種での新品種などを追加・充実。

（価格は改定になることがあります）